普通高等教育"十一五"国家级规划教材

基础应用化学

主　编　郑凤云

副主编　李东流

参　编　葛健平　姬　生　刘　毅

喻爱和　寇德慧　翟开华

李　颖

主　审　许雅周

机械工业出版社

本书主要介绍了物质的量、溶液的浓度、氧化还原反应等基本概念；物质结构、元素周期表等基本知识；化学反应速率、化学平衡的宏观规律；重要的非金属、金属、有机化合物的性质和用途等。

本书注重应用性和对学生能力的培养；例题、习题、实验等紧密联系生产、生活与环境的实际，启发性、趣味性强；内容安排上具有一定的弹性，便于教学。本书配有电子教案，可供教学参考。

本书为工科高等职业技术学校5年制非化工类专业教材，也可作为中等专业学校和职业高中教材。

图书在版编目（CIP）数据

基础应用化学/郑凤云主编．—北京：机械工业出版社，2005.7（2024.2重印）
普通高等教育“十一五”国家级规划教材
ISBN 978-7-111-16903-1

Ⅰ．基…　Ⅱ．郑…　Ⅲ．应用化学－高等学校：技术学校－教材　Ⅳ．069

中国版本图书馆CIP数据核字（2005）第084989号

机械工业出版社（北京市百万庄大街22号　邮政编码100037）
责任编辑：于奇慧　版式设计：冉晓华
责任校对：陈延翔　责任印制：郜　敏
北京富资园科技发展有限公司印刷
2024年2月第1版·第9次印刷
169mm×239mm·13.75印张·265千字
标准书号：ISBN 978-7-111-16903-1
定价：41.00元

电话服务
客服电话：010-88361066
010-88379833
010-68326294

网络服务
机　工　官　网：www.cmpbook.com
机　工　官　博：weibo.com/cmp1952
金　书　网：www.golden-book.com
机工教育服务网：www.cmpedu.com

前　言

近年来，随着教育体系结构的调整，五年制高职已成为我国高等职业教育的重要形式，并呈现出较快的发展势头。本书是根据初中后5年制高职教育的需要而编写的，其参考教学时数为80~90学时。

高职教育的目标是培养高级应用型技术人才，加之初中毕业生在基础知识上、理解能力和接受能力上的一些特点，本教材在内容上体现了降低难度、淡化理论、加强应用的原则。例题、习题和实验注重联系生产、生活、环境等实际；从专业需要和社会关注的热点出发，教材选编了一些“专题”，力求反映近年来与化学有关的科技新成果，在拓宽学生知识面的同时激发学生学习的积极性；在实验内容上，既有验证型的，也有创新型的。不仅考虑了降低成本、减少污染、操作安全、效果明显，又考虑了培养学生综合运用知识解决实际问题的能力和创新精神。

考虑到近年来各地各学校教学时数的差别，以及不同专业的需要，教材分为必学和选学（打*号）两个层次，各学校可根据专业需要和教学时数多少酌情取舍。

参加本书编写的有：陕西工业职业技术学院郑凤云，福建建阳农业工程学校葛健萍，河南工业职业技术学院姬生，湖南机电职业技术学院刘毅、喻爱和，河北机电职业技术学院寇德慧、李东流，四川工程职业技术学院翟开华，内蒙古机电职业技术学院李颖。郑凤云任主编，李东流任副主编。河南工业职业技术学院许雅周任主审。

本书在编写过程中，得到沈阳职业技术学院机械电子学院王一民、福建工程学院谢惠春、内蒙古机电职业技术学院许春兰等同志的热情指导和帮助，在此谨致谢忱！

由于编者学识水平和教学经验有限，书中错误和不足之处在所难免，恳请广大读者和专家批评指正。

编　者

目　录

绪　论

我们生活在物质的世界里，每时每刻都会接触到物质的运动和变化，但对物质运动与变化的本质、规律等往往是知其然而不知其所以然。化学是研究物质的组成、结构、性质及其变化规律的一门基础自然科学，也是一门中心的、实用的和创造性的自然科学。它起源于人类的生产活动，随着社会生产力的不断发展而迅速发展。如今化学已经渗透到工业、农业、国防、现代科学技术和人类生活等各个领域，并起着日益重要的作用。不了解物质变化的内在规律，不掌握一定的化学知识，就难以适应高科技的现代社会。

材料科学、能源科学、环境科学、生命科学是关系人类生存和发展的现代科学的四大支柱，它们与化学密不可分并互相促进。

研制开发新材料离不开化学。新材料是现代科技的基础，是许多尖端科学的先导。没有耐高温、耐辐射、半导体、超导体、信息记录、光导纤维等新材料的问世，人造卫星、载人飞船就不可能上天。从人类发展的历史看，材料不发展，社会就难以前进。原始社会之所以延续了几十万年，关键原因之一就是材料的更新极其缓慢。人类活动的历史按材料划分为石器时代、陶瓷时代、青铜器时代、钢铁时代、塑料时代、高分子时代等等，足以说明材料的重要性，而材料的研制、开发、生产都离不开化学。

寻找新能源，解决能源危机离不开化学。世界上爆发的第一个危机是能源危机，中东战火实为能源之争。多年来，开发和使用核能、生物能、太阳能、地热能、潮汐能、波浪能、风能等多种清洁的新型能源，不仅缓解了能源日益紧张的局面，还产生了巨大的经济效益和社会效益，并为世界和平做出了贡献。

保护环境、消除污染，走可持续发展之路离不开化学；探索、解释生命与疾病的奥秘，研制抗病毒、抗癌等新药离不开化学；人们的衣食住行离不开化学……。

化学知识无处不在。化学课在培养具有全面素质的现代人才中具有举足轻重的作用。例如，通过本课程基础理论部分量变与质变，内因与外因，化合与分解，氧化与还原等对立统一关系的学习，有助于辩证唯物主义观点的确立和科学世界观的形成；有助于逻辑思维能力的培养。通过本课程基础知识部分常用材料、能源、化学与环境等的学习，有助于为以后的专业学习、将来胜任各项工作以及提高生活质量奠定必要的知识基础；有助于环境保护意识、可持续发展意识的树立。通过对化学家及其贡献的了解，有助于培养严谨的科学态度、无私的奉献精神、坚韧不拔的工作毅力。通过化学实验，有助于提高观察问题、分析问题、解决问题的能力和实际操作的能力。总之，化学是培养合格人才不可缺少的必修课程。

在学习方法上，应重视正确理解基本概念和基本理论；重视理论联系实际，把书本知识同生产、生活中的化学现象联系起来，学以致用。其次要重视化学实验，严格按规范操作，仔细观察、认真分析实验现象所反映的本质。另外，我们还提倡自学，建议教师精讲基本原理和解决问题的思路，引导、启发学生开展积极的自主性、研究性、合作性学习，使学生在增长知识的同时，提高阅读能力和分析问题、解决问题的能力；同时也缓解了化学课时少与内容多的矛盾。

21 世纪是一个变化莫测的世纪，更是一个催人奋进的世纪。科学技术飞速发展，知识更新日新月异。让我们为抓住机遇，寻求发展，迎接挑战，适应变化而发奋学习。

第一章　基本概念和基本计算

○ 物质的结构单元有哪些？
○ 衡量结构单元多少的物理量和基本单位是什么？
○ 溶液浓度的表示方法有哪些？
○ 如何根据化学方程式进行计算？
○ 氧化还原反应的本质是什么？

第一节　物质的结构单元

组成物质的微观粒子叫结构单元，它可以是原子、分子、离子、电子及其它微粒或是这些微粒的特定组合。

一、原子

原子是物质化学变化中的最小微粒。在化学反应中，原子的种类和数目都不会发生变化，变化的只是原子核外电子（特别是外层电子）的运动状态和分布。

1. 原子的构成　原子是由带正电的原子核和带负电的电子构成的。原子核由质子和中子构成。这三种微粒的主要物理性质见表 1-1。

表 1-1　质子、中子、电子的主要物理性质

原子的组成		电量/(1.6×10^{-19}C)	质　量	
			绝对质量/kg	相对质量（以碳－12 原子质量的 1/12 为标准）
原子核	质子（p）	+1	1.6726×10^{-27}	1.0072
	中子（n）	0	1.6748×10^{-27}	1.0086
电子（e^-）		－1	9.1095×10^{-31}	1/1837

原子核所带电量（称核电荷数）取决于原子核内的质子数。元素按原子的核电荷数由小到大排列的序号称为原子序数。据此，对于同一元素的原子有

$$原子序数 = 核电荷数（z） = 核内质子数 = 核外电子数$$

由于电子的质量十分微小，所以，原子的质量主要集中在原子核上。如果将原子核内质子和中子的相对质量取整数相加，就可以得到原子的相对质量（又称质量数），即

质量数（A） = 质子数 + 中子数

要表示某种原子，一般是将元素的原子序数写在元素符号的左下角，将质量数写在左上角，这种表示方法称为原子标记法，例如$^{12}_{6}C$。

2. 同位素 元素是核电荷数（即质子数）相同的一类原子的总称。科学研究发现，许多元素具有核电荷数相同而质量数不同的几种原子。如氢元素有$^{1}_{1}H$、$^{2}_{1}H$、$^{3}_{1}H$三种原子，它们的原子核中质子数相同而中子数不同。这种具有不同中子数的同一元素的几种原子互称同位素。同位素的化学性质几乎相同，在元素周期表中占有同一位置。大多数元素都有同位素，目前人类已发现的元素有 112 种，而同位素却高达 2500 种以上。

天然存在的元素，不论是游离态还是化合态，各种同位素的物质的量分数㊀一般是不变的。我们平常使用的相对原子质量，是按各种天然同位素的丰度求出的平均值，所以绝大多数元素的原子量是小数而不是整数。

二、离子

原子失去或获得电子后所形成的带电粒子称为离子。活泼金属同活泼非金属在一定条件下相遇时会争夺电子。金属总是失去电子成为带正电荷的阳离子，如钠离子（Na^+）、钙离子（Ca^{2+}）等；非金属总是夺得电子成为带负电荷的阴离子，如氯离子（Cl^-）、氧离子（O^{2-}）等。此外，一些带电荷的原子团也称为离子，如硫酸根离子（$SO_4{}^{2-}$）、氢氧根离子（OH^-）等。

三、分子

分子是物质中能够独立存在并保持该物质化学性质的最小微粒。当非金属（相同或不相同）在一定条件下相遇时，它们之间也会争夺电子。但争夺电子的能力或相当或差别不大，最终双方通过共用电子对形成稳定的分子。如氢分子（H_2）、二氧化碳分子（CO_2）等。

第二节　结构单元的计量

构成物质的结构单元是肉眼看不见的微观粒子，它们的质量和体积难以计量。但在生产实践和科学实验中，又必须称其质量，测其体积。所以，需要用一个物理量将物质的微观结构单元与宏观量联系起来。

一、物质的量及其单位

为了表示结构单元的群体并达到可以称量的目的，1971 年第 14 届国际计量

㊀ 物质的量分数是指该物质的物质的量与混合物的物质的量之比。物质的量的概念见本章第二节。

会议决定增加一个基本物理量——物质的量（n），并规定其基本单位为摩尔（mol）。

1mol 物质所包含的结构单元数与 0.012kg ^{12}C 的原子数目相等。

实验测知，0.012kg ^{12}C 的原子数目与阿伏加德罗常数（$N_A \approx 6.02 \times 10^{23}$）相等。也就是说，1mol 任何物质包含的结构单元数都约为 6.02×10^{23}。例如：1mol 氧原子含有 6.02×10^{23} 个氧原子；1mol 水分子含有 6.02×10^{23} 个水分子。

应当注意，在使用“摩尔”这个单位时，必须用化学式表明具体的结构单元。如 1molH，2molOH^-，0.5molO_2。

某物质的结构单元数（N）与其物质的量的关系为

$$N = nN_A \tag{1-1}$$

【练习思考 1-1】 ____个碳原子是1molC，其质量为____；0.5molNaOH 含有____个钠离子。1.806×10^{24}个氢氧根离子是____ mol OH^-。

二、摩尔质量

质量除以物质的量称为该物质的摩尔质量，符号为 M，常用单位是 $g \cdot mol^{-1}$，即

$$M = \frac{m}{n} \tag{1-2}$$

从摩尔的定义可知，1molC 的质量是 12g，结合元素相对原子质量的概念，可以推算出任何原子的摩尔质量。例如，氧原子的摩尔质量可以推算如下：

1 个 C 的质量∶1 个 O 的质量 ＝ 12∶16

1mol C 的质量∶1molO 的质量 ＝ $12N_A : 16N_A$

$$1\text{molO 的质量} = \frac{1\text{molC 的质量} \times 16N_A}{12N_A} = \frac{12\text{g} \times 16}{12} = 16\text{g}$$

即氧原子的摩尔质量为 $16g \cdot mol^{-1}$。

同样可以推算出，$M(S) = 32g \cdot mol^{-1}$；$M(Fe) = 56g \cdot mol^{-1}$。也就是说，1mol 任何原子的质量，以克为单位时，其数值等于该原子的相对原子质量。

同理，1mol 任何分子的质量，以克为单位时，其数值等于该分子的相对分子质量。1mol 任何离子的质量（电子的质量十分微小，可以忽略不计），以克为单位时，其数值等于该离子化学式中所有原子的相对质量之和。

综上所述，任何物质的摩尔质量，以 $g \cdot mol^{-1}$ 为单位时，其数值等于该物质的化学式量。

【练习思考 1-2】 180g水的物质的量是多少？0.5molNaOH 的质量是多少？多少克铁与3g 碳所含的原子数相同？

三、气体摩尔体积

体积除以物质的量称为该物质的摩尔体积，符号为 V_m，常用单位是 $dm^3 \cdot mol^{-1}$ 或 $L \cdot mol^{-1}$，即

$$V_m = \frac{V}{n} \tag{1-3}$$

对于固态或液态物质来说，因其分子间间隙小，可以认为是紧挨着的（如图 1-1 所示），所以它们的体积主要取决于分子的大小。显然，不同物质的摩尔体积是各不相同的。对于气体来说，情况就不同了。气体分子间的距离要比分子本身大几千倍。因此，气体的体积主要取决于分子间的距离，而与分子本身的大小几乎无关。气体分子间的距离随温度和压强的改变而有显著变化。因此，要比较不同气体的摩尔体积必须在同温同压下进行。表 1-2 列举了几种气体在 273.15K 和 1.013×10^5Pa 时的密度 ρ_0 及摩尔质量 M，根据 M/ρ_0 即可算出它们在该条件下的摩尔体积（$V_{m,0}$）。

图 1-1 固、液、气体分子间距离比较示意图

表 1-2 几种气态物质的摩尔体积（273.15K 和 1.013×10^5Pa 时）

物 质	摩尔质量 $M/g \cdot mol^{-1}$	密度 $\rho_0/g \cdot L^{-1}$	摩尔体积 $V_{m,0}/L \cdot mol^{-1}$
O_2	32.00	1.43	22.38
H_2	2.02	0.09	22.44
N_2	28.01	1.25	22.41
Ne	20.18	0.90	22.42
NO	30.01	1.34	22.40
CO	28.01	1.25	22.41

显然，由于 1mol 不同的气体所含结构单元数相同，所以它们的体积在同温同压下是基本相等的。在 273.15K 和 1.013×10^5Pa 时，气体的摩尔体积约为 $22.4L \cdot mol^{-1}$。

【练习思考 1-3】 在 273.15K 和 1.013×10^5Pa 时，22g 二氧化碳占有多大体积？相同条件下，$500cm^3$ 某气体的质量为 0.714g，求该气体分子的相对分子质量（M_Y）？

第三节　溶液的浓度

由两种或两种以上不同物质组成的均匀、稳定的混合物叫做溶液。溶液都是由溶质和溶剂组成的。溶液的状态可以是液态、固态（如合金）和气态（如空气)。一般的溶液是指水溶液，一定量的溶液或溶剂中所含溶质的量称为溶液的浓度。

一、浓度的表示方法

溶液浓度的表示方法有多种，根据工作和生产的需要，我们介绍以下几种。

1. 质量分数㊀　物质 B 的质量与溶液的质量之比称为物质 B 的质量分数，符号为 w_B，常用百分数表示。

$$w_B = \frac{m_B}{m_{液}} \times 100\% \tag{1-4}$$

2. 质量浓度　物质 B 的质量除以溶液的体积即为物质 B 的质量浓度，符号为 ρ_B，单位常用 kg. L^{-1}。

$$\rho_B = \frac{m_B}{V_{液}} \tag{1-5}$$

【练习思考 1-4】　工业上电解食盐水制取 NaOH、H_2、Cl_2 时，所用食盐水的 $\rho_B = 315g \cdot L^{-1}$ 为最佳，求每升该溶液中含 NaCl 的物质的量。

3. 物质的量浓度　物质 B 的物质的量除以溶液的体积即为物质 B 的物质的量浓度，简称浓度，符号为 c_B，常用单位是 $mol \cdot dm^{-3}$ 或 $mol \cdot L^{-1}$。

$$c_B = \frac{n_B}{V_{液}} \tag{1-6}$$

物质 B 的物质的量浓度也可用［B］表示。

【练习思考 1-5】　用 10gNaOH 配成 1L 溶液，求该溶液的物质的量浓度。

二、溶液浓度的换算

在配制或稀释溶液时，经常涉及 w_B 与 c_B 间的换算问题。换算所依据的原理是：一定体积的同种溶液，无论用哪种方法表示其浓度，它所含的溶质的质量或物质的量是不变的。

【例 1-1】　某种硫酸的质量分数 $w(H_2SO_4) = 98\%$，密度 $\rho = 1.84g \cdot cm^{-3}$，计算这种硫酸的物质的量浓度。

㊀ 本教材中以百分数表示的含量，如不加特别说明，均指质量分数，后文一般不再注出。

解：设该溶液体积为1L。要计算出1L溶液中溶质的质量有两种方法。

(1) $m = V\rho w = 1000\text{cm}^{-3} \times 1.84\text{g. cm}^{-3} \times 98\%$

(2) $m = nM = cVM = c \times 1\text{L} \times 98\text{g. mol}^{-1}$

以上两种方法求得的溶质的质量是相等的，所以

$$c = \frac{1000\text{mL} \times 1.84\text{g} \cdot \text{mL}^{-1} \times 0.98}{1\text{L} \times 98\text{g} \cdot \text{mol}^{-1}} = 18.4\text{mol} \cdot \text{L}^{-1}$$

答：这种硫酸的浓度为18.4mol·L⁻¹。

依据例1-1，可以得出质量分数与物质的量浓度的换算公式

$$c = \frac{1000\rho w}{M} \tag{1-7}$$

式中 ρ——溶液的密度（$\text{g} \cdot \text{cm}^{-3}$，即 $\text{g} \cdot \text{mL}^{-1}$）；

w——溶质的质量分数；

M——溶质的摩尔质量（$\text{g} \cdot \text{mol}^{-1}$）；

c——溶质的物质的量浓度（$\text{mol} \cdot \text{L}^{-1}$）。

三、溶液的配制和稀释

1. 溶液的配制 要配制一定体积、一定浓度的溶液，其过程大体可分为计算、称量、溶解、定容。具体操作可通过实验一来练习。

2. 溶液的稀释 溶液在稀释（或浓缩）过程中，所含溶质的物质的量或质量是不变的。设浓溶液的浓度和体积分别为 c_1、V_1；稀溶液的浓度和体积分别为 c_2、V_2。

因为 $n_1 = c_1V_1 \quad n_2 = c_2V_2 \quad$ 而 $n_1 = n_2$

所以

$$c_1V_1 = c_2V_2 \tag{1-8}$$

式（1-8）为溶液的物质的量浓度稀释公式。

【例1-2】 配制1mol·L⁻¹ H_2SO_4 溶液500mL，需用 $w(H_2SO_4) = 96\%$，$\rho = 1.83\text{g} \cdot \text{mL}^{-1}$ 的浓硫酸多少毫升？

解：由题意知，$c_2 = 1\text{mol} \cdot \text{L}^{-1}$，$V_2 = 500\text{mL}$

$$c_1 = \frac{1000\rho w}{M} = \frac{1000 \times 1.83 \times 96\%}{98}\text{mol} \cdot \text{L}^{-1}$$

所以

$$V_1 = \frac{c_2V_2}{c_1} = \frac{1 \times 500 \times 98}{1000 \times 1.83 \times 96\%}\text{mL} = 27.9\text{mL}$$

答：需这种浓硫酸27.9mL。

【练习思考1-6】 在例1-2运算中，体积 V_2 的单位为什么可以直接用毫升？

第四节　根据化学方程式进行计算

物质的量和摩尔是化学上常用的物理量及单位。由它们导出了摩尔质量、气体摩尔体积、物质的量浓度及相应的单位。在根据化学方程式进行计算时，正确运用摩尔及其导出单位将使计算十分简便。因为对于一个配平的化学方程式来说，它不仅表示了反应物和生成物的种类，而且反映了各物质之间量的关系。例如

	$2H_2$	+	O_2	=	$2H_2O$
微粒数（N）之比	2	:	1	:	2
质量（m）之比	4g	:	32g	:	36g
物质的量（n）之比	2mol	:	1mol	:	2mol
气体体积（V_0）之比	44.8L	:	22.4L		

根据方程式进行计算时，一般应按下列步骤进行：

（1）正确写出反应式并配平。

（2）根据题意和求解需要，在有关化学式下面写出物质有关的量（必须是纯量）。注意同一物质的单位要一致。

（3）列出比例式计算。

【例 1-3】　中和1L0.5mol·L^{-1}的 NaOH 溶液，需用1mol·L^{-1}的 H_2SO_4 多少升？生成 Na_2SO_4 多少克？

解：设需要硫酸的体积为 x，生成 Na_2SO_4 的质量为 y

$2NaOH$	+	H_2SO_4	=	$Na_2SO_4 + 2H_2O$
2mol		1mol		142g
$1L \times 0.5mol \cdot L^{-1}$		$x \times 1mol \cdot L^{-1}$		y

$$2mol : 0.5mol = 1mol : x \times 1mol \cdot L^{-1}$$

所以
$$x = \frac{0.5mol \times 1mol}{2mol \times 1mol \cdot L^{-1}} = 0.25L$$

又
$$2mol : 0.5mol = 142g : y$$

$$y = \frac{0.5mol \times 142g}{2mol} = 35.5g$$

答：需 H_2SO_4 0.25L；生成 Na_2SO_4 35.5g。

在实际生产中，为使某一反应物转化比较完全，常把其它反应物加至过量。这时显然不能依据过量的物质进行计算。要判断哪种反应物过量，可比较它们的“实有量/理论量”的值。比值大的反应物过量，应选比值小的反应物的量进行

计算。“理论量”是根据化学方程式来确定的。

【例 1-4】 将 80L（273.15K 和 1.013×10^5Pa 条件下）CO 通入 80g 赤热的 Fe_2O_3 中，可还原出多少克铁？

解：设还原出铁的质量为 x

$$
\begin{array}{llll}
Fe_2O_3 + & 3CO \xlongequal{加热} & 2Fe & + 3CO_2 \\
160g & 3\times22.4L & 2\times56g & \\
80g & 80L & x &
\end{array}
$$

因为 $$\frac{80g}{160g} < \frac{80L}{3\times22.4L}$$

所以 CO 过量。应根据 Fe_2O_3 的量进行计算。

$$160g:80g = 112g:x$$

$$x=\frac{80g\times112g}{160g}=56g$$

答：可还原出 56g 铁。

根据化学方程式计算出的产量和原料耗用量都是理论值，而生产中实际产量总是低于理论产量，原料实际耗用量总是大于理论耗用量。其原因是多方面的：反应可能进行得不完全；原料含有杂质；操作过程有损耗等。实际生产中，常需计算产品产率和原料利用率。

$$产品产率=\frac{实际产量}{理论产量}\times100\%$$

$$原料利用率=\frac{理论耗用原料量}{实际耗用原料量}\times100\%$$

【例 1-5】 工业上用煅烧石灰石来生产生石灰。问：

（1）煅烧 $w(CaCO_3)=94\%$ 的石灰石 5t。若实际生产生石灰 2.53t，其产品产率是多少？

（2）若每生产 1t 生石灰用去此种石灰石 1.98t。其原料利用率是多少？

解：（1）设理论上可产出的生石灰质量为 x

$$
\begin{array}{lll}
CaCO_3 \xlongequal{高温} & CaO & + CO_2\uparrow \\
100t & 56t & \\
5t\times94\% & x &
\end{array}
$$

$$x=\frac{56t\times5t\times94\%}{100t}=2.63t$$

$$产品产率=\frac{2.53t}{2.63t}\times100\%=96\%$$

（2）根据计算可知，生产 2.63t 生石灰理论耗用原料为 5t，而实际耗用原料为 $1.98t\times2.63=5.21t$。则

$$原料利用率=\frac{5t}{5.21t}\times 100\%=96\%$$

答：产品产率和原料利用率均为96%。

【练习思考1-7】 根据化学方程式计算：

（1）中和4g NaOH用去盐酸25mL。此盐酸的物质的量浓度是多少？

（2）用足量稀硫酸与0.1mol Zn完全反应，在273.15K和1.013×10^5Pa时，可产生氢气多少升？这些氢气用来还原足量的CuO，可得多少克铜？

（3）配制500mL 0.1 mol·L^{-1}的盐酸要取w（HCl）=37.2%、ρ=1.18g·cm^{-3}的浓盐酸多少毫升？需用多少克98%的纯碱才能与上面配制的盐酸25mL恰好完全反应？

第五节　氧化还原反应

一、氧化反应和还原反应

初中化学已从得氧和失氧的角度介绍了氧化还原反应的概念。现在我们仍以氢气和氧化铜反应为例，从元素化合价的变化及电子得失的角度，对氧化还原反应做进一步分析。

$$\overset{+2}{Cu}O+\overset{0}{H_2}\xrightarrow{\triangle}\overset{0}{Cu}+\overset{+1}{H_2}O \quad (2e^- \text{ 由 } H_2 \text{ 转移至 } Cu)$$

在这个反应中，Cu^{2+}得到2个电子（$Cu^{2+}+2e^-=Cu^0$），化合价由+2价降低为0价，被还原；与此同时，H失去一个电子（$H_2^0-2e^-=2H^+$），元素的化合价由0价升高为+1价，被氧化。由此可见，氧化还原反应伴随着化合价的变化，而化合价的变化是因为反应物之间发生了电子的转移。

但也有一些反应，如氯和氢的化合，参加反应的物质之间没有明显的电子得失，但在生成的氯化氢分子里，共用电子对靠近氯原子，偏离氢原子，元素的化合价也发生了变化。

$$\overset{0}{H_2}+\overset{0}{Cl_2}\xrightarrow{点燃或光照}2\overset{+1}{H}\overset{-1}{Cl}$$

这样的反应也属于氧化还原反应。

通过对大量氧化还原反应实例的分析，可以得出以下几点：

（1）氧化还原反应的特征是，参加反应的物质中存在化合价的变化。

（2）氧化还原反应的实质是，反应物之间发生了电子的转移或共用电子对的偏移。

(3) 元素（原子或离子）失去电子化合价升高的过程叫氧化；元素（原子或离子）得到电子化合价降低的过程叫还原。

元素得失电子数 = 反应前元素的化合价 - 反应后元素的化合价 (1-9)

化合价差代数值为正，表示得电子；化合价差代数值为负，表示失电子。

(4) 氧化和还原是同时发生的。即得失电子的过程是同时进行的，而且得失电子总数必定相等。

【练习思考1-8】 在化合、分解、置换、复分解四类反应中，哪些属于氧化还原反应？

二、氧化剂和还原剂

在氧化还原反应中，失去电子的物质叫做还原剂（自身被氧化）；获得电子的物质叫做氧化剂（自身被还原）。如氢气和氧化铜反应，H_2 是还原剂；CuO 是氧化剂。

【练习思考1-9】 在实验中，常用 MnO_2 和浓盐酸共热制取氯气。

$$MnO_2 + 4HCl（浓）\xlongequal{加热} MnCl_2 + Cl_2\uparrow + 2H_2O$$

试分析这个反应中什么元素被氧化，什么元素被还原。并指出氧化剂和还原剂。

三、氧化性和还原性

化学上常用氧化性和还原性来描述物质的氧化能力和还原能力。

氧化剂具有氧化性。物质获得电子的能力越强，其氧化性越强，它就是越强的氧化剂。例如，卤素单质的氧化性变化趋势是

$$F_2 \quad Cl_2 \quad Br_2 \quad I_2$$

$$强 \xrightarrow[得电子能力]{氧化性} 弱$$

常用的氧化剂有活泼非金属，如卤素、氧气等，以及元素的高价化合物，如 $FeCl_3$、HNO_3、$KMnO_4$、$K_2Cr_2O_7$、浓 H_2SO_4 等。

还原剂具有还原性。物质失去电子能力越强，其还原性越强，它就是越强的还原剂。例如一些金属的还原性强弱顺序是

$$K \quad Na \quad Mg \quad Al \quad Fe \quad Cu$$

$$强 \xrightarrow[失电子能力]{还原性} 弱$$

常用的还原剂有活泼金属，如钠、铝等，以及元素的低价化合物，如 H_2S、NH_3、CO、H_2 等。

在氧化还原反应中，氧化剂及其还原产物、还原剂及其氧化产物，分别是同

一元素两类不同价态的物质，它们之间有如下关系

$$\text{氧化态} \underset{-ne^-}{\overset{+ne^-}{\rightleftharpoons}} \text{还原态}$$

（高价态）　　　　（低价态）

如果高价态物质的氧化性越强，则其低价态物质的还原性就越弱。同样，如果低价态物质的还原性越强，其高价态物质的氧化性越弱。

【练习思考1-10】 试结合具体反应，分析 F^-、Cl^-、Br^-、I^- 的还原性和 Cu^{2+}、Fe^{2+}、Al^{3+}、Mg^{2+}、Na^+ 的氧化性的相对强弱变化趋势。

需要注意的是，氧化性和还原性是相对的。一些中间价态的物质既有氧化性又有还原性，若与较强氧化剂反应时表现其还原性；若与较强还原剂反应时则表现其氧化性。如

$$2\overset{+2}{Fe}Cl_2 + \overset{0}{Cl_2} = 2\overset{+3}{Fe}\overset{-1}{Cl_3}$$

$$\overset{+2}{Fe}Cl_2 + \overset{0}{Zn} = \overset{0}{Fe} + \overset{+2}{Zn}Cl_2$$

专题1-1　放射性同位素的应用

同位素可以分为稳定同位素和不稳定同位素两类。天然同位素多为稳定同位素。不稳定同位素是指放射性同位素，它们的原子核会自发地放射出某种射线（如α、β、γ射线），本身蜕变为其它元素的同位素。例如

$${}^{14}_{6}C \longrightarrow {}^{14}_{7}N + \beta \qquad {}^{226}_{88}Ra \longrightarrow {}^{222}_{86}Rn + \alpha$$

α射线由氦核（He^{2+}）组成，穿透力较小；β射线由电子组成，可以穿透皮肤表层；γ射线是波长极短、穿透力极强的光或电磁波，它可以穿透30cm厚的钢板。

放射性同位素广泛地应用于核动力、医疗、工农业生产和科研等领域。

1. 射线的应用　放射性同位素放出的射线，可以引起物质的物理变化、化学变化或生物生理效应。

工业上利用有些材料能吸收射线，使射线强度减弱来检查金属铸件的内部损伤（无伤探测），测量移动着的金属板的厚度和液体在密封容器中的液位等等。化工生产中利用放射性同位素的射线来促使小分子合成大分子（辐射聚合），生产高分子产品。利用射线的电离作用，可消除工业生产中有害的静电积累，防止污染和保证生产安全等。

农业上用γ射线照射种子，使种子发生变异，从而选育优良品种。利用射线还可防治害虫，因为适度的射线照射后会使害虫丧失生育能力。另外射线还可用于食品杀菌和延长蔬菜保存期。如用钴-60的α射线照射马铃薯、洋葱、大蒜和胡萝卜等可抑制其发芽，使之保存数月之久。

医学上利用射线能抑制或破坏细胞的活动来治疗某些疾病（放射疗法）。例如，钴－60、铯－137 和锎－252 都可用来治疗癌症，磷－32 可治疗神经性皮炎等等。

2. 示踪原子的应用 放射性同位素的射线，可用专门仪器探测到。我们可以根据射线找到原子的踪迹，这种原子叫示踪原子。在物质中掺入少量同一元素的放射性同位素，在物理、化学或生物过程中，可追踪到示踪原子的部位和它参加反应的过程。例如，工业上利用示踪原子分析炼钢时去硫去磷的情况；农业上用来进行土壤、肥料、光合作用、作物营养代谢过程，农药在植物体内的残留量、残留时间等方面的研究；医学上用示踪原子诊断疾病，如用碘－131 诊断甲状腺功能是否正常；用钠－24 检查和研究人体血液循环情况。还可以用示踪原子追踪某种物质的新陈代谢过程，研究食物如何被人体吸收，从而测定它们的营养价值等等。

另外，根据放射性同位素的半衰期可测定动物、植物、岩石的“年龄”。如在考古学上用同位素$^{14}_{6}C$ 含量的变化来推算文物的“年龄”。

利用某些放射性同位素可获得核能（见第八章）。

专题 1-2　化学试剂等级标准

常用的化学试剂根据其纯度分成不同的规格。我国生产的试剂一般分为下列各种级别：

试剂级别	中文名称	代号	瓶签颜色	使用要求
一级品	保证试剂或优质纯	GR	绿色	用于基准物质，主要用于精密的科研分析鉴定
二级品	分析试剂或分析纯	AR	红色	主要用于一般科研和分析鉴定
三级品	化学纯试剂或化学纯	CR	蓝色	用于要求较高的化学实验，也常用于要求较低的分析实验
四级品	实验试剂	LR	棕黄色或其它色	主要用于普通的化学实验和科研，有时也用于较高要求的工业生产
工业品				用于工业生产

除上述一般试剂外，还有一些有特殊要求的试剂。如指示剂、生化试剂和超纯试剂等，这些都会在瓶签上予以注明。

在化学实验中大量使用的试剂是四级品，有些试剂还可以使用工业品。因为不同规格的试剂价格差别很大，在保证达到教学效果的前提下，应尽可能采用级别较低的试剂，防止越级使用造成浪费。

本章小结

一、物质的结构单元

组成物质的微观粒子叫结构单元，它可以是原子、分子、离子等。

二、结构单元的计量

1. 物质的量是用来计量微观粒子的物理量。其基本单位是摩尔（mol）。1mol 任何物质都含有 6.02×10^{23} 个结构单元。在使用摩尔这个单位时，必须用化学式表明具体的结构单元。

2. 摩尔质量的定义式为 $M=\frac{m}{n}$，常用单位 $g\cdot mol^{-1}$。以 $g\cdot mol^{-1}$ 为单位时，任何物质的摩尔质量在数值上等于该物质的化学式量。

3. 气体摩尔体积的定义式为 $V_m=\frac{V}{n}$，单位为 $L\cdot mol^{-1}$。在 273.15K，1.013×10^5Pa 状况下，$V_{m,0}\approx22.4L$。

三、溶液的浓度

1. 物质的量浓度是指单位体积溶液中所含溶质的物质的量。定义式为 $c=\frac{n}{V}$，常用单位是 $mol\cdot L^{-1}$。

2. 质量分数与物质的量浓度的换算须通过溶液的密度。其换算公式为

$$c=\frac{1000\rho w}{M}$$

3. 溶液稀释公式为 $c_1V_1=c_2V_2$。

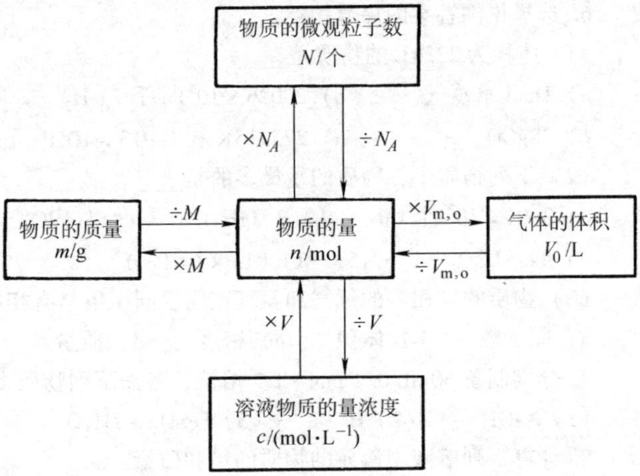

图 1-2　几种物理量间的关系

四、几种物理量之间的关系

物质的量与质量、体积等之间的关系如图 1-2 所示。

五、氧化还原反应

氧化还原反应的本质是发生了电子的得失（或电子对的偏移）。在氧化还原反应中获得电子的物质叫氧化剂，失去电子的物质叫还原剂。

习　题

1. 试从定义、基本单位两个方面区分物质的量与物质的质量。

2. $0.1molH_2SO_4$ 中含有______个氢原子，______个氧原子，______个硫原子，______个硫酸分子。

3. 计算下列物质的质量或物质的量：

（1）1mol Cu　　（2）$0.2\ molH_2SO_4$　　（3）$2molOH^-$

（4）$22gCO_2$　　（5）$1gH^+$　　（6）$25.5gNH_3$

4. 填空：

（1）$4gO_2$ 和 $0.5gH_2$ 中，______原子数多；______ gC_2H_5OH（酒精）与 $72gH_2O$ 的分子数相同。

（2）在 273.15K 和 1.013×10^5Pa 时，CO、CO_2、H_2 的密度由小到大的排列顺序为______________。

（3）在同温同压下，$16gO_2$ 与______ gH_2 所占有的体积是相同的。

5. 下列说法是否正确？为什么？

（1）同温同压下，物质的量相同的任何物质所占有的体积是相同的。

（2）1mol 任何气体的体积都约为 22.4L。

（3）1g H_2 占有的体积约为 11.2L。

（4）22.4LCO 和 22.4LCO_2 所含的分子数目相同。

6. 选择正确答案的序号填空：

（1）体积为 22.4L 的物质是____。

a）1mol 水蒸气　　b）2.026×10^5Pa 下 2g H_2

c）28gCO　　d）273.15K 和 1.013×10^5Pa 下 $44gCO_2$

（2）下列物质中，物质的量最多的是____。

a）3.01×10^{23}个 Cu　　b）$3.2gH_2$　　c）$1molO_2$

d）$44.8LCO_2$（273.15K 和 1.013×10^5Pa）

（3）物质的量相等的氢气和氦气在同温同压下具有相同的____。

a）原子数　　b）体积　　c）密度　　d）质量

7. 分别制备 50mL $0.2\ mol\cdot L^{-1}$溶液，各需下列物质多少克？

（1）NaOH　　（2）HCl　　（3）$FeSO_4\cdot7H_2O$　　（4）$Na_2CO_3\cdot10H_2O$

8. 计算下列溶液中溶质的物质的量和质量：

（1）2.5L $4mol\cdot L^{-1}$的 H_2SO_4 溶液　　（2）10L $0.45\ mol\cdot L^{-1}$的 $Mg\ Cl_2$ 溶液

9. 配制 250mL $0.5\ mol\cdot L^{-1}$的 H_2SO_4 溶液，需用 $w(H_2SO_4)=98\%$（$\rho=1.84g\cdot cm^{-3}$）的浓硫酸多少毫升？

10. 煅烧 1 吨石灰石可生产多少吨生石灰？

11. 要使 6kg 碳完全燃烧，需氧气（273.15K、1.013×10^5Pa）多少升？

12. 将铁放入硫酸铜溶液中，置换出 32g 铜，问消耗了多少摩尔铁？

13. 从宇宙飞船船舱中除去宇航员呼出 CO_2 的一种方法是用过氧化钠与其反应

$$2Na_2O_2+2CO_2=2Na_2CO_3+O_2$$

假如在一天内，一个人呼出 1kg CO_2，为了消除 3 名宇航员在 6 天的飞行探险中产生的 CO_2，至少需过氧化钠多少千克？

14. 某炼铁厂要炼成含杂质5%的生铁10t，需用Fe_2O_3多少吨？

15. 取一定量的NaOH和Na_2CO_3混合物，逐滴加入0.5 mol·L^{-1}的盐酸，直到反应恰好完全。共用去盐酸20mL，将生成的气体通入足量的石灰水，得到0.2g白色沉淀。求原混合物中NaOH的质量分数。

16. 下列反应是不是氧化还原反应？若属于氧化还原反应，请标出其电子转移的方向和数目，并注明氧化剂、还原剂：

（1）$S + O_2 \xlongequal{点燃} SO_2$　　（2）$CaCO_3 \xlongequal{高温} CaO + CO_2\uparrow$

（3）$4Al + 3O_2 \xlongequal{\triangle} 2Al_2O_3$　　（4）$C + H_2O$（气）$\xlongequal{高温} CO + H_2$

（5）$Na_2CO_3 + H_2SO_4 = Na_2SO_4 + CO_2\uparrow + H_2O$　　（6）$Zn + H_2SO_4$（稀）$= ZnSO_4 + H_2\uparrow$

17. 填空：

（1）$Cl_2 + 2e^- = 2Cl^-$的变化过程是______反应，氯气是________剂，氯气具有______性。

（2）$Na - e^- = Na^+$的变化过程是______反应，钠是______剂，钠具有______性。

18. 把50mL 0.2 mol·L^{-1}的$BaCl_2$溶液和15g的$w = 10\%$的H_2SO_4（$\rho = 1.07g \cdot cm^{-3}$）溶液混合，计算：

（1）能生成多少克沉淀？

（2）设溶液总体积反应前后不变，求反应结束后HCl的物质的量浓度是多少？

19. 以下有关溶质含量的计算中，只能求出质量分数的是（　　），只能求出物质的量浓度的是（　　），二者都能求出的是（　　）。

a）16g H_2SO_4溶液与100mL水混合　　b）6.2gNa_2O溶于水配成200mL溶液

c）w（H_2SO_4）$= 90\%$的溶液100g与100mL水混合

d）0.208g $BaCl_2$溶于100mL水（假设溶液体积不变）

20. 在273.15K和1.013×10^5Pa时，1体积水溶解了700体积氨，此氨水$\rho = 0.98g \cdot cm^{-3}$，试求其物质的量浓度和质量分数。

第二章　物质结构　元素周期表

○ 元素的性质为什么会随着原子量的增加而呈现周期性变化？

○ 用什么具体形式来反映元素性质之间的相互关系以及性质递变的规律？

○ 原子（或离子）靠什么力量互相结合？不同的结合方式对物质的性质有何影响？

○ 晶体有哪几种基本类型？它们各有什么特性？

第一节　元素周期律

我们知道，在多电子的原子中，原子核外电子因能量差异而分布在不同的电子层（层序数用 n 表示）；各电子层最多可容纳 $2n^2$ 个电子；最外层和次外层电子数分别不超过 8 个和 18 个。那么，原子结构与元素性质有无内在联系和变化规律呢？我们来比较 3～18 号元素的原子结构及主要性质（见表 2-1）。

表 2-1　元素性质随原子序数的变化情况

原子序数	3	4	5	6	7	8	9	10
元素符号	Li	Be	B	C	N	O	F	Ne
每层的电子数	2，1	2，2	2，3	2，4	2，5	2，6	2，7	2，8
原子半径/pm	152	111	80	77	74	74	71	154
金属性和 非金属性	活泼金属	两性元素	不活泼 非金属	非金属	活泼 非金属	很活泼 非金属	最活泼 非金属	稀有气体 元素
最高正化合价 及负价	+1	+2	+3	+4 −4	+5 −3	−2	−1	
最高价氧化物 的水化物	LiOH 碱	$Be(OH)_2$ 两性	H_3BO_3 极弱酸	H_2CO_3 弱酸	HNO_3 强酸			
原子序数	11	12	13	14	15	16	17	18
元素符号	Na	Mg	Al	Si	P	S	Cl	Ar
每层的电子数	2，8，1	2，8，2	2，8，3	2，8，4	2，8，5	2，8，6	2，8，7	2，8，8
原子半径/pm	186	160	143	118	110	103	99	188
金属性和 非金属性	很活泼 金属	活泼金属	两性元素	不活泼 非金属	非金属	活泼 非金属	很活泼 非金属	稀有气体 元素
最高正化合价 及负价	+1	+2	+3	+4 −4	+5 −3	+6 −2	+7 −1	
最高价氧化物 的水化物	NaOH 强碱	$Mg(OH)_2$ 中强碱	$Al(OH)_3$ 两性	H_2SiO_3 弱酸	H_3PO_4 中强酸	H_2SO_4 强酸	$HClO_4$ 最强酸	

一、核外电子分布的周期性变化

3～10号元素，即从Li到Ne，最外层电子分布从1递增到8（稳定结构）。11～18号元素，最外层电子分布也是从1递增到8。这就是说，随着原子序数的递增，原子最外层上的电子分布会出现重复的现象，即周期性变化。每增加一个电子层，就出现一个新的周期。

二、原子半径的周期性变化

电子在核外运动并没有明确的空间界限，因而原子半径也没有一个统一的定义。对于同种元素形成的分子（如 Cl_2），将两原子核间距离的一半称为原子半径（见图2-1）。对于金属，通常认为原子是互相紧挨的，把相邻两原子核间距离的一半称为原子（或金属）半径。

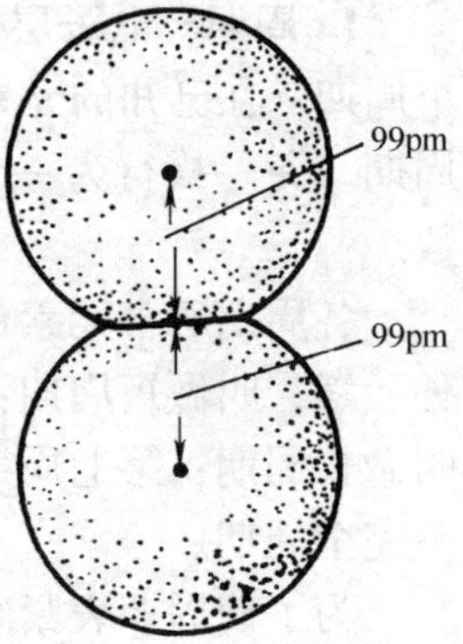

图2-1　原子的半径

从表2-1可以看出，元素的原子半径大小也是随着原子序数的递增呈现周期性的变化。这种变化规律是受原子结构影响的结果。例如3～9号元素，原子核外电子层数相同（$n=2$），但核电荷数及最外层电子数是递增的。因此，原子核对外层电子的吸引力逐渐增强，原子半径呈递减趋势。

三、元素性质的周期性变化

元素的性质与它最外层的电子结构、原子半径大小密切相关，原子最外层电子分布以及原子半径的周期性变化，决定了元素性质的周期性变化。如3～10号元素是从活泼的金属锂逐渐过渡到活泼的非金属氟，最后以稀有气体氖结尾。11～18号元素也是这样的变化趋势。

从表2-1还可以看出，元素的主要化合价以及最高价氧化物对应的水化物的酸碱性也呈现周期性的变化：3～9号元素与11～17号元素的最高正价，都是随着原子序数的递增，由+1价逐渐递变到+7价（氧、氟除外）；负化合价由−4价逐渐递变到−1价；元素最高价氧化物对应的水化物的酸碱性，都是随着原子序数的递增，碱性逐渐减弱，酸性逐渐增强。

从以上事实可以归纳出这样一条规律：元素和由它所形成的单质以及化合物的性质，随着原子序数的递增而呈现周期性的变化，这个规律叫做元素周期律。

【练习思考2-1】　什么是元素周期律？周期律是否意味着原子结构及元素性质是简单机械的重复？

第二节　元素周期表

把电子层数相同的各元素，按原子序数递增的顺序从左到右排成行；把不同行中最外层电子结构相同的元素，按电子层递增的顺序由上而下排成列，这样得到的表叫做元素周期表。元素周期表是元素周期律的具体表达形式，它从本质上反映了元素之间相互联系的规律。

一、元素周期表的结构

1. 周期　电子层数相同而依照原子序数递增顺序排列的一系列元素称作一个周期。在已知的元素中，原子核外最多有 7 个电子层，所以周期表中共有 7 个周期（每一横行为一个周期）。周期的序数等于该周期元素的原子具有的电子层数。

各周期所含元素的数目不尽相同。第一、二、三周期分别含 2 种、8 种、8 种元素，叫做短周期；第四、五、六周期所含元素分别为 18 种、18 种、32 种，叫做长周期；第七周期从理论上推算也应有 32 种元素，但目前尚未填满，称作不完全周期。

为了使周期表紧凑，通常将第六周期和第七周期中性质极其相似的镧系元素（$_{57}La \sim _{71}Lu$）和锕系元素（$_{89}Ac \sim _{103}Lr$）列在表的下方。

2. 族　周期表中有18个纵列，除第 8、9、10 三个纵列合称第Ⅷ族外，其余每个纵列各为一族。由短周期元素和长周期元素共同构成的族称为主族（符号 A）；完全由长周期元素组成的族称为副族（符号 B）。习惯上用罗马数字表示族序数并标在 A 或 B 之前，如ⅠA、ⅡA、ⅠB、ⅡB……。最右边一族为稀有气体元素，通常情况下不发生化学反应，化合价视为零，因而称为 0 族。

在整个周期表中，有 7 个主族、7 个副族、1 个第Ⅷ族、1 个 0 族，共 16 个族。副族和第Ⅷ族元素常统称为过渡元素；ⅢB 族除去锕系以外的 17 种元素常合称为稀土元素。

二、周期表中主族元素性质的递变规律

1. 元素的金属性和非金属性　元素的金属性是指它的原子失去电子的能力，非金属性是指它的原子获得电子的能力。金属性或非金属性的强弱，取决于原子的外层电子结构、原子半径和核电荷数。通常，外层电子数越少、原子半径越大，就越易失电子，元素的金属性越强；反之就越容易得到电子，非金属性越强。

一般来说，元素的金属性越强，其单质越容易从水或酸中置换出氢气，最高

价氧化物对应的氢氧化物的碱性越强；元素的非金属性越强，其单质越容易与氢气结合，其最高价含氧酸的酸性越强。

(1) 同周期元素金属性和非金属性的递变　以第三周期元素为例进行讨论。

演示2-1　用一块带有缺口的橡皮片（或一小团卫生纸）塞入已穿底的试管中，用镊子夹取绿豆大小的一块金属钠投入试管。试管口装上带有尖口玻璃导管的橡皮塞，然后把试管浸入盛有蒸馏水（事先滴入酚酞试液）的烧杯中，经过3s，用燃着的火柴接近导管，观察现象。

可以看到，钠与水剧烈反应，点燃导管口气体时有轻微爆鸣声。同时，烧杯中的溶液变红。反应方程式为

$$2Na + 2H_2O = 2NaOH + H_2\uparrow$$

演示2-2　取两支试管，各加入5mL蒸馏水（滴入2滴酚酞），取镁条、铝条各一小段，用砂纸擦去表面氧化膜，投入试管中，观察反应情况。加热再观察有何现象。

可以看到，镁不与冷水发生反应，但加热后能与水作用。铝与水的反应比镁更弱。反应方程式为

$$Mg + 2H_2O \xlongequal{\triangle} Mg(OH)_2 + H_2\uparrow$$

$$2Al + 6H_2O \xlongequal{\triangle} 2Al(OH)_3 + 3H_2\uparrow$$

以上实验说明，钠的金属性比镁强，而镁的金属性比铝强。

硅是非金属元素，在常温下不能与水和酸反应，也不能与氢直接化合，在1410℃以上才能与 H_2 反应生成 SiH_4，H_2SiO_3（硅酸）的酸性很弱。

磷的蒸气能与氢气反应生成 PH_3，但相当困难。H_3PO_4 是中强酸。

硫在加热时能与氢气化合生成 H_2S。H_2SO_4 是一种强酸。

氯气与氢气在光照或点燃时能剧烈反应生成 HCl。$HClO_4$（高氯酸）是最强的含氧酸。

通过以上事实可以得出结论：同周期主族元素，从左到右，金属性逐渐减弱，非金属性逐渐增强。研究其它周期元素的金属性和非金属性，也会得到类似的规律。

【练习思考2-2】　结合图2-2，试以原子结构的观点解释同周期元素递变规律。

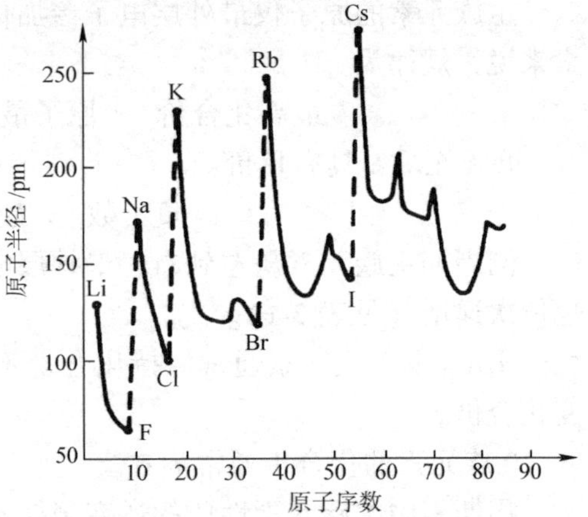

图2-2　原子半径的周期性变化

(2) 同主族元素金属性和非金属

性的递变　以ⅦA族元素为例进行讨论。

演示2-3　在一试管中加入6mL0.1mol·L^{-1}KBr溶液，再加入6滴氯水，振荡，观察溶液的颜色变化（为使现象明显，可加入1mL四氯化碳（CCl_4），振荡，观察CCl_4层的颜色）。

可以看到，加入氯水后，无色的KBr溶液呈现浅黄色。这是由于氯置换出了游离态的溴

$$Cl_2 + 2KBr = 2KCl + Br_2$$

演示2-4　在两支试管中各加6mL0.1mol·L^{-1}KI和2滴淀粉溶液，再分别加入氯水和溴水，观察溶液的颜色变化。

两支试管的溶液都出现蓝色。这是因为氯和溴置换出了碘，碘遇淀粉显蓝色

$$Cl_2 + 2KI = 2KCl + I_2$$

$$Br_2 + 2KI = 2KBr + I_2$$

实验表明，ⅦA中氯、溴、碘的非金属性依次减弱。

再以ⅠA族为例讨论。

演示2-5　切绿豆粒大小的一块金属钾，放在装有冷水的烧杯中，迅速用玻璃漏斗盖好。观察现象，并与钠在水中的反应进行比较。

可以看到，钾与水反应比钠更为剧烈。能使生成的氢气燃烧，并发生轻微爆炸。这表明ⅠA族元素随着原子序数的增加，金属性依次增强。

通过以上事实可以得出结论：同主族元素，从上到下，金属性逐渐增强，非金属性逐渐减弱。

【练习思考2-3】　试从原子结构上分析同主族元素递变的原因。

2. 元素的化合价　元素的化合价与原子的电子层结构有密切关系。

主族元素的原子仅最外层电子参加化学反应。因此，除氟和氧外，对其它元素来说，规律为

最高化合价 = 原子最外层电子数 = 族序数

ⅣA至ⅦA具有负价：

负价数 = 最高化合价 − 8

同周期主族元素从左到右，最外层电子数依次增加，所以它们的最高化合价也依次递增（见表2-1）。

ⅠA、ⅡA族元素通常保持化合价不变，而大多数ⅢA～ⅦA族元素具有可变化合价。

0族元素的化合价通常为0。

周期表中主族元素性质的递变规律参见表2-2。

表 2-2　主族元素金属性和非金属性的递变

主族		ⅠA	ⅡA	ⅢA	ⅣA	ⅤA	ⅥA	ⅦA
周期	1							
	2	Li	Be	B	C	N	O	F
	3	Na	Mg	Al	Si	P	S	Cl
	4	K	Ca	Ga	Ge	As	Se	Br
	5	Rb	Sr	In	Sn	Sb	Te	I
	6	Cs	Ba	Ti	Pb	Bi	Po	At
	7	Fr	Ra					
最高正化合价		1	2	3	4	5	6	7
负化合价					−4	−3	−2	−1

（表中箭头说明：从左到右 原子半径减小　非金属性逐渐增强；从上到下 原子半径增大　金属性逐渐增强；从下到上 非金属性逐渐增强；从右到左 金属性逐渐增强）

从表 2-2 中还可以看到，沿 B、Si、As、Te、At 和 Be、Al、Ge、Sb、Po 之间有一折线，折线的左边是金属元素，右边是非金属元素，折线两侧的元素既表现出某些金属性，又表现出某些非金属性，属两性元素。从整个周期表看，左下角是金属性最强的元素，右上角（0 族元素除外）是非金属性最强的元素。

三、元素周期表的应用

元素周期表反映了原子结构和元素性质之间的内在联系及其变化规律，对元素进行了科学的分类。它不仅为我们系统地学习化学，能动地认识元素及其化合物的性质指明正确的途径、提供重要的工具，而且对近代原子物理学、生物学、工程材料学等其它科学以及工农业生产都具有重要的指导作用。

人们运用元素周期律和元素在周期表中的位置及相邻元素的性质关系，可以推断元素的一般性质；预言和发现新元素；修正原子量；寻找和制造新材料等。例如，元素周期表创立后，科学家们相继找到了门捷列夫预言的“类铝”、“类硅”（即 Ga、Ge）、34、36 号等天然元素和 61 及 95 号以后的人造放射性元素，使周期表中的元素由当初的 63 种发展到现在的 112 种。再如，人们在周期表的右上角寻找研制安全高效的新农药、不破坏臭氧层的新制冷剂；在金属与非金属的分界处寻找半导体新材料；在过渡元素中寻找高效催化剂和耐高温、耐腐蚀的合金材料等等。

【练习思考 2-4】　试确定 34号元素的原子结构和主要性质；写出其周围相邻的元素，并比较它们的化学活泼性。

第三节　化　学　键

物质的性质不仅取决于其组成原子的种类和数目，而且还与这些原子（或离子）的相互联系及空间构型有关，这就需要了解分子的结构。

除稀有气体外，物质通常都是以原子相互结合成的分子或晶体（见本章第四节）的形式存在。原子在分子或晶体中，不是简单地堆积在一起，而是彼此间存在着强烈的相互作用。化学上把分子或晶体中相邻原子（或离子）间的强烈结合力叫做化学键。这种结合力产生的原因在于原子间的电子运动。根据电子运动的不同方式，化学键分为共价键、离子键、金属键。本节介绍前两种，金属键将在第六章介绍。

一、离子键

当活泼金属和活泼非金属在一定条件下反应时，它们的原子核外就会发生电子转移。例如，钠在氯气中燃烧生成氯化钠

$$2Na + Cl_2 = 2NaCl$$

上述反应可以用电子式（在元素符号周围用小圆点或×表示原子最外层电子的式子）表示为

$$_{\times}Na + \cdot\underset{\cdot\cdot}{\overset{\cdot\cdot}{Cl}}: \longrightarrow Na^{+}\left[{}_{\times}\underset{\cdot\cdot}{\overset{\cdot\cdot}{Cl}}:\right]^{-}$$

从电子式可以看出，钠原子的最外层只有1个电子，容易失去。氯原子的最外层有7个电子，容易得到一个电子，从而使最外层都达到8个电子的稳定结构。所以，当它们在一定条件下相互作用时，钠原子最外层的电子就转移到氯原子的最外层，形成带正电荷的阳离子和带负电荷的阴离子。阴阳离子通过静电作用结合在一起。这种阴、阳离子间通过静电作用所形成的化学键叫做离子键。以离子键结合形成的化合物叫做离子化合物。绝大多数的盐、碱和金属氧化物是离子化合物。离子化合物在固态时都是晶体，它是由阴、阳离子相互吸引并在空间延展而形成的。

【练习思考2-5】 常温下离子化合物中有没有单个分子存在？NaCl是不是分子式？

二、共价键

以氢分子为例。氢气的形成可用电子式表示为

$$H\cdot + \cdot H \rightarrow H:H$$

氢原子核外只有1个电子，当两个氢原子在一定条件下接近时，电子不是从一个氢原子转移到另一个氢原子，而是在两个氢原子间形成共用电子对。共用电子对同时围绕两个原子核运动，使每个氢原子都具有氦原子的稳定结构。共用电子对受两个原子核的共同吸引，从而把两个原子结合成一个分子。

原子间通过共用电子对所形成的化学键叫做共价键。只以共价键结合的化合

物叫做共价化合物。非金属形成的单质或化合物中，原子间都是以共价键相结合的。

化学上常用一根短线表示一个共价键（即一对共用电子）写出分子结构式。如 H_2 的结构式写作 H—H。

【例 2-1】 写出 Cl_2、N_2、CO_2、H_2O 的电子式和结构式。

解： 分子式 Cl_2 N_2 CO_2 H_2O

电子式

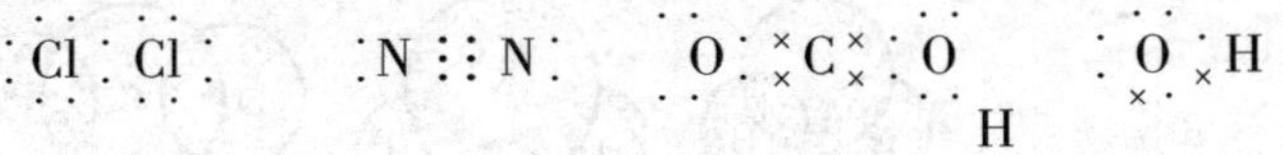

结构式 Cl—Cl $N \equiv N$ $O=C=O$ O—H（O 下接 —H）

化合物中的键型不一定是单一的，一般共价化合物中不存在离子键，但离子化合物中可能存在共价键。如在 NaOH 中，钠离子和氢氧根离子之间是离子键，而氢氧根离子中的氢和氧之间是共价键。

1. 共价键的参数 不同元素的原子所形成的共价键，在方向和牢固程度等方面存在着差异，一般可用几个参数描述。

（1）键长 成键原子除受共用电子对的吸引之外，原子核间还互相排斥。当两种力平衡时就形成了稳定的化学键。这时，两个成键原子核间的平均距离叫做键长。一般来说，形成的键越短，键就越牢固。例如，卤素单质及其氢化物的键长（单位：pm）分别为：

F—F 141.8 Cl—Cl 198.8 Br—Br 228.4 I—I 266.6

H—F 91.8 H—Cl 127.4 H—Br 140.8 H—I 160.8

（2）键能 原子在形成分子的过程中要放出能量。例如，2mol H 作用生成 1molH_2，要放出 436kJ 能量

$$H—H \longrightarrow H_2 + 436kJ$$

如果要使 1molH_2 分裂为 2mol H，需吸收同样多的能量。这就是 H—H 键的键能。

推广而言，在 298.15K，1.013×10^5Pa 时，将 1mol AB 气态分子断开为 A 和 B 原子所需要的能量，称为 A—B 键的键能。一般情况下，键能越大，化学键越强，含有该键的分子越稳定。某些共价键的键能见表 2-3。

表 2-3 某些共价键的键能（$kJ \cdot mol^{-1}$）

H—H 436	C—C 347	N—N 159	S—H 339
H—O 463	C═C 598	N═N 418	S═O 522
H—F 557	C≡C 820	N≡N 946	F—F 158
H—Cl 431	C—H 413	N—H 391	Cl—Cl 242
H—Br 366	C—O 351	O—O 143	Br—Br 193
H—I 298	C═O 803	O═O 498	I—I 151

（3）键角　分子中两条共价键之间的夹角叫做键角。例如，H_2O 分子中有 2 个 O—H 键，它们之间的夹角是 104°30′；再如 NH_3 分子中 3 个 N—H 键彼此之间的夹角是 107°18′。根据键角，可以理解分子的空间构型。例如，水分子是"V"形；氨分子是三角锥形；二氧化碳是直线形；甲烷是正四面体，如图 2-3 所示。

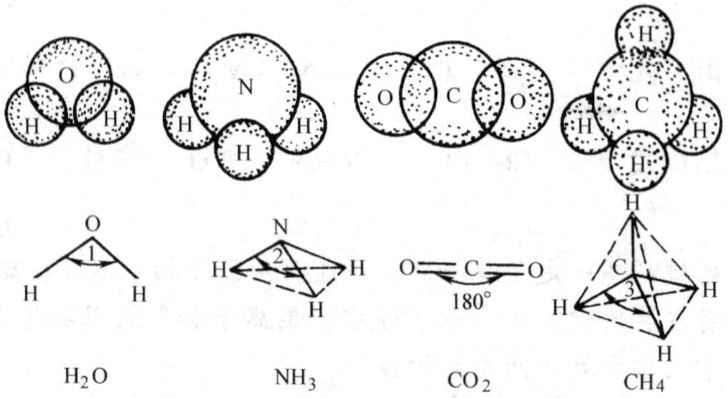

图 2-3　几种分子构型示意图

图中∠1 = 104°30′　∠2 = 107°18′　∠3 = 109°28′

每个球体表示 1 个原子

2. 键的极性　根据共用电子对是否偏移，共价键可分为非极性键和极性键两类。

在氢、氯、氮等非金属单质中，成键原子吸引电子的能力相等，共用电子对不偏向任何一方。这样的共价键称为非极性共价键，简称非极性键。

氟化氢、水、氨等化合物是由不同种原子化合而成的，共用电子对必然偏向吸引电子能力较强的原子，因而共价键一端显部分负电性，另一端显部分正电性。这样的共价键称为极性共价键，简称极性键。

根据电子对的偏移程度，极性键又分为强极性键和弱极性键。一般来说，化学活泼性相差越大的原子形成的共价键的极性越强。应当辩证地理解，键的极性强弱并无截然的界限。可以认为极性键是介于离子键与非极性键之间的过渡状态（见图 2-4）。

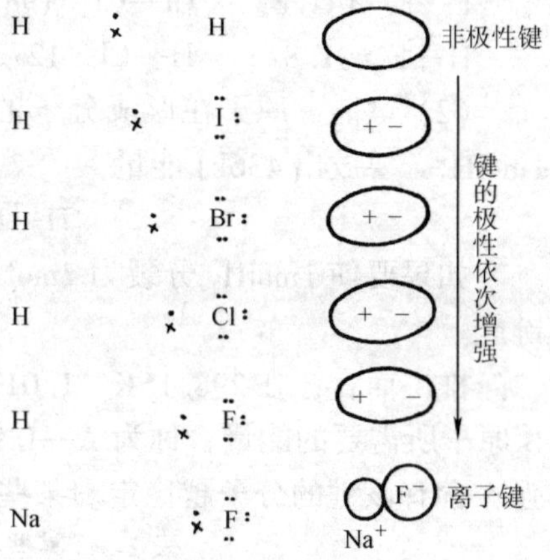

图 2-4　非极性键过渡到离子键示意图

3. 分子的极性　物质的溶解性与分子的极性有关。

在分子中，由于正、负电荷的电量是相等的，所以就分子总体来说是电中性的，但可以根据化学键的极性和分子的空间构型，把分子区别为极性分子和非极性分子。

图 2-5　分子的极性

一般双原子分子的极性与化学键的极性一致。例如，H_2、N_2、Cl_2 等由非极性键形成，共用电子对不偏向任何一个原子，分子两端都不显电性，因而是非极性分子（见图 2-5）。HF、HCl、CO 等由极性键形成，共用电子对有偏移，分子两端显示出不同的电性，因而是极性分子（见图 2-5）。

多原子分子的极性主要取决于分子的空间构型。若构型对称，是非极性分子；若构型不对称，则是极性分子。表 2-4 是一些物质分子的空间构型。

表 2-4　一些多原子分子的空间构型

空间构型		分子式
对称	直线形	CO_2、CS_2、$BeCl_2$、C_2H_2
	平面正三角形	BF_3、BCl_3、SO_3
	正四面体形	CH_4、SiH_4、CCl_4
不对称	V 字形	H_2O、SO_2、H_2S、NO_2
	三角锥形	NH_3、PH_3
	四面体形	$CHCl_3$、CH_3Cl

【练习思考 2-6】　试分析 H_2O 和 CCl_4 分子的极性，并设法用实验验证。

一般来说，极性相似的物质能够相互溶解。如 NaCl、HCl 等能溶于水，但难溶于非极性分子的有机溶剂（如四氯化碳、苯、汽油）。绝大部分有机物难溶于水，却易溶于有机溶剂。

第四节*　晶　　体

自然界的固态物质，按其内部结构可分为晶体和非晶体两类。内部结构中的原子、离子或分子（称结构微粒）在空间一定的点上作有规律的周期性排列的固态物质为晶体，不是作有规律排列的固态物质为非晶体。

一、晶体的特征

晶体与非晶体的主要区别在于：晶体有固定的熔点，而非晶体通常只有一个软化过程（如玻璃、塑料）；晶体的某些物理性质如导热、导电、光学性质和力学强度在各个方向有不同的表现，即具有各向异性，而非晶体则是各向同性；晶体有一定的几何外形，而非晶体没有。这些宏观性质上的区别，都是由微观结构上的差异引起的。

二、晶体的类型

根据晶格结点（排有结构微粒的点）上排列的微粒及微粒之间的作用力，晶体可分为原子晶体、分子晶体、离子晶体、金属晶体四种基本类型。

金刚石、硅、二氧化硅是原子晶体，晶格结点上排列着原子，原子间存在着强有力的共价键，所以原子晶体一般具有高熔点和高硬度。许多耐磨耐高温材料都是原子晶体的物质。

氧、氮、二氧化碳、水等在低温下呈固态时属于分子晶体，晶格结点上排列着单个分子，分子间由较弱的分子间力联系，所以分子晶体的熔点和沸点低、硬度小。同属分子晶体而类型相似的单质（如 F_2、Cl_2、Br_2、I_2）或化合物（如 HCl、HBr、HI）的熔点、沸点一般随摩尔质量的增大而升高。

常温下的离子化合物是离子晶体，晶格结点上排列的是阴、阳离子，它们之间存在着较强的离子键，因而熔点、沸点较高。金属热处理中所用的盐多为离子晶体。

金属一般都是晶体，晶格结点上排列着金属阳离子，它们之间的作用力是金属键。不同金属的化学键强弱有较大差别，这主要是受原子半径大小、参加成键的价电子多少等因素的影响。例如，每一周期开始的ⅠA族金属的原子半径是同周期中最大的，价电子是最少的，因而晶体中金属键较弱，金属的熔点很低。除锂外，钠、钾、铷、铯的熔点都在100℃以下，铯的熔点只有28.4℃。ⅡA族金属的原子半径减小，价电子数增多，所以熔点升高。

四种基本类型的晶体结构和一般性质见表2-5。

表2-5 晶体的结构和一般性质

晶体类型	原子晶体	分子晶体	离子晶体	金属晶体
晶格结点上的微粒	原子	分子	阴、阳离子	金属离子
微粒间的作用力	共价键	分子间力	离子键	金属键
熔点、沸点	高	低	较高	一般较高、部分低
硬度	大	小	较大	一般较大、部分小
延展性	差	差	差	良
导电性	绝缘体或半导体	绝缘体	水溶液或熔融态导电	导体
实例	金刚石、SiC、B_4C、SiO_2	CO_2、NH_3、H_2O、CCl_4	NaCl、MgO、Na_2SO_4	Al、Fe 等金属单质及合金
一般应用	耐磨、耐高温材料、半导体	低温、绝缘材料、溶剂	热处理用盐、电解质	工程结构材料

三、晶体缺陷

人们最早建立起来的概念认为,晶体是天然的规则多面体。但是有许多物质,如很多矿石、植物纤维和动物蛋白,虽不具有明显规则的外形,但它们仍属于晶体。产生这种现象的原因,主要是结构微粒在实际排列时,总是或多或少地偏离严格的周期性,以致使晶体产生缺陷。晶体缺陷对其电、磁、声、光、热等物理性质都会产生影响。例如,将磷或硼加入硅晶体,磷或硼就会进入硅晶体的间隙位置或取代晶格结点上的硅原子,形成掺杂半导体,使半导体的导电性能大大提高。

专题 2-1* 配位键和配位化合物

配位化合物是组成较为复杂、应用非常广泛的一类化合物。近半个世纪以来,随着科学技术的发展和工农业生产的需要,配位化合物的研究得到了迅速发展,就其数量来说已远远超过一般的无机化合物,早已发展成为一门独立的学科——配位化学。

一、配位键和配位化合物

1. 配位键 由一个原子单独提供一对电子与另一个原子共用所形成的共价键叫做配位共价键,简称配位键。如氨与酸反应生成铵盐

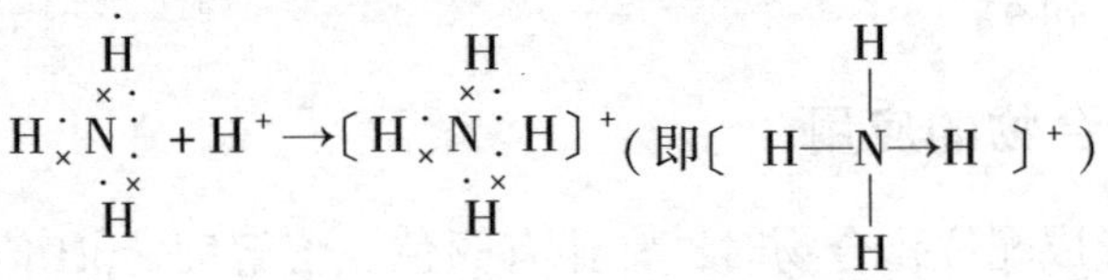

氨中的 N 原子上有一孤对电子（未和其它原子共用的电子对），H^+ 离子有一空轨道㊀，当 NH_3 和 H^+ 接近时，N 原子的孤对电子进入 H^+ 的空轨道成为共用电子对，形成了配位键。其中，N 原子是电子给予体（电子对提供者）；H^+ 离子是电子接受体（电子对接受者）。在结构式中，配位键用箭头（给予体→接受体）表示，如上例中的 N→H 部分。

形成配位键的条件是：有提供孤对电子的给予体和有容纳孤对电子空轨道的接受体。

许多分子或离子中都存在着配位键。

2. 配位化合物浅介 如果在天蓝色的 $CuSO_4$ 溶液里加入少量 NaOH 溶液，会生成蓝色 $Cu(OH)_2$ 沉淀。如果向 $CuSO_4$ 溶液中滴加浓氨水，先出现浅蓝色 $[Cu_2(OH)_2]SO_4$（碱式硫酸铜）沉淀，继续加氨水，沉淀溶解而获得深蓝色

㊀ 电子在原子核外出现几率最大的空间区域,习惯上称为原子轨道。每一个轨道最多只能分布 2 个电子。

溶液。再加入少量 NaOH 溶液时，却无 Cu（OH）$_2$ 沉淀产生。这是因为过量氨水与 Cu^{2+} 生成了复杂离子，使溶液里的 Cu^{2+} 大大减少：

$$Cu^{2+} + 4NH_3 = [Cu(NH_3)_4]^{2+}$$

四氨合铜（Ⅱ）离子

四氨合铜（Ⅱ）离子属于配位离子。它由中心离子（提供空轨道的离子，如 Cu^{2+}）与配位体（提供孤对电子，如 NH_3）以配位键结合而成，是具有一定稳定性的复杂离子：

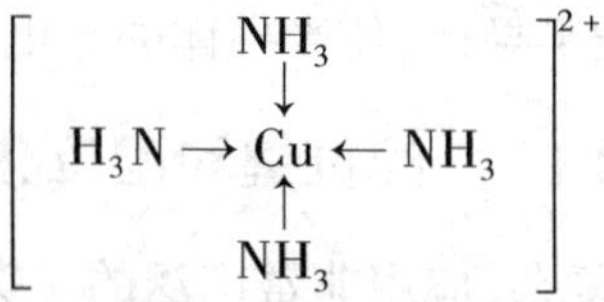

通常把含有配位离子的化合物叫做配位化合物，它由内界（配位离子）和外界（一般离子）两部分组成，如图 2-6 所示。

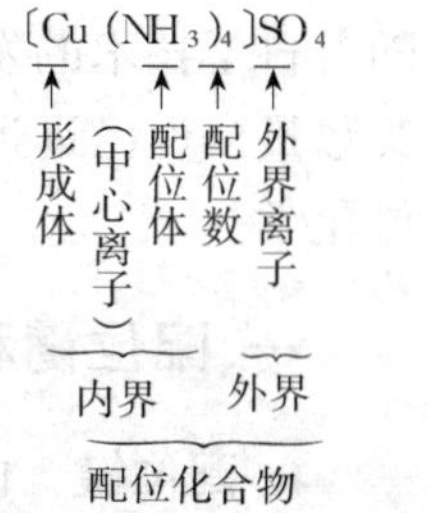

图 2-6　配位化合物

配位化合物形成体常见的是阳离子。Fe^{3+}、Fe^{2+}、Cu^{2+}、Ag^{+}、Pt^{3+} 等过渡元素离子是较强的形成体；配位体可以是分子，如 NH_3、H_2O 等，也可以是阴离子，如 CN^-、F^-、Cl^- 等；配位数是直接与中心离子结合的配位体数目，常见的配位数是 6 和 4。

二、配位化合物的应用

当在溶液里形成配位化合物时，常伴有颜色、溶解度、pH 值、电极电势等的改变。这些特性被广泛地应用于科研和工农业生产中。例如，机电工业生产中，应用配位化合物进行光刻腐蚀、化学清洗、防腐涂覆、电镀、环境保护、金属提纯以及离子鉴定等等。氰化物是一类极毒的物质，其在水中的含量达到 $0.04 \sim 0.1 mg \cdot L^{-1}$ 时，即可使鱼类等生物死亡。因此，含氰工业废水要求经过处理，使氰化物的含量低于 $0.05\ mg \cdot L^{-1}$ 才能排放。在 pH 值 7.5 ~ 10.5 的范围内，可以用硫酸亚铁使氰化物转化为无毒的铁氰配位化合物：

$$Fe^{2+} + 6CN^- = [Fe(CN)_6]^{4-}$$

某些难溶于水的化合物可以与配合剂形成较稳定的配离子而溶于水中。例如，AgBr 能溶于 $Na_2S_2O_3$ 溶液：

$$AgBr + 2S_2O_3{}^{2-} = [Ag(S_2O_3)_2]^{3-} + Br^-$$

在照相技术中，用硫代硫酸钠作定影剂以洗去胶片上多余的溴化银就是应用这个反应。

在电镀工艺中，常用含有配位剂的电镀液，以控制镀层金属离子的浓度。例如镀铜，不能用$CuSO_4$溶液直接电镀，而常加入焦磷酸钾$K_4P_2O_7$，使形成配离子$[Cu(P_2O_7)_2]^{6-}$。其溶液存在下列平衡

$$[Cu(P_2O_7)_2]^{6-} = Cu^{2+} + 2P_2O_7^{\ 4-}$$

由于Cu^{2+}浓度降低，Cu的析出速率得以控制，从而使镀层厚薄均匀，光滑细致，与底层金属的附着力强。

某些金属离子形成配位化合物时会发生颜色或溶解度的明显变化，这可用来鉴定相应的离子。例如，溶液中的Fe^{3+}能与SCN^-形成血红色的配离子$[Fe(SCN)]^{2+}$，用此反应鉴定Fe^{3+}相当灵敏。再如Fe^{3+}能与$[Fe(CN)_6]^{4-}$反应生成深蓝色的普鲁士蓝沉淀

$$4Fe^{3+} + 3[Fe(CN)_6]^{4-} = Fe_4[Fe(CN)_6]_3 \downarrow$$

因而$K_4[Fe(CN)_6]$可用作鉴定Fe^{3+}的试剂。

阅读材料　门捷列夫

在化学教科书中都附有一张元素周期表。这张周期表揭示了物质世界的秘密，把一些看来似乎互不相关的元素统一起来，组成了一个完整的自然体系。元素周期表的发明，是近代化学史上的一个伟大创举，它对促进化学的发展起了巨大作用。看到这张表，人们便会想到它的最早发明者——门捷列夫。

门捷列夫1834年2月7日生于俄国西伯利亚的托波尔斯克市。他出生不久，父亲就因双目失明出外就医。14岁那年，父亲逝世，接着火灾又吞没了他家中的所有财产。1850年，家境贫困的门捷列夫靠着微薄的助学金开始了他的大学生活。在大学学习期间，他表现出了坚韧、忘我的超人精神。当时，疾病折磨着门捷列夫，可是在他贫血的手里总是握着一本化学教科书。他用生命的代价，在科学的道路上攀登着。由于门捷列夫学习刻苦和在学习期间进行了一些创造性的研究工作，1855年他以优异成绩从学院毕业。1857年成为彼得堡大学的副教授，当时年仅23岁。

门捷列夫担任化学副教授以后，负责讲授《化学基础》课。在理论化学里应该指出自然界到底有多少元素？元素之间有什么异同和存在什么内部联系？新的元素应该怎样去发现？这些问题，当时的化学界正处在探索阶段。年轻的学者门捷列夫毫无畏惧地冲进了这个领域，开始了艰难的探索工作。他不分昼夜地研究着，探求元素的化学特性和它们一般的原子特性，然后将每个元素记在一张小纸卡上。他试图在元素全部的复杂的特性里捕捉其共性。虽然他的研究一次又一次地失败了，可他不屈服，不灰心。他的脑子因过度紧张而经常昏眩。终于，在1869年2月19日，他发现了元素周期律并依此编制出了第一张元素周期表。

门捷列夫在排列元素周期表的过程中大胆指出，当时一些公认的原子量不准确。如金的原子量公认为169.2，按此在元素周期表中应排在锇、铱、铂的前面

（因它们被公认的原子量分别为198.6、196.7、196.7），但门捷列夫坚定地认为金应排在这三种元素的后面，原子量应重新测定。大家重测的结果，锇为190.9、铱为193.1、铂为195.2，而金是197.2。实践证实了门捷列夫的论断，也证明了元素周期律的正确性。

在门捷列夫编制的周期表中还留有很多空格，他从理论上推断出这些尚未发现的元素的重要性质，并断定它们介于邻近元素的性质之间。例如，在锌与砷之间他预言有两个未知元素，其性质分别为类铝和类硅。就在他预言后的第四年，法国化学家布阿勃朗用光谱分析法，从锰锌矿中发现了镓，也就是门捷列夫预言的类铝。镓的发现，充分说明元素周期律是自然界的一条客观规律，为以后元素的研究，新元素的探索，新物资、新材料的寻找，提供了一个可遵循的规律。至此，人们对元素的认识跨过漫长的探索历程。

1907年2月2日，这位享有世界盛誉的化学巨人，因心肌梗塞与世长辞了。但他给世界留下的宝贵财产，永远存留在人类的史册上，他献身科学的精神，深深地影响着后人。

本章小结

一、元素周期律和周期表

随着原子序数的递增，各元素原子的电子分布以及元素的性质呈现周期性变化，这一规律称为元素周期律。

周期表是周期律的表达形式。长式周期表的结构为：

1. 周期（横行）
   - 三短（2、8、8）
     - (1) 元素种类少
     - (2) 金属性和非金属性递变快
     - (3) 最高化合价以 +1、+2、…、+7、0 的次序变化
   - 四长（18、18、32）
     - (1) 元素种类多
     - (2) 性质递变缓慢
     - (3) 最高化合价递变呈现2个小周期：+1、+2、…、+7、+8；+1、+2、…、+7、0
2. 族（纵列）
   - 7个主族：ⅠA、ⅡA、…ⅦA，由长、短周期元素组成
   - 7个副族：ⅠB、ⅡB、…ⅦB，由长周期元素组成
   - Ⅷ族：第8、9、10三个纵行
   - 0族：稀有气体元素

二、周期表与原子结构的关系

周期序数 = 电子层数

主族序数 = 最外层电子数

副族中ⅠB、ⅡB的族序数等于最外层电子数；ⅢB～ⅦB族序数等于外层电子数；第Ⅷ族外层电子数为8、9、10。

三、主族元素性质的递变规律

元素及化合物性质		同周期（左→右）	同主族（上→下）
原子半径		减小	增大
化合价		升高	相同
最高价氧化物对应的水化物	碱性	减弱	增强
	酸性	增强	减弱

四、化学键

相邻原子（或离子）间的强烈结合力叫做化学键。化学键的主要类型有离子键、共价键、金属键。

1. 离子键 阴、阳离子间通过静电作用所形成的化学键叫做离子键。以离子键结合形成的化合物叫做离子化合物。绝大多数的盐、碱和金属氧化物是离子化合物。

2. 共价键 原子间通过共用电子对所形成的化学键叫做共价键。只以共价键结合的化合物叫做共价化合物。

根据共用电子对是否有偏移，共价键又分为极性共价键和非极性共价键。双原子分子的极性与键的极性一致；多原子分子的极性与其空间构型有关。

3. 配位键* 配位键是共价键的特殊形式，其共用电子对是由一个原子单方面提供的，含有配离子的化合物称为配位化合物。

五、*晶体

晶体的基本类型一般分为原子晶体、分子晶体、离子晶体和金属晶体。它们在熔点、沸点、硬度、导电性等方面各有特点。晶体缺陷具有重要的实用价值。

习　　题

1. 元素性质的周期性变化与原子结构有什么联系？

2. 用原子结构的观点说明：元素周期表中的周期和族是按什么划分的？

3. 分别说明同周期和同主族元素的金属性和非金属性是怎样递变的？

4. 某元素气态氢化物的组成为RH_4，它在最高正价氧化物中的质量分数是46.67%，试推断出该元素的名称和符号。

5. 填空：

（1）元素A和B的原子序数分别是16和19，则A在____周期____族；B在____周期____族。

（2）在H_2CO_3、H_3BO_3、H_3PO_4、HNO_3、$Ca(OH)_2$、$Mg(OH)_2$、$Al(OH)_3$等物质的水

溶液中，______的酸性最强；______的碱性最强。

(3) Mg 周围的元素是__________，这 5 种元素最高价氧化物及其对应水化物的化学式分别是____________________。以 Mg 为中心，各元素金属性的相对强弱是__________。

(4) H_2CO_3、KOH、Mg ($OH)_2$、H_3AsO_4、$HClO_4$、Al ($OH)_3$ 六种物质，按碱性逐渐减弱、酸性逐渐增强的顺序排列为____________________________。

(5) Na、Ca、S、I、Cl 五种元素中，非金属性最强的是__________。

(6) 填充下表：

元素符号	原子序数	周期	族	最高正化合价	最高价氧化物		负价	气态氢化物化学式
					分子式	对应水化物		
	13							
		四	IA					
		三			R_2O_5			
S								

6. 以电子式表示下列物质的形成过程：

(1) Na_2S　(2) $CaCl_2$　(3) H_2S　(4) NH_3

7. 写出下列分子的结构式：

(1) Cl_2　(2) NH_3　(3) PH_3　(4) H_2S

8. 填空或选择正确答案：

(1) A 原子最外电子层有 6 个电子，能与 B 原子形成 B_2A 型离子化合物，B 的最外层电子数是 (　　)

a) 2　b) 3　c) 8　d) 1

(2) 在 H_2S、Cl_2、CH_4、PH_3、HCl 中，化学键极性最强的是____，最弱的是____。

(3) 在 HF、HCl、HBr、HI 中，键的极性由强到弱的顺序是___________。

(4) 在下列物质中，只有离子键的是 (　　)；只有共价键的是 (　　)；两种键都有的是 (　　)。

a) NH_3　b) H_2O　c) CaF_2　d) CS_2　e) Ca ($OH)_2$

(5) 下列化合物中，属于极性分子的是 (　　)；属于非极性分子的是 (　　)。

a) CO　b) CS_2 (直线形)　c) BF_3 (平面正三角形)　d) NH_3 (三角锥形)

e) CH_4 (正四面体)　f) $CHCl_3$ (四面体形)

(6) NH_3、CH_4、CO_2、H_2、SO_2 中，可用排水法收集的是____________。在 CS_2、KCl、CCl_4、I_2 中，易溶于水的是____________；能使石蜡 (非极性) 溶解的是____________。

9. 填空：

(1) 在 SiF_4、$SiCl_4$、$SiBr_4$、SiI_4 中，熔点从高到低的顺序是____________________。

(2) 在 SiC、CO_2、BaO 中硬度最大的是__________。

(3) 填表

物　质	化学式	晶体类型	晶格结点上的微粒	微粒间的作用力	预测熔点（高或低）	熔融时的导电性（好或差）
硫酸钡	$BaSO_4$					
四氯化硅	$SiCl_4$					
碳化硅	SiC					
氨	NH_3					
铜	Cu					

10.* 配位键与一般共价键有何区别？试以电子式表示 H_2O 和 H^+ 形成水合氢离子 H_3O^+ 的过程。

11. A、B、C、D 是同一周期的 4 种元素。A、B、C 的原子序数依次相差为 1。A 元素的原子半径在本周期中最大，其单质的化学性质活泼；B 元素的氧化物 2g 恰好与 100mL0.5 mol·L^{-1} 的 H_2SO_4 完全反应；B 元素的单质与 D 元素的单质反应生成化合物 BD_2。根据以上事实写出：

（1）用电子式表示 BD_2 分子的形成过程____________________。

（2）A 的氧化物的水化物中含有______键和__________键。

（3）用电子式表示 D 的单质分子形成过程____________________。

12. NH_3 在 300℃时约有 9.7% 分解；H_2O 在 2000℃时约有 4% 分解；HF 在 3000℃时仍不分解。这一事实说明 N、O、F 三种元素的非金属性的相对强弱是__________。造成这种变化规律的原因是：______________________________。

13. 对 $GeCl_4$ 的性质有几点推断：熔点很低，但高于 $SiCl_4$；常温下是液体；易溶于 CCl_4。试判断上述各点是否正确，并说明原因。

14. 在下列各变化过程中，不发生化学键破坏的是____________；仅离子键破坏的是____________；仅共价键破坏的是____________；既发生离子键破坏、又发生共价键破坏的是____________。

a）I_2 升华　　b）NH_4Cl 受热挥发　　c）烧碱熔化

d）石英（SiO_2）熔化　　e）NaCl 溶于水　　f）HCl 溶于水

g）Br_2 溶于 CCl_4　　h）Na_2O 溶于水

15.* 各举一例，简要说明配位化合物在环境保护、感光定影、电镀、离子鉴定方面的应用，并写出反应方程式。

第三章　化学反应速率和化学平衡

○ 影响化学反应速率的因素有哪些
○ 化学平衡及影响因素
○ 如何改变和控制化学反应进行快慢及程度

任何化学反应都要涉及两个方面的问题：一是反应进行的快慢，即化学反应速率问题；二是反应进行的程度，即化学平衡问题。研究并掌握化学反应速率和化学平衡的规律，可以帮助我们采取适当措施，促进有益反应（如工业上合成氨、合成橡胶、炼钢等），抑制有害反应（如金属的腐蚀、塑料和橡胶的老化、食物的腐败等）。

第一节　化学反应速率

一、化学反应速率

化学反应进行得有快有慢，如火药爆炸、核反应、酸碱中和等瞬间即可完成；而钢铁生锈、塑料和橡胶老化要经较长时间才能察觉；至于煤和石油的形成则需要几十万年以至亿万年的时间。化学反应速率通常用单位时间内反应物或生成物浓度的变化量来表示。

二、影响化学反应速率的因素

演示 3-1　将镁、铁、铜片分别放入相同浓度的稀盐酸溶液中，观察现象。

可以看到，镁片和铁片均与盐酸反应，但反应速率不一样，而铜片不与盐酸反应。说明化学反应速率主要取决于物质的本性（内因是变化的根据）。其次，反应物的浓度和反应体系所处的压强、温度以及催化剂等都能对化学反应速率产生影响。

1. 浓度的影响　将带有余烬的木条插入盛有纯氧气的瓶中，木条会重新燃烧起来；铸铁熔炼时，要鼓入富氧风代替通常的空气，以加快焦炭的燃烧。这都说明燃料与氧气的反应随着氧气的浓度增大而加剧。

大量实验表明：增加反应物的浓度，可以增大反应速率。

这里反应物的浓度是指气态物质或溶液的浓度。对于固体或纯液体物质来

说，它们的浓度是个定值，因此在一定温度下，改变固体或纯液体反应物的量，不影响反应速率。如碳的燃烧

$$C + O_2 = CO_2$$

反应的快慢，主要取决于氧气的浓度。

2. 压强的影响 对于一定量的气体来说，温度不变时，增大压强，气体的体积变小，单位体积内的气体分子数增多，这就相当于增大了气体物质的浓度。因此，对有气体物质参加的反应来说，增大压强，反应速率就会增大；反之，若减小气体的压强，反应速率就会减小。

如果参加反应的物质是固体或液体，改变压强对它们的体积影响很小，可以认为不影响反应速率。

【练习思考 3-1】 对于反应 $NO_2 + CO = NO + CO_2$，当温度一定时，增大压强，反应速率增大还是减小？为什么？

3. 温度的影响 温度对化学反应速率的影响非常显著。如氢气和氧气在室温下作用极其缓慢，以至较长时间看不到反应发生。如果温度升高到873K，它们立即化合成水。

一般来说，在其它条件不变的情况下，升高温度，化学反应速率增大（有极少数例外）。实验证明，对一般化学反应，温度每升高10℃，化学反应速率大约增加2～4倍。因此，在实验室和工业生产中常用加热的方法来提高化学反应速率。

4. 催化剂的影响 催化剂是一种能够改变化学反应速率，但在反应前后其本身的组成、质量和化学性质都没有变化的物质。催化剂改变化学反应速率的作用叫催化作用。

通常，将能加快反应速率的物质叫正催化剂；能减缓反应速率的物质叫负催化剂。对于正催化剂而言，它能改变化学反应的途径，降低反应所需的能量，从而加快反应速率。

演示 3-2 在两支试管里，分别加入3%的过氧化氢溶液3mL，在其中一支试管里加入少量二氧化锰。观察两支试管里的反应现象有何不同。

过氧化氢的分解反应为

$$2H_2O_2 = 2H_2O + O_2\uparrow$$

实验证明：二氧化锰能加快过氧化氢的分解，起到催化作用。可见，使用适当的催化剂，能够改变（增大或减小）化学反应速率。

催化剂在人类生活和工业生产中占有极为重要的地位。不论是石油化学工业，还是生物化学、环境化学、材料化学等领域都涉及到与催化作用有关的问题。对催化剂的研究既有重大的理论意义，又有显著的应用价值，因而受到科技界和工业界的普遍关注。

例如，对钢铁固体渗碳时，常加碳酸钡或碳酸钠以提高渗碳速率；在橡胶和塑料中使用防老化剂以延长使用寿命；人造金刚石是在铁系合金催化剂的催化作用下完成的；石油炼制过程中的裂解、重整、加氢精制，以及塑料、橡胶、化纤的合成等都是随着工业催化剂的研制成功而迅速发展的。

催化反应不仅在工业生产上有重大意义，也与生命现象密切相关。如生命过程中的消化过程、细胞合成过程都是在生物催化剂——酶的作用下进行的。酶是一类特殊蛋白质，能将生物体内的生化反应提高 1×10^{10} 倍。也就是说，需要 1500 年才能完成的反应，在酶的作用下只需 5s。

寻找、研制合适的催化剂，使一些原本在高温高压条件下才能进行的反应（如合成氨、净化汽车尾气），能在较低的温度和常压下进行，这对于节约能源和减少环境污染有十分重要的意义。我们能不能找到一种催化剂，利用太阳能将水分解为 H_2 和 O_2？能否像绿色植物那样，在催化剂的作用下人工合成食物？这是化学中最令人神往的研究领域之一。

应当指出，催化剂只能改变化学反应的速率，而不能使本不反应的物质之间发生反应。另外，催化剂还具有高度的选择性和专一性。

5. 其它因素的影响 除上述影响因素外，光、超声波、激光、射线、电磁波、固体表面积、扩散速率等，对一些化学反应来说也是影响反应速率的一些重要条件。例如，生产上常把固态物质破碎成小颗粒或磨成细粉，将液态物质淋洒成滴流或喷成雾状的微小液滴，以增大反应物之间的接触面，提高反应速率。工业上也常通过搅拌、振荡等方法来加速扩散过程，使反应速率增大。

第二节 化学平衡

一、可逆反应

我们知道，在常温常压下，将二氧化碳溶于水可生成碳酸；碳酸不稳定，又可分解成二氧化碳和水。这种在同一条件下能够同时向两个相反方向进行的反应叫做可逆反应，通常用“$\rightleftharpoons$”代替等号表示可逆反应。如上述反应可表示为

$$CO_2(g) + H_2O(l) \rightleftharpoons H_2CO_3(l)$$

习惯上，将化学方程式中自左向右进行的反应叫做正反应；自右向左进行的反应叫做逆反应。物质的气、液、固三态分别用 g、l、s 表示。

绝大多数化学反应都有一定的可逆性，只是可逆程度有所不同。我们把可逆程度很小，几乎只能向一个方向进行的反应，叫做不可逆反应。

二、化学平衡

可逆反应的特点是反应不能进行到底。如在一定温度下的密闭容器中，放入

等量的一氧化碳和水蒸气，反应如下

$$CO(g) + H_2O(g) \rightleftharpoons CO_2(g) + H_2(g)$$

反应开始时，一氧化碳和水蒸气的浓度最大，而二氧化碳和氢气的浓度为零，因此正反应速率（$v_{正}$）最大，逆反应速率（$v_{逆}$）为零。随着反应的进行，反应物的浓度逐渐减小，正反应速率逐渐减小；同时，随着二氧化碳和氢气的浓度逐渐增大，逆反应速率逐渐增大。当反应进行到一定程度时，正反应速率和逆反应速率相等。

我们把在一定条件下，可逆反应达到正反应速率与逆反应速率相等时所处的状态称为化学平衡（见图3-1）。

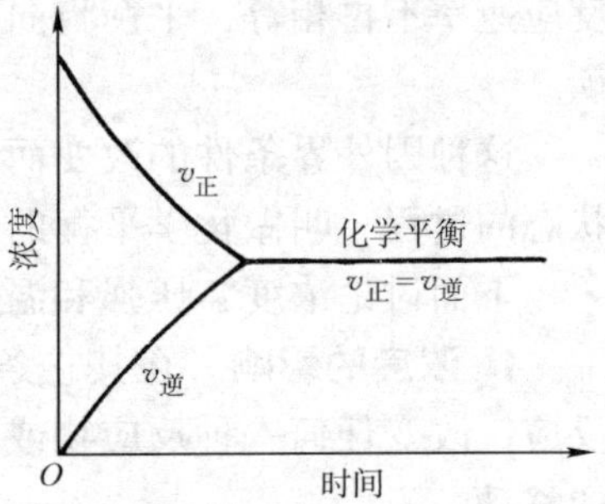

图3-1　正逆反应速率和化学平衡的关系

化学平衡是动态平衡。在一定条件下，反应达到平衡时，正反应和逆反应仍在继续进行，因正、逆反应速率相等，所以各物质的浓度保持不变。

三、平衡常数

对于一般的可逆反应

$$aA + bB \rightleftharpoons mC + nD$$

在一定温度下反应达到平衡时，生成物浓度（以生成物化学式前化学计量数为指数）的乘积与反应物浓度（以反应物化学式前化学计量数为指数）的乘积之比是一个常数。即

$$\frac{[C]^m\ [D]^n}{[A]^a\ [B]^b} = K \tag{3-1}$$

式中，K称为在一定温度下反应的平衡常数。式（3-1）叫做平衡常数表达式。其中［A］、［B］、［C］、［D］表示平衡时气体和溶液的浓度。固态和纯液体物质的浓度是常数，所以在平衡常数表达式中不表示出来。如下面可逆反应

$$Fe_3O_4(s) + 4H_2(g) \overset{\triangle}{\rightleftharpoons} 3Fe(s) + 4H_2O(g)$$

在一定条件下达到平衡时

$$K = \frac{[H_2O]^4}{[H_2]^4}$$

平衡常数K值的大小，可以表示反应进行的程度。在一定温度下，K值越大，表示反应达到平衡时生成物的浓度越大，反应物的浓度越小，即正反应进行得越彻底。

对于给定的反应，K值只随温度的改变而改变。正反应是吸热的一类化学平衡，温度升高，K值将增大；正反应是放热的一类化学平衡，温度升高，K值将

减小。

四、化学平衡的移动

一切平衡都是暂时的、相对的和有条件的，化学平衡也是一样。一旦外界条件（如浓度、压强、温度等）发生变化，原来的平衡状态就受到破坏，正、逆反应速率不再相等，平衡将向某一个方向移动，直至在新的条件下建立起新的平衡。

这种因外界条件的改变而使可逆反应从一种平衡状态转变到另一种新的平衡状态的过程，叫做化学平衡的移动。

下面讨论浓度、压强和温度对化学平衡的影响。

1. 浓度的影响 在其它条件不变的情况下，对于一个已经达到平衡的可逆反应，改变任何一种反应物或生成物（指气体或溶液）的浓度，都会导致平衡的移动。

演示3-3 在一只小烧杯中，先后加入5mL0.01mol·L^{-1} $FeCl_3$ 溶液和5mL 0.01mol·L^{-1}KSCN溶液，再加入15mL水稀释。将溶液均分于三支试管里，一支试管留做对照，在其它两支试管中分别加入几滴1mol·L^{-1} $FeCl_3$溶液和1mol·L^{-1}KSCN溶液，观察试管中溶液颜色的变化㊀。

可以看到，加入试剂的两支试管里，溶液的红色都加深了。说明增加反应物的浓度，因正反应的速率大于逆反应的速率而促使平衡向正反应方向移动。

实验证明：在其它条件不变时，增大反应物浓度或减小生成物浓度，化学平衡向正反应方向移动；增大生成物浓度或减小反应物浓度，化学平衡向逆反应方向移动。

在生产上，为了充分利用成本较高的原料，常采取增大易取得或成本较低的反应物浓度的措施。如工业上制备硫酸时

$$2SO_2(g) + O_2(g) \rightleftharpoons 2SO_3(g)$$

为了尽量利用成本较高的SO_2，就要加入过量的空气（空气中的氧气）。化学方程式中的化学计量数之比是1:0.5，而工业上实际采用的比值是1:1.6。

另外，也可以不断将生成物从反应体系中分离出来，使化学平衡不断地向生成产物的方向移动。如把氢气通入红热的四氧化三铁的反应，把生成的水蒸气不断从反应体系中移去，四氧化三铁就可以全部转变成金属铁。

【练习思考3-2】 在制取水煤气的反应中：

$$C(s) + H_2O(g) \rightleftharpoons CO(g) + H_2(g)$$

㊀ 无色的三氯化铁和硫氰化钾溶液作用，生成物呈血红色。其主要成分是 $[Fe(SCN)]^{2+}$，这个反应是可逆的。

为使煤转化得比较彻底，可采取哪些措施？

2. 压强的影响 处于平衡状态的反应混合物中，如果有气态物质存在，而且可逆反应两边的气体总体积不相等时，压强的改变会引起化学平衡的移动。

如 NO_2 和 N_2O_4 的混合气体在一定条件下处于平衡状态

$$2NO_2(g) \rightleftharpoons N_2O_4(g) + 57kJ^{\ominus}$$

（棕色）　　（无色）

反应中每消耗2体积 NO_2 就会生成1体积 N_2O_4。即该可逆反应两边的气体总体积不相等。

演示3-4 如图3-2所示，用50mL的注射器吸入约20mLNO_2（其中混有 N_2O_4）气体，将注射器细管端封闭，然后将活塞向外拉，再向里推。观察当活塞推拉时管内气体颜色的变化。

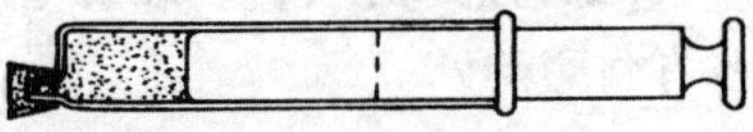

图3-2 压强对化学平衡的影响

可以看到，当注射器活塞向外拉时，管内体积增大，气体的压强和浓度减小，混合气体的颜色先变浅然后逐渐变深。这说明生成了更多的 NO_2，即化学平衡向逆反应方向移动。当活塞向里推时，管内体积减小，气体的压强和浓度增大，混合气体的颜色先变深而后又逐渐变浅。逐渐变浅说明生成了更多的 N_2O_4，即化学平衡向正反应方向移动。

由此我们得出结论：在其它条件不变时，增大压强，化学平衡向减少气体分子数（即气体体积缩小）的方向移动；减小压强，化学平衡向增多气体分子数（即气体体积增大）的方向移动。

【练习思考3-3】 在其它条件不变时，增大压强对下列反应的平衡各有什么影响？

$$CO(g) + H_2O(g) \rightleftharpoons CO_2(g) + H_2(g)$$

$$CO_2(g) + C(s) \rightleftharpoons 2CO(g)$$

3. 温度的影响 在一个可逆反应中，如果正反应是吸热反应，那么逆反应一定是放热反应。对于在一定条件下达到平衡的可逆反应，改变温度也会使化学平衡发生移动。

演示3-5 把二氧化氮平衡球放置在如图3-3所示的热水和冷水中，观察两球颜色的变化。

㊀ 这种表明化学反应热效应的化学方程式叫做热化学方程式。写热化学方程式时应注意：热量（符号 Q）写在方程式的末尾，单位用“kJ”；放热用“+”号，吸热用“-”号；要标明物质的状态；方程式中的化学计量数表示物质的量（单位为mol），因此可以是分数；热量的多少与反应物的化学计量数是对应的。

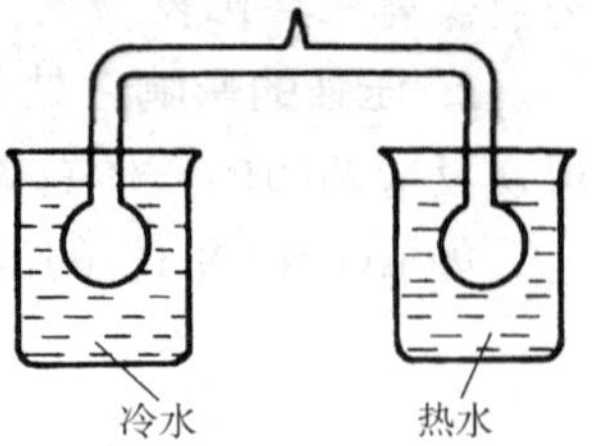

图 3-3　温度对化学平衡的影响

前面已讲过，NO_2 转化为 N_2O_4 的反应是放热反应，实验中浸入冷水的球内气体颜色变浅（NO_2 气体的浓度减小），证明降低温度平衡向放热反应方向移动；浸入热水的球内气体颜色变深（NO_2 气体的浓度增大），证明升温平衡向吸热反应方向移动。

实验证明：在其它条件不变时，升高温度，化学平衡向吸热反应方向移动；降低温度，化学平衡向放热反应方向移动。

温度对化学平衡的影响与浓度、压强有本质的不同。对某一给定的反应，改变浓度或压强虽然能使平衡移动，但平衡常数不变；而温度的改变却可导致平衡常数数值的改变。

【练习思考 3-4】　在其它条件不变时，升高温度，对下列反应的化学平衡各有何影响？

$$2HI(g) \rightleftharpoons H_2(g) + I_2(g) - 50.2kJ$$
$$2SO_2(g) + O_2(g) \rightleftharpoons 2SO_3(g) + 195.9kJ$$

催化剂可同等程度地改变正逆反应的速率，因此使用催化剂不会引起化学平衡的移动。但使用正催化剂能大大缩短反应达到平衡所需的时间，所以在化工生产上广泛使用催化剂来提高生产效率。

综上所述可以得出：对一个平衡体系来说，如果改变能影响平衡的任何一个条件（如浓度、压强、温度），平衡就向着能减弱这种改变的方向移动。这就是化学平衡移动原理。

根据平衡移动原理，可以采取措施，控制反应条件，使化学反应向着我们希望的方向进行。

专题 3-1*　化学反应速率和化学平衡移动原理在合成氨工业上的应用

氨是生产硝酸和氮肥等物质的重要化工原料，氨的工业生产对一个国家的经济来说是很重要的。现简单分析化学反应速率和化学平衡移动原理在合成氨工业上的具体应用。合成氨的反应

$$N_2(g) + 3H_2(g) \rightleftharpoons 2NH_3(g) + 92.38kJ$$

根据化学平衡移动原理，降低温度、增大压强都会使平衡向着合成氨的方向移动，但实际工业上合成氨是采取加热措施，其原因结合表 3-1 中氨含量的实验数据进行讨论分析。

(1) 压强　氨的合成是一个体积减小的反应，因此在温度一定时，增大压强有利于氨的合成。表中的实验数据也证实了这一点。但是压强越大，需要的动力越大，对材料的强度和设备的制造要求也越高。一般合成氨厂采用的压强是 2 ×

$10^7 \sim 5 \times 10^7 Pa$。

表 3-1　在不同温度和压强下，平衡混合物中氨含量的实验数据

（氮气和氢气的体积比是 1:3）

温度＼压强	$1 \times 10^5 Pa$	$1 \times 10^7 Pa$	$2 \times 10^7 Pa$	$3 \times 10^7 Pa$	$6 \times 10^7 Pa$	$1 \times 10^8 Pa$
200℃	15.3	81.5	86.4	89.9	95.4	98.8
300℃	2.2	52.0	64.2	71.0	84.2	92.6
400℃	0.4	25.1	38.2	47.0	65.2	79.8
500℃	0.1	10.6	19.1	26.4	42.2	57.5
600℃	0.05	4.5	9.1	13.8	23.1	31.4

（2）温度　合成氨的反应是放热反应，因此当压强一定时升高温度，氨的平衡浓度会降低。所以，从反应的完全性来看，氨的合成反应，在较低温度下进行有利。但是温度过低，反应速率很慢，需要很长的时间才能达到平衡，这在工业生产上是很不经济的。所以，在实际生产中，合成氨反应是在 500℃左右的温度下进行的（选择 500℃左右，还因为合成氨反应的催化剂在这个温度时活性最大）。

（3）催化剂　氮气与氢气是极不容易化合的，即使在高温、高压下，化学反应速率仍然十分缓慢。因此，为了加快氮气与氢气的反应速率，常采用加入催化剂的方法。目前，工业上合成氨主要使用以铁为主体的多成分催化剂，又称铁触媒。

在实际生产中，还需将生成的氨及时从混合气体中分离出来，并且不断地补充氮气、氢气。

本 章 小 结

一、化学反应速率

1. 化学反应速率是指单位时间内，反应物或生成物浓度的变化量。

2. 反应物的本性是决定化学反应速率的根本因素。此外，化学反应速率也受浓度、温度、压强、催化剂等外部条件的影响。

二、化学平衡

1. 在一定条件下，当正反应速率和逆反应速率相等时，反应体系所处的状态称为化学平衡。达到化学平衡后，反应体系中各物质的浓度保持不变。

2. 对于任何一个可逆反应 $aA + bB \rightleftharpoons mC + nD$，在一定温度下达到化学平衡时

$$K=\frac{[C]^m\ [D]^n}{[A]^a\ [B]^b}$$

K 叫做反应的平衡常数，它只随温度的变化而改变，与浓度无关。K 值越大，表示反应进行得越彻底。

3. 当外部条件发生变化时，原平衡受到破坏，平衡向着能减弱这种改变的方向移动。具体地讲：

浓度 {增大反应物浓度或减小生成物浓度，平衡向正反应方向移动；
减小反应物浓度或增大生成物浓度，平衡向逆反应方向移动。

温度 {升高温度，平衡向吸热方向移动；
降低温度，平衡向放热方向移动。

压强 {增大压强，平衡向气态物质体积缩小的方向移动；
减小压强，平衡向气态物质体积增大的方向移动。

习　题

1. 什么叫化学反应速率？影响化学反应速率的主要因素有哪些？什么叫化学平衡？可逆反应处于化学平衡时具有什么特点？

2. 在下列反应中，改变哪些反应物的浓度能增大反应速率？

(1) $2KI + Cl_2 = 2KCl + I_2(s)$

(2) $Fe_2O_3(s) + 3CO \xlongequal{高温} 2Fe(s) + 3CO_2$

3. 酸洗生锈的钢铁工件时（锈的主要成分是 Fe_2O_3 和 FeO），采用下列方法：

(1) 分别用 $1mol \cdot L^{-1}$ 的盐酸和 $0.1\ mol \cdot L^{-1}$ 的盐酸，哪个反应快？

(2) 分别用 $1mol \cdot L^{-1}$ 的热或冷的硫酸，哪个反应快？

4. 为什么在冰箱中可延长食品的保质期？

5. 写出下列可逆反应平衡常数的表达式：

(1) $2NO + O_2 \rightleftharpoons 2NO_2$

(2) $CaCO_3(s) \rightleftharpoons CaO(s) + CO_2$

(3) $Fe_3O_4(s) + 4CO \rightleftharpoons 3Fe(s) + 4CO_2$

(4) $C(s) + H_2O(g) \rightleftharpoons CO + H_2$

6. 反应 $2A(g) + B(g) \rightleftharpoons 2G(g) + Q$ 已达平衡，下列说法是否正确？

(1) 由于 $K=\frac{[G]^2}{[A]^2\ [B]}$，随着反应的进行，[G] 不断增大，[A] 和 [B] 不断减小，因此 K 不断增大。

(2) 由于 $v_{正} = v_{逆}$，所以反应物浓度与生成物浓度相等。

(3) 增大压强，则 A、B、G 的浓度都增加，正、逆反应速率同时增大，平衡并不移动。

(4) 加入催化剂，使正反应速率增大，平衡向右移动。

7. 在某温度下，反应 $2A \rightleftharpoons B + C$ 达到平衡时，

(1) 若升高温度，已知平衡向正反应方向移动，则正反应是____热反应。

(2) 若增加或减少 B 物质的量，平衡都不发生移动，则 B 物质的状态是____或____。

(3) 若 A 为气态，增大压强，平衡不发生移动，则 B 是____态，C 是____态。
(4) 若 B 为固态，减小压强，平衡向左移动，则 A 是____态。
8. 在采煤矿井和面粉车间为什么要严禁烟火？烧锅炉时，用煤块好还是用煤粉好？
9. 高炉炼铁的反应之一是：

$$FeO(s) + CO \rightleftharpoons Fe(s) + CO_2 - Q$$

采取哪些措施有利于铁的冶炼？

第四章　电解质溶液

○ 什么是电解质？不同电解质在水溶液中的电离有什么规律？
○ 怎样表示溶液的酸碱性？
○ 怎样判断盐溶液的酸碱性？
○ 怎样使溶液在一定范围内保持稳定的酸碱性？

在工农业生产、科学研究和日常生活中，许多化学反应都是在溶液中进行的，参与这些反应的物质主要是酸、碱和盐。本章将运用物质结构知识和化学平衡理论，进一步讨论酸、碱、盐在水溶液中的性质及其反应的本质。

第一节　电解质及其电离

一、电解质和非电解质

化学上，根据化合物在水溶液中或在熔融状态下能否导电，将其分为电解质和非电解质两类。在水溶液中或熔融状态下能够导电的化合物叫做电解质，如酸、碱和盐等；在水溶液中或熔融状态下不能导电的化合物叫做非电解质，如蔗糖、酒精、甘油等。

【练习思考 4-1】　NH_3、SO_3、NO_2、P_2O_5 等的水溶液均可导电，铜、铝等金属也能导电，它们都是电解质吗？为什么？

二、强电解质和弱电解质

电解质溶液都能导电，在相同条件下，不同电解质溶液的导电能力是不是一样呢？

演示 4-1　按图4-1把仪器装配好，然后把等体积 $0.1mol \cdot L^{-1}$ 的盐酸、醋酸、氢氧化钠、氯化钠、氨水等溶液分别盛入 5 个烧杯中，接通电源，观察灯泡的亮度。

实验结果：

同条件下的溶液	盐酸溶液	醋酸溶液	氢氧化钠溶液	氯化钠溶液	氨水溶液
通电后灯泡亮度	明亮	较暗	明亮	明亮	较暗
溶液导电能力	强	弱	强	强	弱

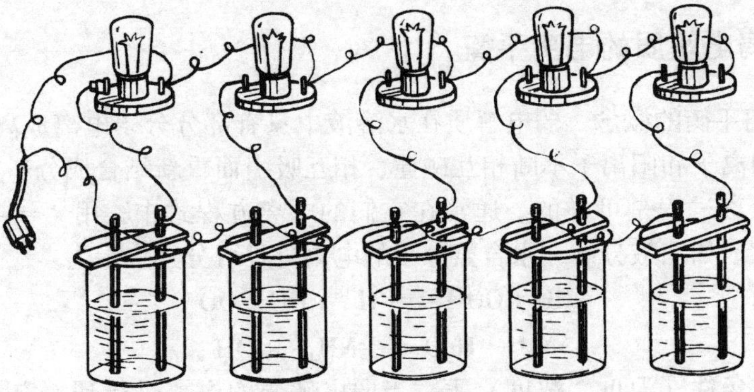

图 4-1　比较电解质溶液的导电能力

可见，不同种类的电解质溶液在同浓度、同温度、同体积条件下，导电能力是不相同的。

电解质溶于水或受热熔化时，会分离为自由移动的离子，这些离子在外加电场的作用下发生定向移动而产生了导电现象。电解质在水溶液中或在熔融状态下分离为自由移动的离子的过程称为电解质的电离或解离。

显然，电解质导电能力的强弱与单位体积溶液中自由移动的离子数目有关，也就是与电解质在溶液里的电离程度有关。电离程度越大，电离产生的离子数目越多，导电能力越强；反之，电离程度越小，电离产生的离子数目越少，导电能力越弱。

根据电解质在水溶液中电离程度的大小，可将电解质相对分为强电解质和弱电解质。强酸、强碱和大多数的盐是强电解质；弱酸（如醋酸、碳酸、氢氟酸等）、弱碱（如氨水）和极少数的盐（如氯化汞）是弱电解质。

从物质结构讲，强电解质绝大部分是离子键或强极性共价键构成的化合物；弱电解质是弱极性共价键构成的化合物。

三、强电解质的电离

强酸、强碱和大多数的盐在水溶液里能够全部电离成为离子[㊀]。它们的电离可用电离方程式表示：强电解质→阳离子＋阴离子。

例如：$NaCl \rightarrow Na^{+} + Cl^{-}$、$NaOH \rightarrow Na^{+} + OH^{-}$、$HNO_3 \rightarrow H^{+} + NO_3^{-}$

电离方程式中，符号“→”（也可用“＝”）表示完全电离。

㊀ 强电解质在溶液中虽然完全电离成离子，但由于阴、阳离子间的相互影响，使离子不能百分之百地发挥自由离子的效能，溶液的导电能力也有所减弱。

四、弱电解质的电离平衡

1. 电离平衡的概念 弱电解质在水溶液中只有部分分子电离成离子，而且，已电离的阴离子和阳离子不断相互碰撞、相互吸引而重新结合成分子。因此，弱电解质的电离过程是可逆的。通常在它们的电离方程式中，用“$\rightleftharpoons$”表示电离的可逆性。如醋酸分子、水合氨分子的电离过程可分别表示为

$$CH_3COOH \rightleftharpoons H^+ + CH_3COO^-$$

$$NH_3 + H_2O \rightleftharpoons NH_4^+ + OH^-$$

在一定条件（温度、浓度）下，当弱电解质的电离进行到一定程度时，分子电离成离子的速率与离子重新结合成分子的速率相等，电离达到平衡。这种由电解质在电离过程中所建立的动态平衡，称为电离平衡。

2. 电离常数 弱电解质的电离平衡遵循化学平衡的一般规律。在一定温度下，电离达到平衡时，已电离的各离子浓度的乘积与未电离的分子浓度的比值是一个常数，称为电离平衡常数，简称电离常数，以符号 K_i 表示。

弱酸的电离常数可用 K_a 表示，例如，醋酸的电离常数可表示为

$$K_a = \frac{[H^+][CH_3COO^-]}{[CH_3COOH]} \tag{4-1}$$

弱碱的电离常数可用 K_b 表示，例如，氨水的电离常数可表示为

$$K_b = \frac{[NH_4^+][OH^-]}{[NH_3]} \tag{4-2}$$

在式（4-1）和式（4-2）中，$[H^+]$、$[CH_3COO^-]$、$[NH_4^+]$、$[OH^-]$、$[CH_3COOH]$、$[NH_3]$ 分别表示电离平衡时有关离子或分子的物质的量浓度。电离常数一般不写单位。

电离常数可由实验测定。对给定的弱电解质溶液来说，在一定的温度下，都有一定的 K_i 值。常见弱电解质在水溶液中的电离常数见表4-1。

电离常数的大小，可以反映弱电解质的相对强弱。电离常数的大小与电解质的浓度无关，只受温度的影响。但在室温附近时，一般变化不显著，可以忽略温度对 K_i 值的影响。

当溶液的温度、浓度等条件改变时，电离平衡会发生移动。

多元弱电解质的电离是分步进行的，主要是第一步电离。因此，当比较多元酸（或碱）的酸性（或碱性）时，主要比较它们的一级电离常数值。若近似地计算多元弱酸（或弱碱）溶液中的 $[H^+]$（或 $[OH^-]$）时，可以只考虑第一步电离，按一元弱电解质的电离平衡来处理。

表4-1 常见的几种弱电解质的电离常数

弱电解质	电离平衡	电离常数 K_i	温度/K
醋酸	$CH_3COOH \rightleftharpoons H^+ + CH_3COO^-$	1.75×10^{-5}	298
碳酸	$H_2CO_3 \rightleftharpoons H^+ + HCO_3^-$ $HCO_3^- \rightleftharpoons H^+ + CO_3^{2-}$	$K_{a1}=4.30\times10^{-7}$ $K_{a2}=5.61\times10^{-11}$	298
氢氟酸	$HF \rightleftharpoons H^+ + F^-$	3.53×10^{-4}	298
氢氰酸	$HCN \rightleftharpoons H^+ + CN^-$	4.93×10^{-10}	298
次氯酸	$HClO \rightleftharpoons H^+ + ClO^-$	2.95×10^{-8}	291
氢硫酸	$H_2S \rightleftharpoons H^+ + HS^-$ $HS^- \rightleftharpoons H^+ + S^{2-}$	$K_{a1}=5.7\times10^{-8}$ $K_{a2}=1.2\times10^{-15}$	298
磷酸	$H_3PO_4 \rightleftharpoons H^+ + H_2PO_4^-$ $H_2PO_4^- \rightleftharpoons H^+ + HPO_4^{2-}$ $HPO_4^{2-} \rightleftharpoons H^+ + PO_4^{3-}$	$K_{a1}=7.52\times10^{-3}$ $K_{a2}=6.23\times10^{-8}$ $K_{a3}=4.4\times10^{-13}$	298
氨水	$NH_3 + H_2O \rightleftharpoons NH_4^+ + OH^-$	1.77×10^{-5}	298

【练习思考4-2】

（1）根据表4-1，推断醋酸、碳酸、氢氟酸、氢氰酸酸性的相对强弱。

（2）在298K时，$0.5mol\cdot L^{-1}$醋酸的K_a值为1.75×10^{-5}，那么在此温度下$0.05mol\cdot L^{-1}$醋酸的K_a值又为多少？如果向此溶液中加入醋酸铵，对醋酸的电离程度有无影响？

3. 弱电解质溶液中离子浓度的计算 一元弱酸溶液中$[H^+]$可按下式进行近似计算（$K_a<10^{-4}$时）

$$[H^+]\approx\sqrt{K_a c} \qquad (4\text{-}3)$$

一元弱碱溶液中$[OH^-]$可按下式进行近似计算（$K_b<10^{-4}$时）

$$[OH^-]\approx\sqrt{K_b c} \qquad (4\text{-}4)$$

第二节 离子反应和离子方程式

电解质溶于水后电离出离子，所以电解质在水溶液中的反应实质上是离子间的反应，化学上将其称为离子反应。

演示4-2 取三支试管，分别编号1、2、3。在1号试管中加入$5mL\ 0.1mol\cdot L^{-1}$氢氧化钠溶液，滴加1～2滴酚酞指示剂，再加入$5mL\ 0.1mol\cdot L^{-1}$盐酸；

在2号试管中加入5mL 0.1mol · L^{-1}硫酸和5mL 0.1mol · L^{-1}氯化钡溶液；在3号试管中加入一块豆粒大小的碳酸钙和5mL 0.1mol · L^{-1}盐酸，观察三支试管中有何现象。

可以看到，1号试管中溶液的颜色由红色变为无色，说明氢氧化钠和盐酸发生中和反应，生成盐和水

$$NaOH + HCl = NaCl + H_2O$$

2号试管中有难溶于水的白色沉淀生成

$$H_2SO_4 + BaCl_2 = BaSO_4\downarrow + 2HCl$$

3号试管中有气体产生

$$CaCO_3 + 2HCl = CaCl_2 + H_2O + CO_2\uparrow$$

如果把在溶液中易溶且易电离的物质写成离子形式，把难溶或难电离的物质以及气体仍写成原化学式，上述反应就可写成

$$Na^+ + OH^- + H^+ + Cl^- = Na^+ + Cl^- + H_2O$$

$$2H^+ + SO_4^{2-} + Ba^{2+} + 2Cl^- = 2H^+ + 2Cl^- + BaSO_4\downarrow$$

$$CaCO_3 + 2H^+ + 2Cl^- = Ca^{2+} + 2Cl^- + H_2O + CO_2\uparrow$$

将反应前后没有发生变化的离子从方程式中消去，上述演示实验中三个反应可表示为

$$H^+ + OH^- = H_2O$$

$$Ba^{2+} + SO_4^{2-} = BaSO_4\downarrow$$

$$CaCO_3 + 2H^+ = Ca^{2+} + H_2O + CO_2\uparrow$$

【练习思考4-3】 通过上述三个反应，分析离子反应进行的条件是什么？怎样写出一个化学反应的离子方程式？

这种用实际参加反应的离子符号来表示化学反应的式子叫做离子方程式。

除了上述以离子互换形式进行的复分解反应外，还有一些在溶液中进行的其它类型的反应也可以用离子方程式表示。例如

氧化还原反应

$$Zn + H_2SO_4\text{（稀）} = ZnSO_4 + H_2\uparrow$$

离子方程式为 $Zn + 2H^+ = Zn^{2+} + H_2\uparrow$

非氧化还原反应

$$CO_2 + 2NaOH = Na_2CO_3 + H_2O$$

离子方程式为 $CO_2 + 2OH^- = CO_3^{2-} + H_2O$

总之，在水溶液中有离子参加的反应，都称为离子反应，都可以用离子方程式表示。

离子方程式与一般化学方程式的区别在于：它不仅表示了某一个具体的反

应，而且表示了所有同一类型的反应。

例如离子方程式 $H^+ + OH^- = H_2O$ 表示了所有强酸和强碱的中和反应。

离子反应在工农业生产和科学研究中应用很广，如离子的定性鉴定；物质的分离和提纯；固体物质的溶解（矿样分析、锅炉除垢）等。

【练习思考4-4】 在鉴定 Cl^- 时，往往是用稀硝酸酸化的硝酸银溶液；锅垢的主要成分是 $CaCO_3$，一般可以用盐酸（或稀 HNO_3）溶解，写出以上两个反应的离子方程式。

第三节　水的电离和溶液的酸碱性

在生产和日常生活中，水占有重要的地位。研究电解质溶液常涉及到溶液的酸碱性，而溶液的酸碱性又与水的电离有直接关系，为了从本质上认识溶液的酸碱性，首先讨论水的电离。

一、水的电离和离子积常数

如果用图 4-1 所示的装置测纯水的导电能力，会发现灯泡并不亮。若把实验中的灯泡换成高灵敏度的安培计，则会发现水也有微弱的导电性，实验证明水是一种极弱的电解质，它能微弱地电离

$$H_2O \rightleftharpoons H^+ + OH^-$$

电离平衡常数表达式为

$$K_i = \frac{[H^+][OH^-]}{[H_2O]}$$

室温时纯水的浓度可视为常数，用 K_W 代表 $K_i[H_2O]$，则有

$$K_W = [H^+][OH^-]$$

上式表明，在一定温度下，纯水中的 $[H^+]$ 和 $[OH^-]$ 的乘积是一个常数，这个常数（K_W）称为水的离子积常数，简称为水的离子积。

实验测得，常温时，纯水中 $[H^+]$ 和 $[OH^-]$ 都是 $10^{-7}mol \cdot L^{-1}$。所以，常温下

$$K_W = [H^+][OH^-] = 10^{-14} \tag{4-5}$$

由于水的电离是吸热反应，因而 K_W 随温度的升高而增大（如 373K 时，$K_W = 1 \times 10^{-12}$）。

二、溶液的酸碱性

水的离子积不仅适用于纯水，而且适用于任何稀的水溶液。根据 K_W 的意

义，可以定量地来说明溶液的酸碱性。

例如，在纯水中加入盐酸，使溶液中 $[H^+]$ 增加到 $0.1mol \cdot L^{-1}$，根据式(4-5)

$$[OH^-] = \frac{K_W}{[H^+]} = \frac{10^{-14}\ (mol \cdot L^{-1})^2}{0.1mol \cdot L^{-1}} = 10^{-13}mol \cdot L^{-1}$$

计算结果表明，在纯水中加入酸，使 $[OH^-]$ 由 $10^{-7}mol \cdot L^{-1}$ 降低到 $10^{-13}mol \cdot L^{-1}$，显然溶液中 $[H^+] > [OH^-]$，溶液显酸性。

若在纯水中加入碱，使 $[OH^-]$ 达到 $0.1mol \cdot L^{-1}$，则通过类似计算，可得 $[H^+] = 10^{-13}mol \cdot L^{-1}$，此时溶液中 $[OH^-] > [H^+]$，溶液显碱性。

总之，任何物质的水溶液无论它呈中性、酸性、还是碱性，都同时存在着 H^+ 和 OH^-，而且两者的乘积是个常数。若 $[H^+]$ 增大，则 $[OH^-]$ 就减小；反之，$[H^+]$ 减小，$[OH^-]$ 就增大。因此，常温时溶液酸碱性的强弱，都可以用 $[H^+]$ 来表示，即

中性溶液　$[H^+] = [OH^-] = 10^{-7}mol \cdot L^{-1}$

酸性溶液　$[H^+] > [OH^-]$，$[H^+] > 10^{-7}mol \cdot L^{-1}$

碱性溶液　$[H^+] < [OH^-]$，$[H^+] < 10^{-7}mol \cdot L^{-1}$

三、溶液的 pH 值

1. pH 值的概念　当溶液的 $[H^+]$ 很小时，为了应用方便，常取 $[H^+]$ 的负对数，这个简单的正值称为 pH 值，即

$$pH = -\lg [H^+] \tag{4-6}$$

用 pH 值表示溶液的酸碱性，则

中性溶液　$pH = 7$

酸性溶液　$pH < 7$

碱性溶液　$pH > 7$

溶液的酸碱性与 $[H^+]$ 和 pH 值的关系见表 4-2。

可见，$[H^+]$ 越大，pH 值越小，表示溶液的酸性越强，碱性越弱。反之，$[H^+]$ 越小，pH 值越大，表示溶液的酸性越弱，碱性越强。

用 pH 值表示溶液的酸碱性时，其适用范围在 0 ~ 14 之间，即溶液的 $[H^+]$ 在 $1 \sim 10^{-14}mol \cdot L^{-1}$ 以内。超过这一范围，使用 pH 值反而不方便，例如，当 $[H^+] = 4mol \cdot L^{-1}$ 时，$pH = -0.6$。所以，pH 值只是用来表示稀溶液（浓度不大于 $1mol \cdot L^{-1}$）的酸碱性，对浓的酸或碱溶液，则直接用 $[H^+]$ 表示。

2. pH 值的计算

【例 4-1】　计算下列溶液的 pH 值：

表 4-2 $[H^+]$、pH 与溶液酸碱性的关系

溶液	pH	$[H^+]$/mol·L^{-1}	
	14	1×10^{-14}	↑
碱水(0.1mol·L^{-1})	13	1×10^{-13}	碱
氨水	12	1×10^{-12}	性
石灰水	11	1×10^{-11}	增
	10	1×10^{-10}	强
海水	9	1×10^{-9}	
	8	1×10^{-8}	
血液	7	1×10^{-7}	—
牛奶	6	1×10^{-6}	
雨	5	1×10^{-5}	酸
黑咖啡、蕃茄汁	4	1×10^{-4}	性
食醋	3	1×10^{-3}	增
柠檬汁	2	1×10^{-2}	强
胃液	1	1×10^{-1}	↓

(1) 6×10^{-5}mol·L^{-1}盐酸溶液；

(2) 0.01mol·L^{-1}氨水溶液。

解：(1) 盐酸是强电解质，在水溶液中全部电离

$$HCl \longrightarrow H^+ + Cl^-$$

$$[H^+] = [HCl] = 6\times10^{-5}\text{mol}\cdot L^{-1}$$

$$pH = -\lg(6\times10^{-5}) = 4.22$$

(2) 氨水是弱电解质，在水溶液中部分电离

$$NH_3\cdot H_2O \rightleftharpoons NH_4^+ + OH^-$$

根据式 (4-4)

$$[OH^-] \approx \sqrt{1.77\times10^{-5}\times0.1}\text{mol}\cdot L^{-1} = 1.33\times10^{-3}\text{mol}\cdot L^{-1}$$

又据式 (4-5)

$$[H^+] = \frac{10^{-14}}{1.33\times10^{-3}}\text{mol}\cdot L^{-1} = 7.52\times10^{-12}\text{mol}\cdot L^{-1}$$

$$pH = -\lg[H^+] = -\lg(7.52\times10^{-12}) = 11.12$$

答：盐酸溶液和氨水溶液的 pH 值分别为 4.22 和 11.12。

3. pH 值的测定 溶液的 pH 值有多种测定方法，通常可用酸碱指示剂、石蕊试纸、pH 试纸，pH 计（酸度计）。如果只定性测定溶液的酸碱性，可使用酸碱指示剂或石蕊试纸。酸碱指示剂是指在特定的 pH 范围内，其颜色随溶液 pH 的改变而变化的化合物，一般是弱的有机酸或弱的有机碱。常用酸碱指示剂及其变色范围见表 4-3。

石蕊试纸有红、蓝两色。红色试纸在碱性溶液中变蓝；蓝色试纸在酸性溶液

㊀ 这是氨水化学式的习惯写法。

中变红。

表 4-3　常用酸碱指示剂的变色范围

指示剂	变色范围（pH 值的范围）		
甲基橙	<3.1　红色	3.1～4.4　橙色	>4.4　黄色
石蕊	<5.0　红色	5.0～8.0　紫色	>8.0　蓝色
酚酞	<8.0　无色	8.0～10.0　粉红色	>10.0　紫红色

若要定量测定溶液的 pH 值，则需用 pH 试纸或 pH 计（酸度计）。

pH 试纸由多种指示剂的混合溶液浸制而成。当遇到不同 pH 值的溶液时，会显示不同颜色，与标准比色板比较，即可知被测溶液的 pH 值。此方法既经济、快速，又有一定的准确性。

pH 试纸有广泛 pH 试纸和精密 pH 试纸两种。广泛 pH 试纸测定的范围为 pH＝1～14；精密 pH 试纸可以判别 0.2 或 0.3 个 pH 值的差异；而精度要求更高时必须用 pH 计。

测定 pH 值在生产与日常生活中都具有重要的意义。例如化工生产中，一些氧化还原反应在酸性介质或在碱性介质中进行，其产物往往不同。因此，必须定期对溶液进行测定，以维持相对稳定的 pH 值，保证产品质量。

有关部门需要经常测定雨水的 pH 值。当雨水的 pH 值小于 5.6 时，就成为酸雨，它对生态环境危害很大。人体体液和代谢产物也都有正常的 pH 值范围，测定人体体液和代谢物的 pH 值，可以帮助了解人的健康状况。例如，人体血液的 pH 值正常范围是 7.35～7.45，当 pH<7.35 时，人体会出现酸中毒，当 pH>7.45 时，人体又表现为碱中毒；如果血液 pH 值偏离正常范围 0.4 个单位时就会危及人的生命。

人体内几种体液和代谢产物的正常 pH 值如图 4-2 所示。

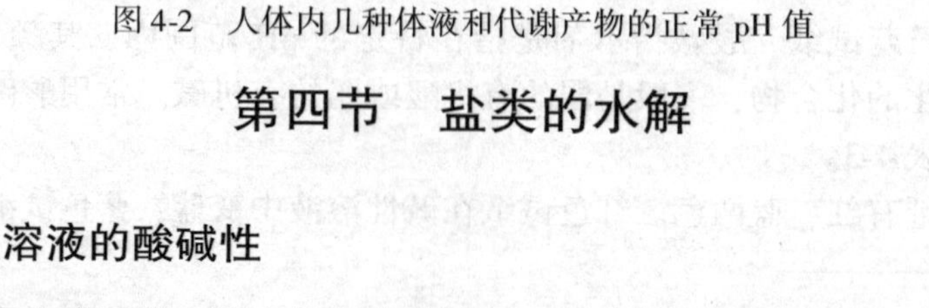

图 4-2　人体内几种体液和代谢产物的正常 pH 值

第四节　盐类的水解

一、盐溶液的酸碱性

酸碱中和生成了盐，那么盐的水溶液是否呈中性呢？

演示4-3　把少量NaAc、NH_4Cl、NaCl、NH_4Ac的晶体分别投入4支盛有适量蒸馏水的试管中，振荡使之溶解。用pH试纸测定其酸碱性，结果见表4-4。

表4-4　4种盐溶液的pH值

溶　液	NaAc	NH_4Cl	NH_4Ac	NaCl
pH	9	5	7	7

实验证明：不同盐的水溶液呈现不同的酸碱性，现分析如下：

1. 强碱弱酸盐　以NaAc为例，在其水溶液中存在下列平衡

$$NaAc \longrightarrow Na^+ + Ac^-$$
$$+$$
$$H_2O \rightleftharpoons OH^- + H^+$$
$$\Downarrow\Uparrow$$
$$HAc$$

由于NaAc电离产生的Ac^-和H_2O电离产生的H^+结合生成了弱电解质HAc，使溶液的$[H^+]$减小，破坏了水的电离平衡，促使平衡向水的电离方向移动，于是$[OH^-]$相对增大，溶液中$[OH^-] > [H^+]$，溶液呈碱性。

在水溶液中，由于盐的离子与水电离产生的H^+或OH^-作用生成弱电解质的反应，叫做盐的水解。也就是说，盐的水解实质上是盐的离子与水的反应。

上述反应可以用化学方程式或离子方程式表示为

$$NaAc + H_2O \rightleftharpoons HAc + NaOH$$
$$Ac^- + H_2O \rightleftharpoons HAc + OH^-$$

可以推论，强碱弱酸盐发生水解，水解后溶液呈碱性。

2. 强酸弱碱盐　以NH_4Cl为例，在NH_4Cl溶液中存在着下列平衡

$$NH_4Cl \longrightarrow NH_4^+ + Cl^-$$
$$+$$
$$H_2O \rightleftharpoons OH^- + H^+$$
$$\Downarrow\Uparrow$$
$$NH_3 \cdot H_2O^{\ominus}$$

NH_4Cl电离产生的NH_4^+与H_2O电离产生的OH^-结合生成弱电解质氨水，消耗了OH^-，促使H_2O的电离平衡向电离方向移动，建立新平衡时，溶液中

$[H^+] > [OH^-]$，溶液呈酸性。

上述反应的化学方程式和离子方程式如下

$$NH_4Cl + H_2O \rightleftharpoons NH_3 \cdot H_2O + HCl$$

$$NH_4^+ + H_2O \rightleftharpoons NH_3 \cdot H_2O + H^+$$

可以推论，强酸弱碱盐发生水解，水解后溶液呈酸性。

3. 弱酸弱碱盐 弱酸弱碱盐（如 NH_4Ac、NH_4CN、NH_4F 等）电离产生的阴阳离子都能和水作用生成弱电解质，其盐溶液的酸碱性取决于生成的弱酸和弱碱的相对强弱。例如 NH_4Ac 的水解用离子方程式表示为

$$NH_4^+ + Ac^- + H_2O \rightleftharpoons NH_3 \cdot H_2O + HAc$$

查表 4-1 可知，氨水和醋酸的电离常数几乎相等，因此，溶液呈中性。

【练习思考 4-5】 室温下，NH_4CN 和 NH_4F 水溶液的酸碱性如何？试总结弱酸弱碱盐水解的一般规律。

4. 强酸强碱盐 强酸强碱盐（如 NaCl、KNO_3 等）电离产生的阴阳离子都不能与水作用生成弱电解质，所以强酸强碱盐不发生水解，溶液呈中性。

从以上讨论可知，强碱弱酸盐、强酸弱碱盐和弱酸弱碱盐都可以发生水解生成酸和碱，对于这些类型的盐，其水解可以看作是酸碱中和的逆反应。即

$$\text{酸} + \text{碱} \underset{\text{水解}}{\overset{\text{中和}}{\rightleftharpoons}} \text{盐} + \text{水}$$

二、影响盐类水解的因素

由于水很难电离，所以盐类的水解程度都很小。组成盐的酸、碱越弱，盐的水解程度就越大。所以，盐类水解的程度主要取决于盐的本性。

其次，盐类水解是中和反应的逆过程，中和反应是放热反应，盐类水解必然是吸热反应，因而升高温度能促进盐类水解。用热的纯碱（Na_2CO_3）溶液洗涤油污效果更好，就是基于这一原理。

此外，在水解性盐的溶液中，加水稀释可促进盐的水解；加酸或碱时，可以促进或抑制甚至阻止盐的水解。例如在盛有氯化铁或硫酸铁溶液的容器内壁，常常可见积有棕黄色斑迹，这是铁盐水解后的产物

$$Fe^{3+} + 3H_2O \rightleftharpoons Fe(OH)_3 + 3H^+$$

因此配制铁盐时，通常要向溶液中加入少量相应的酸，并用冷水作溶剂。

【练习思考 4-6】 实验室怎样才能配制澄清的 Fe^{3+}、Zn^{2+} 等盐溶液？若将这些盐当作杂质除去，可采取哪些措施？

三、水解的应用

盐类水解的应用很广。例如由 MgO 粉末和 30% $MgCl_2$ 溶液调制成镁氧水泥，

就是利用了水解作用

$$MgCl_2 + H_2O \rightleftharpoons Mg(OH)Cl + HCl$$

$$HCl + MgO \rightleftharpoons Mg(OH)Cl$$

碱式氯化镁逐渐硬化，结成白色坚硬的固体。镁氧水泥可用作建筑材料和制磨石、砂轮等。

又如，$ZnCl_2$ 水解使溶液有显著的酸性（俗称“熟镪水”），能溶解消除钢铁表面的氧化物，所以在焊接钢铁时被用作焊液。

再如，泡沫灭火器内分别装有 $NaHCO_3$ 和 $Al_2(SO_4)_3$ 两种溶液，当它们混合时，相互促进水解，生成大量的 Al（OH）$_3$ 胶体和 CO_2 气体，达到灭火的目的。总反应式为

$$Al_2(SO_4)_3 + 6NaHCO_3 + 6H_2O = 2Al(OH)_3\downarrow + 6H_2CO_3 + 3Na_2SO_4$$
$$6H_2CO_3 \longrightarrow 6CO_2\uparrow + 6H_2O$$

此外，明矾[$KAl(SO_4)_2 \cdot 12H_2O$]因能水解生成氢氧化铝胶体而吸附杂质常被用作净水剂；医疗临床上用碳酸氢钠治疗胃酸过多或酸中毒，用氯化铵治疗碱中毒，也是利用盐的水解原理。

【练习思考4-7】 草木灰（主要成分 K_2CO_3）是农村常用的钾肥，施肥时，草木灰可否与铵盐（如$(NH_4)_2SO_4$）混合使用？为什么？

专题4-1* 缓冲溶液

一、缓冲溶液的概念

许多化学反应和生物化学过程都要求在适当而且稳定的pH值范围内进行，然而一些反应因有 H^+ 或 OH^- 的生成或消耗，溶液的pH值会不断发生变化，从而影响反应的正常进行。在这种情况下，就要借助“缓冲溶液”来稳定溶液的pH值。

演示4-4

试管序号	1	2	3	4
溶液	纯水	纯水	0.1mol · L^{-1} 的 HAc-NaAc 混合液	0.1mol · L^{-1} 的 HAc-NaAc 混合液
	加少量 1mol · L^{-1} 的 HCl 溶液	加少量 1mol · L^{-1} 的 NaOH 溶液	加少量 1mol · L^{-1} 的 HCl 溶液	加少量 1mol · L^{-1} 的 NaOH 溶液
pH 值变化	由 7 → 3	由 7 → 11	由 4.76 → 4.75	由 4.76 → 4.77

表中数据说明，纯水中加入少量的酸或碱，pH值发生显著变化，而HAc-NaAc组成的混合液中加入少量酸或碱后pH值几乎没有变化。这种能抵抗少量外来酸或碱的影响，保持pH值基本不变的溶液称为缓冲溶液，这种作用称为缓冲作用。

二、缓冲作用原理

弱酸和它的盐（如醋酸和醋酸钠），弱碱和它的盐（如氨水和氯化氨）等组

成的混合液都可用作缓冲溶液。弱酸及其盐或弱碱及其盐被称作缓冲对，如 HAc—NaAc 、$NH_3 \cdot H_2O$—NH_4Cl。

现以 HAc—NaAc 所组成的缓冲溶液为例说明缓冲作用原理。在 HAc—NaAc 混合溶液中存在以下电离过程

$$HAc \rightleftharpoons H^+ + Ac^-$$

$$NaAc \longrightarrow Na^+ + Ac^-$$

当向此溶液中加入少量强酸时，H^+ 与溶液中大量的 Ac^- 离子结合生成难电离的 HAc 分子，使溶液中的［H^+］不会显著增大，溶液的 pH 值改变很小。

$$H^+ + Ac^- \rightleftharpoons HAc$$

当向此溶液中加入少量强碱时，OH^- 与溶液中的 H^+ 结合生成 H_2O，使 HAc 进一步电离，补充被 OH^- 消耗的 H^+，从而使［H^+］不会显著减小，溶液的 pH 值改变不明显。

$$OH^- + HAc \rightleftharpoons Ac^- + H_2O$$

由此可见，缓冲溶液同时具有抵抗少量外来酸或碱的作用，其抗酸、抗碱作用是由缓冲对的不同部分来担负的。

必须明确，缓冲溶液抵制外加酸碱影响的作用是有限度的，如果外加大量的强酸或强碱时，溶液将失去缓冲作用。

三、缓冲溶液的配制

要使缓冲溶液具有一定的 pH 值且缓冲能力较大，就必须按下列原则和步骤进行配制。

（1）选择恰当的缓冲对，缓冲对中两种物质浓度的比值最好接近 1。

（2）要求缓冲溶液的总浓度应在 0.05～0.20mol · L^{-1}之间。

（3）所选择的缓冲对必须对系统的化学反应、检验分析等过程不发生干扰。

几种常用缓冲溶液的配制方法见表 4-5。

表 4-5　几种常用缓冲溶液的配制方法

pH 值	配 制 方 法
3.6	$NaAc \cdot 3H_2O$ 8g，溶于适量蒸馏水中，加 6mol · L^{-1} HAc 134mL，稀释至 500mL
4.0	$NaAc \cdot 3H_2O$ 20g，溶于适量蒸馏水中，加 6mol · L^{-1} HAc 134mL，稀释至 500mL
4.5	$NaAc \cdot 3H_2O$ 32g，溶于适量蒸馏水中，加 6mol · L^{-1} HAc 68mL，稀释至 500mL
5.0	$NaAc \cdot 3H_2O$ 50g，溶于适量蒸馏水中，加 6mol · L^{-1} HAc 34mL，稀释至 500mL
5.7	$NaAc \cdot 3H_2O$ 100g，溶于适量蒸馏水中，加 6mol · L^{-1} HAc 13mL，稀释至 500mL
7	NH_4Ac 77g，用蒸馏水溶解后，稀释至 500mL
7.5	NH_4Cl 60g，溶于适量蒸馏水中，加 15mol · L^{-1} 氨水 1.4mL，稀释至 500mL
8.0	NH_4Cl 50g，溶于适量蒸馏水中，加 15mol · L^{-1} 氨水 3.5mL，稀释至 500mL

四、缓冲溶液的应用

缓冲溶液的应用颇为广泛，在化学反应中离子的分离、提纯以及分析检验，经常需要用缓冲溶液控制溶液的 pH 值。例如，欲除去镁盐中的杂质 Al^{3+}，就可采用 NH_3—NH_4Cl 的混合溶液作为缓冲溶液，保持溶液 pH 值在 9 左右，这样能使 Al^{3+} 沉淀完全，而 Mg^{2+} 仍留在溶液中，达到分离的目的。

在硅半导体器件的生产过程中，需用氢氟酸腐蚀除去硅层表面未用胶膜保护的二氧化硅层，反应为

$$SiO_2 + 6HF \rightleftharpoons H_2[SiF_6] + 2H_2O$$

如果单独用 HF 溶液作腐蚀剂，随着反应的进行，$[H^+]$ 会发生变化，影响产品的质量，因此，需用 HF—NH_4F 的混合溶液作为缓冲溶液。

在电镀工艺中，常用缓冲溶液来控制电镀液的 pH 值，以保证镀层质量。

土壤中由于含有 H_2CO_3—$NaHCO_3$ 和 NaH_2PO_4—Na_2HPO_4，以及其它有机酸及其盐组成的复杂缓冲体系，才使土壤维持一定的 pH 值，从而保证植物的正常生长。

人体血液中依赖 H_2CO_3—$NaHCO_3$、NaH_2PO_4—Na_2HPO_4、血浆蛋白—血浆蛋白盐等缓冲作用，使人体血液的 pH 维持在 7.35 ~ 7.45 之间，保证了细胞代谢的正常进行和整个机体的生存。

缓冲溶液在医学及医学检验中的应用也很广泛，如微生物的培养、组织切片、细菌的染色、酶的催化研究以及临床常做的许多检验都需要在具有一定 pH 值的缓冲溶液中进行。

专题 4-2* 胶　　体

一、分散系的概念与分类

自然界和工农业生产中，经常遇到一种或几种物质以微小粒子分散在另一种物质中形成的混合体系，化学上把它称为分散体系，简称分散系。如糖水、雾、有色玻璃等。分散系中被分散成微粒的物质叫分散质（如糖水中的糖）；微粒分布于其中的物质叫分散剂（如糖水中的水）。通常按分散质微粒直径大小把分散系分成低分子分散系（溶液）、粗分散系（浊液）和胶体分散系，见表 4-6。

二、胶体的概念

胶体是指分散质微粒直径在 1 ~ 100nm 范围内的分散系。

根据胶体分散质微粒大小与其它分散系不同的特点，可把不纯的胶体放进用半透膜（如动物的膀胱膜、肠衣、羊皮纸、玻璃纸等）制成的容器内（见图

4-3)，因半透膜极小的细孔只能使水分子或离子等微粒透过，从而使胶体被提纯。这种操作叫做渗析。

表 4-6 分散系的分类

粒子大小	类型	分散质	实例
<1nm	低分子分散系	原子、离子或小分子	蔗糖、氯化钠、醋酸水溶液
1～100 nm	胶体分散系	高聚物大分子	蛋白质、核酸水溶液等
		胶粒(原子或分子的聚集体)	$Fe(OH)_3$、As_2S_3、金溶胶等
>100 nm	粗分散系	粗粒子	混浊泥水、牛奶、豆浆

胶体的种类很多，分散剂是液体的叫液溶胶（也称溶胶），如氢氧化铁胶体；分散剂是气体的叫气溶胶，如雾、云、烟等；分散剂是固体的叫固溶胶，如烟水晶、有色玻璃等。

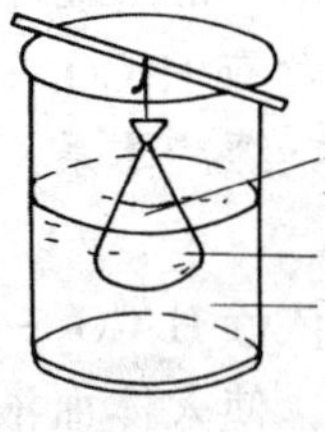

图 4-3 渗析

三、胶体的重要性质

胶体溶液是高度分散的多相体系。虽然从外观看它和溶液没有明显区别，但它有自己特有的属性。

1. 光学性质——丁达尔现象 1869 年，英国物理学家丁达尔发现：当一束强光透过在暗箱中的胶体溶液时，在与光线前进方向相垂直的侧面，可以看到胶体溶液中有一道明亮光柱。这种现象叫做丁达尔现象。而溶液并不存在这种现象，因此可用这种方法鉴别溶胶和溶液。

2. 动力学性质——布朗运动 1827 年，英国植物学家布朗在显微镜下发现悬浮在水面上的花粉小颗粒作不停的无序的运动，这种现象叫做布朗运动。在超显微镜下观察胶体溶液时，可见胶体粒子也在进行布朗运动。这是因为胶体离子受到来自周围各个方向的介质分子（例如水分子）的撞击，且合力不为零，所以，胶体微粒运动的方向每一瞬间都在改变，因而形成不停的无序的运动。

布朗运动使胶体粒子有扩散现象，它抵抗在重力作用下胶体粒子的下沉，这是胶体溶液能保持相对稳定的原因之一。

3. 电学性质——电泳现象

演示 4-5 在一个盛有红褐色 $Fe(OH)_3$ 胶体溶液的 U 型管的两个管口各插入一个电极（见图 4-4)，接通直流电，经过一段时间，观察现象。

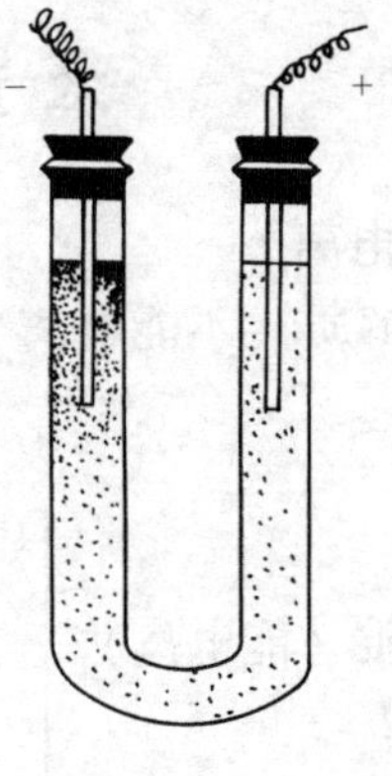

图 4-4　电泳示意图

实验表明，通直流电后，阴极附近的颜色逐渐变深，阳极附近的颜色逐渐变浅。这种在外电场的作用下，胶体微粒在分散剂中向阴阳两极作定向移动的现象称为电泳。这是因为胶体微粒具有较大的表面积，能吸附阳离子或阴离子，因而带有正电荷或负电荷，在电场的作用下发生定向移动，产生电泳现象。

4. 胶体的聚沉　同一种胶体微粒带有同种电荷，它们相互排斥，从而阻止了胶粒互相接近与聚集。因而胶体具有一定的稳定性，可以保持较长的时间。但如果往胶体中加入适量的电解质，电解质电离出的阴阳离子使胶粒原来所带电荷部分或完全中和。因此，胶粒相互碰撞时就会结合成较大颗粒，形成沉淀从分散剂里析出，这个过程叫做聚沉或凝聚。除加入电解质可使某些胶体聚沉外，给胶体加热或将两种带相反电荷的胶体混合，也可使胶体发生聚沉。

一般情况下，胶体发生聚沉作用时都生成沉淀，但有些胶体聚沉后，其胶粒和分散剂一起聚沉为凝胶。例如，我们日常食用的豆腐，就是把盐卤（主要成分是 $MgCl_2 \cdot H_2O$）或石膏（$CaSO_4 \cdot 2H_2O$）溶液加入豆浆里，使豆浆里蛋白质和水等物质一起聚沉而制成的一种凝胶。

四、胶体的应用

胶体在工农业生产和日常生活中有着广泛的应用。如石油、选矿、造纸、染料、纺织、肥皂、制药、食品、制糖、橡胶、印刷等工业，以及吸附剂、润滑剂、催化剂、感光材料和塑料的生产等，在一定程度上都要涉及到胶体知识。又如血液就是由血球在血浆中形成的胶体，在治疗诊断与血液有关的疾病时就利用了胶体的性质（如血液渗析、血清纸上电泳等）。土壤和土壤中发生的多种过程也都不同程度地与胶体性质有关。如土壤胶体有吸附化肥离子的作用，所以施入化肥不易流失，但土壤胶体带负电荷，所以硝态氮肥易流失。环保中治理锅炉烟道气的原理是胶体电泳知识的具体运用。食品中的牛奶、豆浆、豆腐和粥等都与胶体有关。

本 章 小 结

一、电解质及其电离

1. 化合物
   - 非电解质（不能电离）
   - 电解质（能电离）
     - 强电解质（完全电离）
       - 强　酸
       - 强　碱
       - 绝大多数盐
     - 弱电解质（部分电离）
       - 弱　酸
       - 弱　碱
       - 少部分盐，如 $HgCl_2$
       - 水

2. 弱电解质的电离平衡

电离平衡是化学平衡的一种，遵循化学平衡的原理和规律。弱电解质达到电离平衡时

$$AB \rightleftharpoons A^+ + B^-$$

$$K_i = \frac{[A^+][B^-]}{[AB]}$$

当 $K_i < 10^{-4}$ 时　$[H^+] \approx \sqrt{K_a c}$　　$[OH^-] \approx \sqrt{K_b c}$

二、离子反应和离子方程式

1. 有离子参加的反应称为离子反应。用实际参加反应的离子符号来表示化学反应的式子叫做离子方程式。它表示同一类型的反应和反应的本质。

2. 离子反应的条件：有气体生成；有沉淀生成；有弱电解质生成。

3. 书写离子方程式的要点：易溶解的强电解质以离子表示，难电离、难溶解及气体物质以化学式表示。

三、水的电离和溶液的酸碱性

1. 纯水和溶液中都同时存在着 H^+ 和 OH^-。常温时水的离子积 $K_w = [H^+] \cdot [OH^-] = 10^{-14}$。

2. 溶液的酸碱性可用 $[H^+]$ 和 pH 值表示；$pH = -\lg[H^+]$。

溶液的酸碱性见表 4-7。

表 4-7　溶液的酸碱性

溶液酸碱性	$[H^+]$ /mol · L^{-1}	$[OH^-]$ /mol · L^{-1}	$[H^+]$ 和 $[OH^-]$ 比较	pH
酸性	$>10^{-7}$	$<10^{-7}$	$[H^+] > [OH^-]$	<7
中性	$=10^{-7}$	$=10^{-7}$	$[H^+] = [OH^-]$	=7
碱性	$<10^{-7}$	$>10^{-7}$	$[H^+] < [OH^-]$	>7

四、盐类的水解

1. 盐类水解的实质：盐的离子与水电离产生的 H^+ 或 OH^- 结合生成弱电解质，从而使水的电离平衡发生移动，改变了溶液的酸碱性。盐水解后溶液的酸碱性取决于水解产物酸和碱的相对强弱。一般情况下：

强碱弱酸盐：水解呈碱性

强酸弱碱盐：水解呈酸性

$$\text{弱酸弱碱盐}\begin{cases} K_a > K_b & \text{水解呈酸性} \\ K_a = K_b & \text{水解呈中性} \\ K_a < K_b & \text{水解呈碱性} \end{cases}$$

强酸强碱盐：不水解、呈中性

盐的水解反应可以看作是中和反应的逆反应。$\text{盐} + \text{水} \underset{\text{中和}}{\overset{\text{水解}}{\rightleftharpoons}} \text{酸} + \text{碱} - Q$

2. 由于水是一种极弱的电解质，因而一般盐的水解程度很小。通常情况下，水解产物中无气体和明显的沉淀生成，水解方程式用可逆号“$\rightleftharpoons$”表示。

3. 影响盐类水解的因素：盐的本性、盐的浓度、温度和溶液的 pH 值。

五*、缓冲溶液

1. 在弱电解质溶液中，加入与弱电解质有相同离子的强电解质时，可使其电离程度降低，这种现象称为同离子效应。

2. 根据同离子效应原理，可以将弱酸（或弱碱）及其盐的混和溶液用作缓冲溶液，它能抵抗少量外来酸、碱的影响，保持溶液的 pH 值基本不变。

六*、胶体

分散质微粒直径在 1～100nm 之间的分散系叫做胶体。按分散剂的不同，胶体分为液溶胶、气溶胶和固溶胶。

习　题

1. 在盐酸、氯化钾晶体、铜丝、石墨、液氯、硫酸铜溶液、氢氧化钠溶液、蔗糖溶液、熔融的氯化钠中，能导电的有______________________。能导电但不属于电解质的是_______________。

2. 硫酸、硫酸钡、醋酸、醋酸铵、氨水、氢氧化钾中属于强电解质的是___________；属于弱电解质的是___________。

3. 下列说法是否正确？为什么？

(1) 凡在水溶液中或熔融状态时能导电的物质都是电解质。

(2) 电解质在水溶液中都存在着电离平衡。

(3) SO_3 的水溶液能导电，所以说 SO_3 是电解质。

4. 同浓度、等体积的氢氧化钠、氨、氢氧化钡溶液的导电能力由小到大依次是________________________。

5. 相同温度下，物质的量浓度相等的 H_2SO_4、H_2SO_3、HCl、H_2CO_3 和 HAc，[H^+] 由小到大的次序是________________。

6. 今有 0.01 mol · L^{-1}盐酸和 2mol · L^{-1}醋酸，通过计算来判断这两种溶液的酸度的大小（酸度即 [H^+]）。

7. 醋酸溶液中含有哪些微粒？有哪些电离平衡？

8. 计算下列溶液中各种溶质离子的浓度：

（1）0.01 mol · L^{-1} $Ba(OH)_2$ 溶液　（2）0.01 mol · L^{-1} K_2SO_4 溶液　（3）0.2 mol · L^{-1} HAc 溶液

9. 什么是水的离子积？它有什么意义？

10. 常温下,向纯水中加入少量酸或碱后,水的离子积(　　)

a）增大　b）减小　c）不变　d）无法判断

11. 如果用肥田粉〔主要成分是 $(NH_4)_2SO_4$〕给农作物施肥，土壤的 pH 将发生的变化是（　　）

a）pH 逐渐增大　b）pH 逐渐减小　c）不会发生变化　d）无一定的变化规律

12. 计算下列溶液的 pH 值：

（1）$w_{HAc}=14\%$、$\rho=1.02g \cdot cm^{-3}$　（2）1L 溶液中溶解有 2gNaOH

13. 两种溶液的 pH 值分别为 2 和 5，哪种溶液的酸性较强？[H^+] 的比值是多少？

14. 下列说法是否正确？为什么？

（1）水不是电解质。

（2）25℃时，以水为溶剂的任何物质的稀溶液中，[H^+] [OH^-] $=10^{-14}$。

（3）酸性溶液中无 OH^-，碱性溶液中无 H^+，中性溶液中既无 H^+ 又无 OH^-。

（4）溶液的 [H^+] 越大，其 pH 值就越高。

（5）pH 值等于 3 的等体积盐酸和醋酸溶液，各自与足量的锌反应，盐酸放出氢气的速度快，而且放出的氢气的质量多。

（6）含有弱酸根的盐的水溶液一定呈碱性。

（7）盐溶于水后一定发生水解反应。

15. 在 $FeCl_3$ 的水溶液中，分别加入下列试剂，对它的水解平衡有无影响？简述理由。

（1）盐酸　（2）醋酸钠

16. 向氨水中加入少量下列物质时，氨水的电离平衡和溶液的 pH 值将怎样变化？

（1）$NH_4Cl(s)$　（2）NaOH(s)　（3）盐酸　（4）水

17*. 当向缓冲溶液中加入大量的酸或碱，或者用大量水稀释时，pH 值是否仍保持基本不变？为什么？

18. 0.01 mol · L^{-1}HCl 溶液的 pH 为____，向此溶液中滴加几滴甲基橙，溶液呈____色；0.01 mol · L^{-1}NaOH 溶液的 pH 为____，向此溶液中滴加几滴酚酞，溶液呈____色。pH = 0 的溶液中，氢离子浓度是____。

19. 锅垢的主要成分是碳酸钙，一般用盐酸清洗除去，用离子方程式表示其反应过程________________。

20. 写出下列反应的离子方程式：

(1) $Zn + H_2SO_4$ (稀) ______;

(2) $NaOH + CuSO_4$ ______;

(3) $BaCO_3 + HCl$ ______;

(4) $HNO_3 + NaOH$ ______。

21. 判断下列盐溶液的酸碱性:

(1) $FeCl_3$　(2) Na_2CO_3　(3) $(NH_4)_2SO_4$　(4) Na_2SO_4　(5) NaAc

22. 现有硝酸钾、氯化铵、硫酸铵、氯化钠、碳酸钠、碳酸氢钠六种盐溶液，其中 pH 大于 7 的有______; pH 小于 7 的有______; pH 等于 7 的有______。

23*. 将 $0.1\ mol \cdot L^{-1}$ 的 HAc 和 $0.1mol \cdot L^{-1}$ 的 NaAc 两种溶液混合，在稀释和外加少量酸或碱时，pH 值在一定范围内______，原因是______。

24*. 促进 $Fe(OH)_3$ 胶粒凝聚的措施有：①______②______③______④______。其中促进铁离子水解的是______，能证明 $Fe(OH)_3$ 胶粒带正电荷的是______。

第五章　非　金　属

○ 非金属的物理性质和化学性质有何特点？

○ 生产、生活中常使用的非金属单质、化合物及材料有哪些？

○ 哪些非金属单质、化合物会对环境产生较大的危害？

除稀有气体以外，已经发现的16种非金属元素都位于元素周期表的右上角（氢除外）。它们的种类虽然不多，但应用非常广泛。本章着重介绍氯、氮、碳、硅等几种非金属单质极其重要的化合物。

第一节　非金属概述

一、非金属的通性

非金属有较多的外层电子（氢除外），在反应中易获得电子而呈负价，但在一定条件下也可发生价电子的偏移而呈正价。非金属元素多变价。

非金属元素的化学活泼性与元素周期律一致。F、Cl、Br、O、S等活泼，B、C、Si等较不活泼。活泼的非金属与其它元素容易形成相应的卤化物、氧化物、硫化物和含氧酸盐等。

常温下大部分非金属单质不与水或稀酸作用，但可与强碱反应。C、P_4、S_8、I能被浓硫酸或浓硝酸氧化。

非金属单质多数是由两个或两个以上的原子以共价键结合而成，一般属于原子晶体或分子晶体。根据非金属单质的结构和性质，可将它们分为三类：

1. 双原子分子　如H_2、O_2、N_2、X_2（卤素单质），通常为气态，固态时属分子晶体，熔点、沸点较低。

2. 多原子分子　如P_4、As_4、S_8，通常为固态，属分子晶体，熔点、沸点较低，较易挥发。

3. 巨分子　如金刚石、晶体硅和晶体硼，属原子晶体，硬度大，熔点、沸点高，难汽化。

非金属单质的重要物理性质见表5-1。

表 5-1　非金属单质的重要性质

元素	单质名称	状态（室温）	颜色	密度/(g·cm^{-3})	硬度(金刚石为10)	熔点/℃	沸点/℃	其它特性
B	结晶硼 无定形硼	晶体 无定形	黑 黑褐	2.34 1.73	9.5	2300	2550 升华	
C	金刚石 石墨 球碳	透明晶体 层状晶体 分子晶体	无色 灰黑 黑	3.15 2.25 1.7	10 1 —	>3350 3652~3697 （升华）	4827	折光率大 润滑性好，导电性好 润滑性好
Si	晶体硅 无定形硅	晶体 无定形	灰黑 灰黑	2.32 —	7 —	1410	2355	有光泽，半导体
N	氮气	气体	无色	1.25①	—	-209.9	-195.8	
P	白磷 红磷	蜡状晶体 粉末	无色 红棕	1.82 2.2（0℃）	0.5 —	44.1 590	280	蒜臭味，极毒，易燃 无毒，无味，200℃燃
As	晶体砷 无定形砷 灰砷	立方晶体 无定形 类金属	黄 黑 灰	2.03 4.73 5.73	3.5 — —	358 817(2.8×10^6Pa) 817	613 升华	有毒
O	氧气 臭氧	气体	无色 淡蓝	1.43① 2.11①	—	-218.8 -193	-182.9 -112	臭氧有毒，异臭，能吸收紫外线
S	斜方硫 单斜硫	菱形晶体 针状晶体	黄色 淡黄	2.07 1.96	1.5~2.8 2.5	112.8 119	444.67	不溶于水，易溶于二硫化碳
Se	金属型硒 结晶硒	三方晶体 单斜	灰色 红色	4.79 4.4	2.0	217 144	684.9	稳定 半导体材料
Te	金属型碲 无定形碲	金属晶体 粉末形	银灰 灰色	6.25 6.00	2.3	452 449.5	139 989.8	半导体材料
F	氟气	气体	淡黄	1.69①	—	-219.6	-188.4	极活泼，异臭，有毒
Cl	氯气	气体	黄绿	3.21①	—	-101	-34.6	活泼，异臭，有毒
Br	液溴	液体	红棕	3.12	—	-7.2	58.78	易挥发，有毒，异臭
I	碘	晶体	紫黑	4.94	—	113.7	184.35	易升华

① 气体密度单位为 g·L^{-1}。

二、氯

氯位于周期表ⅦA族，该族含F、Cl、Br、I、At（砹，放射性元素）五种元素。它们都是典型的非金属元素，可与活泼金属反应生成盐，因此又称卤素。卤素中最活泼的元素是氟，迄今尚未发现其呈正价的化合物。这里着重介绍氯及其化合物。

1. 物理性质 常温时氯气为黄绿色气体，有刺鼻臭味，密度是空气的2.5倍，易液化，能溶于水，有毒。吸入少量氯气会刺激呼吸道粘膜，引起胸痛和咳嗽，吸入过多会造成肺水肿窒息而死。我国环境保护法规定，居住区空气中氯气最高含量日平均不得超过0.03mg·m^{-3}。

第一次世界大战期间，德军在比利时战役中使用了180t液氯作为化学武器，使联军5000人丧生。该战区的生物中，惟独野猪幸存，人们受此启示，发明了防毒面具。

2. 化学性质 氯气很活泼，几乎能与所有的金属和非金属化合。

（1）与金属反应 氯气不但能与钠等活泼金属直接化合，还能与铜等不活泼金属在高温下直接化合。

演示5-1 把一束铜丝灼热后，立即伸进盛有氯气的集气瓶里，观察现象。把少量水注入集气瓶，用玻璃片盖住瓶口，摇荡，观察溶液的颜色。

可以看到红热的铜丝在氯气中燃烧，产生棕色的烟雾（这是氯化铜晶体小颗粒），反应方程式为

$$Cu + Cl_2 \xlongequal{\text{点燃}} CuCl_2$$

氯化铜溶解在水里，得到绿色的氯化铜溶液。

（2）与非金属反应 氯气能与许多非金属反应。如氯气与氢气在点燃或强光照射时，会发生爆炸性反应

$$Cl_2 + H_2 \xlongequal{\text{点燃或光照}} 2HCl$$

氯化氢是无色有刺激性气味的气体，易溶于水，在常温常压下，1体积水约能溶解500体积的氯化氢。

（3）与水反应 氯气溶于水生成氯水（常温常压下，1体积水约能溶解2.5体积的氯气），其中一部分与水反应生成盐酸和次氯酸

$$Cl_2 + H_2O = HCl + HClO$$

次氯酸不稳定，易分解放出氧气。当氯水受日光照射时，次氯酸分解加速

$$2HClO \xlongequal{\text{光或热}} 2HCl + O_2\uparrow$$

次氯酸具有强氧化性，能杀死水中的细菌，所以自来水常用氯气（1L水中

约通入0.002g）消毒。次氯酸还能使染料和有机色素褪色，故常用作漂白剂。

演示5-2 取两瓶干燥的氯气，一瓶放入干燥的红纸，另一瓶放入湿润的红纸，用玻璃片盖好，片刻后观察现象。

可以看到，湿润的红纸褪色，干燥的红纸无变化。

【练习思考5-1】 解释演示5-2中的现象？分析新配制的氯水和久放的氯水中都存在哪些微粒？

（4）与碱反应 氯气与碱反应可以生成相应的次氯酸盐和金属氯化物。例如

$$Cl_2 + 2NaOH = NaClO + NaCl + H_2O$$

实验室制取氯气时常用碱液吸收多余的氯气就是利用此性质。次氯酸盐比次氯酸稳定，容易保存。工业上常用氯气与消石灰反应来制取漂白粉

$$2Cl_2 + 2Ca(OH)_2 = Ca(ClO)_2 + CaCl_2 + 2H_2O$$

漂白粉是次氯酸钙与氯化钙的混合物，它的有效成分是次氯酸钙。漂白粉常用于游泳池水和饮用水的消毒，也用于食品工业的环境和公共场所的消毒。使用漂白粉时，次氯酸钙与稀酸或空气里的二氧化碳和水蒸气反应，生成具有漂白杀菌作用的次氯酸

$$Ca(ClO)_2 + 2HCl = CaCl_2 + 2HClO$$

$$Ca(ClO)_2 + CO_2 + H_2O = CaCO_3\downarrow + 2HClO$$

【练习思考5-2】 漂白粉长期放置是否会失效，应该怎样保存？

3. 氯气的用途 氯气是重要的化工原料，除用于消毒、生产盐酸、漂白粉及多种氯化物外，还用于制造氯丁橡胶、聚氯乙烯塑料、合成纤维以及有机溶剂氯仿等。

三、硫

硫俗称“硫磺”，位于元素周期表ⅥA族，与O、Se（硒）、Te（碲）、Po（钋，放射性元素）统称为氧族元素。在自然界中硫以游离态和化合态形式存在。游离态硫存在于火山喷口附近或地壳的岩层中；化合态硫主要存在于金属硫化物矿和硫酸盐中，如黄铁矿（FeS_2）、石膏（$CaSO_4 \cdot 2H_2O$）等。煤和石油里也含有少量的硫，硫还是蛋白质的组成元素。

1. 物理性质 单质硫是一种淡黄色晶体，质脆，不溶于水，微溶于酒精，易溶于二硫化碳。

2. 化学性质 硫的化学性质比较活泼，与氧相似，能与绝大多数金属（Pt、Au除外）和某些非金属反应，但不如氧剧烈。

（1）与金属反应 硫能与大多数金属反应生成金属硫化物。

演示5-3 把盛有硫粉的大试管垂直固定在铁架台上，加热到沸腾并产生大

量硫蒸气时，立即用坩埚钳夹住一束擦亮的铜丝伸入试管内蒸气最浓处，观察现象。

可以看到，铜在硫蒸气中燃烧，发出红光，生成黑色的硫化亚铜

$$2Cu + S \xlongequal{\triangle} Cu_2S$$

硫和汞在常温下能直接反应

$$Hg + S = HgS$$

因此实验室或使用汞的生产中，常用硫粉来处理散落的汞滴。

（2）与非金属反应　硫与氧化性强的非金属单质反应时表现其还原性；与还原性强的非金属反应时表现其氧化性。

硫在空气中燃烧，发出淡蓝色火焰，生成二氧化硫，并放出大量的热

$$S + O_2 \xlongequal{点燃} SO_2$$

二氧化硫是无色有毒的气体，具有窒息性臭味，是大气中的主要污染物。我国环境保护法规定，空气中二氧化硫的含量不得超过 $2 \times 10^{-5} g \cdot L^{-1}$。

SO_2 具有漂白作用，主要用于漂白纸浆、毛、丝、草帽辫等。因其有毒所以严禁用于漂白食物。

二氧化硫在催化剂存在时能被氧气氧化为三氧化硫，这是工业上生产硫酸的基础

$$2SO_2 + O_2 \xlongequal[400 \sim 500℃]{催化剂} 2SO_3$$

硫的蒸气可与氢气直接化合生成硫化氢气体

$$S + H_2 \xlongequal{\triangle} H_2S$$

硫化氢也是一种无色有毒气体，有蛋类腐败的恶臭味。空气中有 0.1%（体积分数）的硫化氢就会使人感到头痛、恶心。吸入较多，会使人昏迷甚至死亡。工业生产中规定，空气中硫化氢的含量不得超过 $10^{-5} g \cdot L^{-1}$。

硫化氢具有较强的还原性，能与 O_2、SO_2 反应

$$2H_2S + 3O_2 \xlongequal{点燃} 2SO_2 + 2H_2O$$

$$2H_2S + SO_2 \xlongequal{} 2H_2O + 3S\downarrow$$

工业上利用上述反应，从含有少量硫化氢的废气中回收硫，减少大气污染。

3. 硫的用途　硫的用途很广，工业上用来生产硫酸、硫化橡胶、黑火药、火柴及硫化氢等。农业上用来制作杀虫剂，医药上用硫磺软膏治疗皮肤病。

四、氮

元素周期表ⅤA 中 N、P、As（砷）、Sb（锑）、Bi（铋）统称氮族元素，其

中氮是最重要的非金属元素。自然界中氮主要以单质存在于空气中，体积约占空气的78%。氮元素也以化合态存在于许多无机物（如硝酸盐、铵盐、氮的氧化物等）和有机物（如蛋白质）中。

1. 物理性质 纯净的氮气无色、无味、无毒、微溶于水。

2. 化学性质 氮是活泼的非金属元素，其非金属性与氧相似。但氮分子中有三个共价键，键能高达946kJ · mol^{-1}。因此，氮气不活泼（俗称惰性气体），很难与其它物质发生化学反应，只有在特定条件下才能与氢气、氧气以及一些活泼金属反应。

（1）与氢气反应　在高温、高压有催化剂的条件下，氮气与氢气直接化合生成氨

$$N_2 + 3H_2 \xlongequal[\text{催化剂}]{\text{高温高压}} 2NH_3$$

工业上合成氨就是利用此反应原理。氨气无色，有强烈的刺激性气味，极易溶于水，常温下1体积水能溶解700体积的氨气。

氨气在催化剂存在时能被O_2氧化为NO

$$4NH_3 + 5O_2 \xlongequal[\text{催化剂}]{\triangle} 4NO + 6H_2O$$

这是工业上生产硝酸的基础。

（2）与氧气反应　在放电条件下，氮气和氧气直接化合，生成无色的一氧化氮

$$N_2 + O_2 \xlongequal{\text{放电}} 2NO$$

雷雨时，大气中常有NO生成（雷雨一年带给大地的氮约为4亿t化肥），一氧化氮不稳定，很快被氧化成红棕色的二氧化氮

$$2NO + O_2 = 2NO_2$$

二氧化氮有毒，易溶于水生成硝酸。一氧化氮和二氧化氮都是大气污染物。城市中，它主要来源于汽车尾气，所以治理汽车尾气是当前保护环境的重要任务。

（3）与金属反应　在高温时，氮气能和镁、钙、锶、钡等金属化合生成金属氮化物。例如，镁在空气中燃烧除生成氧化镁外，尚有微量的氮化镁生成

$$N_2 + 3Mg \xlongequal{\text{点燃}} Mg_3N_2$$

3. 氮气的用途 氮气主要用于合成氨，生产硝酸、化肥、炸药。由于氮气的化学性质特别稳定，常用来代替稀有气体填充灯泡和作金属热加工时的保护气、粮食水果的保鲜剂。液氮在医学上用来保存活性器官，在工业上用作仪器或机件深度冷处理的冷冻剂以及现代超导技术。

五、碳

元素周期表ⅣA 中 C、Si、Ge（锗）、Sn、Pb 统称碳族元素。碳在自然界中分布很广，主要以化合物存在于碳酸盐、煤、石油、天然气和动植物中。以游离态存在的主要有金刚石、石墨、无定形碳和球碳。

1. 金刚石 正四面体结构的原子晶体，透明而闪光，是迄今所知最坚硬的单质。金刚石化学性质不活泼。价格昂贵，常用作首饰、钻头、刃具和耐磨耐高温材料。

2. 石墨 灰黑色不透明晶体，层状结构，质软、润滑而无光泽，能导电，化学性质比金刚石稍活泼。主要用作铅笔芯、固体润滑剂、导电材料和耐高温材料。

3. 无定形碳 木炭、骨炭、焦炭都是无定形碳。它们往往含有杂质，是一种不纯的碳单质。若经活化处理，可制成活性炭，活性炭有巨大的表面积，吸附能力很强，在工业上广泛用作吸附剂。如用它净化空气、提纯物质、脱色和去臭等等。焦炭和木炭还用于冶金。

4. 球碳（C_{60}） C_{60}是 1985 年发现的一种碳的同素异形体，其分子由 60 个碳原子组成，结构呈空心笼状，由 20 个正六边形和 12 个正五边形构成 32 面体，60 个顶点分布着 60 个碳原子，形状酷似足球或美国建筑师巴克明斯特·福勒于 20 世纪设计发明的多面体窟窿建筑（见图 5-1），故被取名为福勒烯或“球碳”，以后又相继发现了 C_{44}、C_{50}、C_{76}、C_{84}、C_{90} 等纯碳组成的分子，它们均属于福勒烯家族。准确地说 C_{60}应称为富勒烯－60。

利用物理或化学方法可在球碳笼内“植入”其它原子，或在笼外“嫁接”别的原子或原子团，形成各类衍生物。例如把钾、铷、铯金属嵌入 C_{60}分子之间的空隙可得到超导体。如 K_3C_{60} 即为超导体，而且 C_{60}系列超导体具有很高的超导临界温度和完美的三维超导性，电流密度大，稳定性高，易于展成线材等优点，是一类极具价值的新型超导材料。

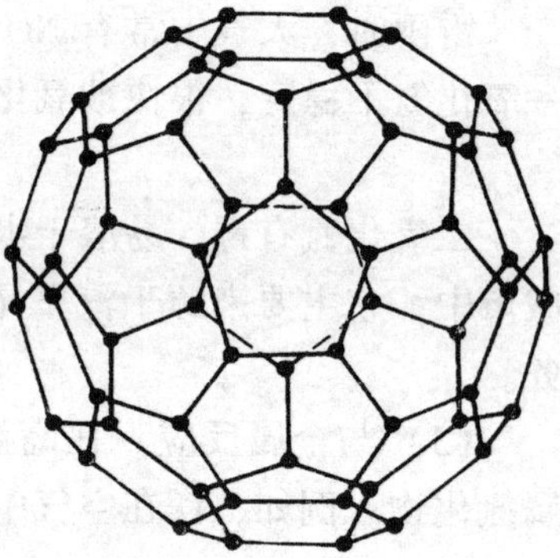

图 5-1　C_{60}示意图

在 C_{60}的甲苯溶液中加入过量的强供电子有机物四（二甲氨基）乙烯（TDAE），得到 $C_{60}(TDAE)_{0.86}$的黑色微晶沉淀，它是一种不含金属的有机铁磁体。以廉价的碳材料制成磁铁替代价格昂贵的金唆磁铁具有非常重要的意义。

化学合成得到的 $C_{60}F_{60}$俗称“特福隆”，是一种白色粉末，可作为超级耐高温（约970K）润滑剂；如果将锂注入 C_{60} 笼内，形成的 C_{60}（Li）可制造高效锂电池。球碳内植入稀土元素铕可形成新型稀土发光材料等等。

六、硅

硅在地壳中的含量仅次于氧，居第二位，在自然界它以 SiO_2 和硅酸盐形式存在。常见的沙子、水晶、玛瑙，其主要成分都是 SiO_2。硅的单质有无定形和晶体两种形态。晶体硅属原子晶体，具有类似金刚石的结构，熔点1427℃。工业上用碳在电炉内高温还原石英砂制取粗硅（95%～98%）。

$$SiO_2 + 2C \xlongequal{3000℃} Si\text{（粗）} + 2CO\uparrow$$

由粗硅制取硅方法很多，例如

$$Si\text{（粗）} + 2Cl_2 \xlongequal{450\sim500℃} SiCl_4\ (l)$$

用精馏方法将 $SiCl_4$ 提纯后再用 H_2 还原

$$SiCl_4 + 2H_2 \xlongequal[\text{钼丝}]{\triangle} Si\text{（纯）} + 4HCl$$

高纯晶体硅是良好的半导体材料，可用于制晶体管、整流器、太阳能电池等。硅的合金用途也很广泛，如硅铁合金可作为炼钢的脱氧剂。含 Si 量4%的钢具有导磁性，可用于制作电机和变压器中的铁心。含 Si 量15%左右的钢具有耐酸性，常用于制造耐酸设备。

第二节　常用的酸

酸是重要的无机化合物，种类很多，用途很广，本节主要介绍常用的盐酸、氢氟酸、硫酸和硝酸。

一、盐酸

市售浓盐酸的质量分数约为37%，密度 $1.19g\cdot cm^{-3}$。盐酸用途很广，如钢铁制品在电镀或磷化前的酸洗除锈

$$Fe_2O_3 + 6HCl = 2FeCl_3 + 3H_2O$$

供热、供水系统水垢的清除，以及化工、电力、食品、医药、制革等工业生产中都广泛使用盐酸。

二、氢氟酸

氟化钙（俗名萤石）与浓硫酸在铅皿中反应可制得氟化氢

$$CaF_2 + H_2SO_4\text{（浓）} = CaSO_4 + 2HF\uparrow$$

用水吸收氟化氢即得氢氟酸。

氢氟酸是无色液体，在空气中发烟，有强烈的腐蚀性和毒性。需储存于铅制或塑料制容器中。氢氟酸是一种弱酸，其独特之处是它能与二氧化硅或硅酸盐反应生成气态的四氟化硅

$$SiO_2 + 4HF = SiF_4\uparrow + 2H_2O$$

$$CaSiO_3 + 6HF = CaF_2 + SiF_4\uparrow + 3H_2O$$

利用这一特性可蚀刻玻璃和瓷器；测定矿物或钢材中二氧化硅或硅的含量；在半导体和集成电路生产中，清洗硅片表面的残存物等。

三、硫酸

纯净的硫酸是无色油状液体。市售浓硫酸的质量分数为98%，密度为$1.84g\cdot cm^{-3}$，沸点338℃，是一种难挥发的强酸。

浓硫酸除具有强烈的吸水性和脱水性之外，还具有强氧化性。例如，常温时，浓硫酸可与铁、铝等反应，使其表面生成一层致密的氧化膜，阻止硫酸与内部金属继续反应，这种现象叫做金属的钝化。因此，常温时可用铁或铝制容器盛放浓硫酸。在受热时，浓硫酸还能与活泼性弱的金属发生氧化还原反应。

演示5-4 在试管里放入一小块铜片，注入少量浓硫酸加热，观察试管里发生的变化。将湿润的蓝色石蕊试纸放在试管口，检验放出的气体，观察试纸颜色的变化。冷却后将试管里的溶液倒入盛有少量水的另一只试管里，观察溶液的颜色。

可看到加热时铜片被溶解并放出有刺激性气味的气体，这种气体能使湿润的蓝色石蕊试纸变为红色，说明反应生成的是SO_2气体。试管里的溶液经稀释后变为蓝色，说明有硫酸铜生成，其反应方程式为

$$Cu + 2H_2SO_4\ (浓) \xlongequal{\triangle} CuSO_4 + 2H_2O + SO_2\uparrow$$

加热时浓硫酸还能与碳、硫等非金属发生氧化还原反应。例如

$$C + 2H_2SO_4\ (浓) \xlongequal{\triangle} 2H_2O + CO_2\uparrow + 2SO_2\uparrow$$

从以上实例可以看出，浓硫酸与金属、非金属反应时作氧化剂，其本身被还原。

硫酸是重要的化工原料，常用于制造炸药、农药、染料、化肥等，并大量用于石油的精炼，电镀和金属加工工艺中金属表面的清洗去锈。

四、硝酸

纯硝酸是无色、易挥发、有刺激性气味的液体，密度为$1.50g\cdot cm^{-3}$，沸点83℃，凝固点-42℃，能以任何比例与水互溶。通常所用硝酸的质量分数为

69%。98%以上的硝酸在空气中发烟（挥发出的硝酸蒸气遇到空气里的水蒸气形成了硝酸液滴），叫做发烟硝酸。

硝酸是强酸，除具有酸类通性外，还具有不稳定性和强氧化性。

1. 不稳定性 纯硝酸或浓硝酸在常温时见光分解，受热时分解加快

$$4HNO_3 \xlongequal{\text{光或热}} 4NO_2\uparrow + O_2\uparrow + 2H_2O$$

分解放出的二氧化氮溶于硝酸而使之呈黄色。因此，硝酸应盛在棕色瓶子里，放置于阴凉处。

2. 强氧化性 硝酸是强氧化剂。无论浓硝酸还是稀硝酸都具有强氧化性，几乎能与所有金属（金、铂、等除外）和非金属发生氧化还原反应。

演示5-5 在放有小铜片的两支试管里分别加入少量浓硝酸和稀硝酸，观察现象。

浓硝酸与铜反应激烈，有红棕色气体生成；稀硝酸与铜反应缓慢，有无色气体生成，但在试管口变为红棕色

$$Cu + 4HNO_3\text{（浓）} = Cu(NO_3)_2 + 2NO_2\uparrow + 2H_2O$$

$$3Cu + 8HNO_3\text{（稀）} = 3Cu(NO_3)_2 + 2NO\uparrow + 4H_2O$$

从演示实验可知，浓硝酸比稀硝酸氧化性更强。常温时浓硝酸也能使铁、铝等金属钝化，稀硝酸则不能。

【练习思考5-3】 实验室中制取少量二氧化氮可采用何种方法？浓硝酸能否用铁、铝等金属容器储存？

硝酸还能和许多非金属（如碳、硫、磷）及有机物（如松节油、锯末等）反应。如

$$4HNO_3\text{（浓）} + C \xlongequal{\triangle} CO_2\uparrow + 4NO_2\uparrow + 2H_2O$$

因此，纸张或纺织品等遇到硝酸会被氧化而受到破坏，许多有色物质遇硝酸后会被氧化褪色。硝酸溅到皮肤上会造成灼伤，所以使用时要特别小心。

硝酸是制造炸药、染料、塑料、硝酸盐和许多化工产品的重要原料。由1体积浓硝酸和3体积浓盐酸混合而成的溶液叫做王水，它能溶解最不活泼的金属金、铂等。

第三节 常用的盐

一、硫酸盐

硫酸盐种类很多，大部分含有结晶水，应用价值很高。

1. 硫酸钙 $CaSO_4\cdot 2H_2O$ 俗称石膏，白色晶体，在自然界中分布很广。把

石膏加热至150～170℃脱去部分结晶水而成熟石膏（$CaSO_4 \cdot H_2O$）。熟石膏加水调成糊状后，会很快凝固，重新变成石膏。利用此性质，石膏常用来制作各种模型；医疗上用它做石膏绷带；水泥生产中用它调节水泥的凝结时间。

2. 硫酸钠　$Na_2SO_4 \cdot 10H_2O$ 俗称芒硝，无色晶体，有苦咸味。用于造纸、玻璃、陶瓷、染料、鞣革等工业，其溶液在医疗上用做泻药。

3. 硫酸钡　天然的白色晶体或粉末状的 $BaSO_4$ 称为重晶石。用于制作白色染料；在造纸和橡胶工业中用作填充剂；医疗上用于消化道的造影检查（钡餐剂）。

4. 硫酸亚铁　$FeSO_4 \cdot 7H_2O$ 俗称绿矾，蓝绿色晶体，有还原性。可用作净水剂、媒染剂、除草剂、食物和饲料添加剂；还用于制作墨水和染料等；医疗上用作补血剂。

5. 硫酸铜　$CaSO_4 \cdot 5H_2O$ 俗称胆矾，蓝色晶体，加热时失去结晶水后呈白色粉末。可用作织物媒染剂、木材防腐剂；工业上用于电解、电镀；农业上用作杀虫剂（配制波尔多液）。

6. 硫酸铝钾　$KAl(SO_4)_2 \cdot 12H_2O$ 俗称明矾、白矾，无色透明晶体，有酸涩味。工业上用作净水剂，造纸填充剂及媒染剂；医药上用作收敛剂；还用于面粉的食品加工等。

二、硝酸盐

硝酸盐多为无色晶体，易溶于水，受热分解放出氧气。硝酸盐在高温时是强氧化剂。

演示5-6　如图5-2 所示，将试管里的硝酸钾加热至熔融，放入一小块红热的木炭，观察现象。

可以看到木炭发出明亮的火焰。这是因为硝酸钾受热分解放出氧气，促使木炭充分燃烧

$$2KNO_3 \xlongequal{\triangle} 2KNO_2 + O_2 \uparrow$$

因此，硝酸盐不能与易燃物混合放置，否则在受热时会猛烈燃烧甚至爆炸。

图5-2　木炭在融化的硝酸钾中燃烧

【练习思考5-4】　黑火药是由硝酸钾、硫磺粉和木炭粉混合制成，试说明这几种成分各起什么作用？

硝酸盐用途很广。例如，硝酸钾、硝酸钠，亚硝酸钾和亚硝酸钠常用于钢铁制件的表面氧化处理（发蓝）。硝酸钾、硝酸钠还用于制火药、炸药、烟花等。硝酸铈用于光学玻璃、原子能、电子工业等。硝酸银用于制药物、照相底片、镀银、制镜、染发等。硝酸铵用于制军用炸药、焰火、火柴、

肥料、冷冻剂等。

三、氯化物

氯化钠除供食用外，还用于制取金属钠、氯气、氢氧化钠等，水处理中用作离子交换树脂的再生。氯化钾、氯化钠、氯化钡化学性质稳定，熔点、沸点较高，常用作金属热加工的加热介质（称作盐浴剂）。氯化锌可做焊药。氯化铝高温时能分解出活性铝原子，渗入钢铁表层可增强耐蚀性，因此被用于渗铝工艺。氯化铁溶液能溶解金属铜，在电子工业中用于制造印制电路。反应如下

$$Cu + 2FeCl_3 = 2FeCl_2 + CuCl_2$$

四、铵盐

常用的铵盐有硫酸铵、氯化铵、硝酸铵等。它们都是白色晶体，易溶于水，受热易分解，遇碱会放出氨气。例如

$$NH_4Cl \xlongequal{\triangle} NH_3\uparrow + HCl\uparrow$$

$$(NH_4)_2SO_4 + 2NaOH = Na_2SO_4 + 2NH_3\uparrow + 2H_2O$$

【练习思考 5-5】 为什么不用单纯加热的方法检验铵盐。

铵盐都可以用做肥料，硝酸铵还可用来制作炸药。氯化铵用于染料工业、焊接及制作干电池，也用作钢铁渗氮的催化剂。

五、金属氟化物

氟化钙是常用的金属氟化物，在自然界以萤石（氟石）形式存在，天然萤石因含微量杂质而略呈黄、灰、绿、紫或无色。萤石极难溶于水，能与热的浓硫酸作用制取氟化氢气体。萤石主要用作冶金工业的助熔剂；化学工业上用于制氢氟酸、氟和氟化物；硅酸盐工业上用于制造乳浊玻璃和搪瓷等；无色的萤石用于制作光学玻璃。

氟化钾是无色晶体，易溶于水。主要用于玻璃、雕刻，食物防腐剂等。

氟化钠是无色发亮的晶体，有时半透明，溶于水呈碱性，用作木材防腐剂、也用于饮用水的氟化处理和生产牙膏。

氟化镁是无色粉状晶体，主要用作冶炼金属镁和制造陶瓷、玻璃的助熔剂。

第四节　硅酸盐及其工业产品

一、硅酸盐

硅酸盐在地壳中分布极广，是构成多种岩石（如花岗岩）、云母、石棉和土

壤的主要成分，种类多且结构复杂，通常用二氧化硅和金属氧化物的形式表示其组成。

1. 硅酸钠 Na_2SiO_3（$Na_2O \cdot SiO_2$）又称泡花碱，其水溶液俗称水玻璃。水玻璃不燃烧、耐腐蚀，可用于纸张上胶、蛋类保鲜、木材和织物的防火处理；建筑上用以调制耐酸砂浆和耐酸混凝土；还用作洗涤剂填料和铸造型砂与纸箱的粘接剂。

2. 云母 属天然硅酸盐类，主要包括白云母、黑云母、金云母等。云母晶体常呈假六方片状，具有玻璃光泽，有弹性。白云母（$K_2O \cdot 3Al_2O_3 \cdot 6SiO_2 \cdot 2H_2O$）和金云母（$1/2K_2O \cdot 3MgO \cdot 1/2Al_2O_3 \cdot 3SiO_2 \cdot H_2O$）有优良的耐热、耐酸、耐碱和电绝缘性，可制成板、带和箔，是高温、高压、潮湿条件下电气绝缘制品的主要材料。云母粉可做橡胶、塑料的填充材料。

二、硅酸盐工业产品

以含硅物质为原料，经高温制成的工业产品叫做硅酸盐工业产品。主要有水泥、玻璃、陶瓷等。

1. 水泥 生产水泥的主要原料是石灰石和粘土。将原料粉碎后按一定比例混合送入窑内煅烧，在1450℃以上高温下煅烧成块，出窑冷却形成颗粒状熟料。储存7～21天后加入2%～6%的石膏（调节水泥硬化时间），磨成细粉即成普通水泥。它的主要成分是硅酸三钙（$3CaO \cdot SiO_2$）、硅酸二钙（$2CaO \cdot SiO_2$）、铝酸三钙（$3CaO \cdot Al_2O_3$）。

水泥具有水硬性。水泥与水拌和后，生成不同的水合物。水合物逐步形成胶状物并开始凝聚，最后，有些胶状物转变成晶体，使胶状物晶体交错地结合起来，成为强度很高的固体，这一过程叫做水泥的硬化。水泥不论在空气中还是在水中都能硬化，所以它不仅是一般的建筑材料，还是水下工程必不可少的建筑材料。

2. 玻璃 普通玻璃是由纯碱、石灰石和石英按一定比例混合加热熔炼而成的。用不同原料，可制得不同性能、不同用途的各种玻璃。常见的玻璃见表5-2。

表5-2 几种常见的玻璃

名　称	主要原料	组　成	用　途
钠玻璃	SiO_2、$CaCO_3$、Na_2CO_3	$Na_2O \cdot CaO \cdot 6SiO_2$	窗玻璃、日用品
钾玻璃	SiO_2、$CaCO_3$、K_2CO_3	$K_2O \cdot CaO \cdot 6SiO_2$	化学仪器
铅玻璃	SiO_2、K_2CO_3、PbO	$K_2O \cdot PbO \cdot 6SiO_2$	光学仪器

在熔制玻璃时，若加入金属氧化物，可制成各种颜色的玻璃。例如，加氧化钴呈蓝色，加氧化镍呈茶色，加氧化铈、氧化亚铜呈红色。普通玻璃因含有二价铁常呈浅绿色。

把普通玻璃放入电炉里加热软化后急速冷却得到钢化玻璃。钢化玻璃的机械强度比普通玻璃高4～6倍，不宜破碎。破碎时碎块没有尖角，不会伤人，常用来制造汽车或火车的车窗等。

玻璃还可以抽成纤维，织成玻璃布或制成玻璃棉。它们的强度很高，电绝缘性和耐热性良好，用于制造高强度绳索，作隔声隔热和电绝缘材料。将玻璃纤维与各种树脂配合可制得新型结构材料——玻璃钢，其强度超过钢，而重量仅为钢的2/3～3/4，广泛用于汽车、火车、飞机、造船和建筑行业。

3. 陶瓷 陶瓷种类很多，广泛用于建筑、化工、电力、机械等工业及日用和装饰等方面。把粘土、长石（$K_2Al_2Si_6O_{16}$）和石英按适当比例混合研成细粉，用水调和均匀并制成坯，干燥后入窑在1200℃煅烧成素瓷。素瓷经上釉，再入窑加热到1400℃左右，控制适当保温时间，就得到不透水、防污染、耐酸碱腐蚀、色泽鲜亮的各种陶瓷制品。这种陶瓷称为传统陶瓷（特种陶瓷见专题5-4）。

选择陶瓷餐具以内壁白色为好。彩瓷虽然好看，但所用色料是含重金属（如铜、钴、锰、镉、铬等）离子的化合物，而助熔剂是含铅的化合物。这些五彩缤纷的彩釉，如果受到酸性食物或饮料的浸泡，里面的铅、镉就会溶出，使用后可能引起不同程度的重金属中毒。刚买回来的陶瓷餐具，最好用4%的食醋浸泡煮沸，去掉大部分的铅毒后再使用。

专题5-1 自来水的消毒

一、加氯消毒

自来水系天然水源水经过处理后，其水质符合国家规定的《生活饮用水卫生标准》的工业产品水，它是城市居民生活饮用水的重要来源或惟一来源。一般城市自来水公司所采用的净水过程为：“混凝—澄清—过滤—加氯杀菌”模式。虽然加氯（液氯、次氯酸钠、漂白粉等）消毒有许多好处，但也存在不少的问题。首先水中的余氯影响水的口感和气味，但若余氯不足，又不能保证自来水的卫生。其次，大量研究证明，氯化消毒（水源中有机物含量较高时）可能产生氯化有机物，而大多数氯化有机物有致癌、致畸、致突变性，其中尤以三卤甲烷（THM）为典型代表。美国、西欧等发达国家从20世纪70年代起已先后逐步过渡到以非氯消毒为主，并在有关饮水卫生标准中加入了THM的限制含量。但由于加氯消毒药效持久，价格低廉，目前世界范围内的水处理工业仍主要采用加氯消毒的方式。

二、二氧化氯消毒

二氧化氯具有强氧化性，能够杀死水中的一切微生物（穿透微生物的细胞，阻碍蛋白质的合成）；能与有异味物质如 H_2S 等发生脱水反应而消除臭味；也能将工业废水中的少量 S^{2-}、SnO_2^-、NO_2^-、CN^- 和酚类物质以及 Fe^{2+}、Mn^{2+}、Ni^{2+} 等氧化降解；而且用量少，作用快，不受水体 pH 的影响，不产生氯化有机物。因而广泛用于饮用水消毒、脱色、除臭和工业循环冷却水灭藻，游泳池水的消毒杀菌。

20 世纪 80 年代初期，美国已有几百个大饮水处理厂使用二氧化氯消毒，欧洲有几千个使用二氧化氯的饮用水处理系统。目前我国上海、重庆、芜湖、海门等城市已将二氧化氯用于饮用水处理。

三、臭氧消毒

臭氧消毒被认为是在水处理过程中替代加氯的一种行之有效的消毒方法。臭氧具有很强的杀菌力，水中病毒可在瞬间失去活性，细菌和病原菌以及游动的壳体幼虫在很短时间内也会被彻底消除。其次臭氧氧化分解有机物的速度快，使消毒后水的致突变性降为最低。据有关资料介绍，臭氧与其它消毒剂比较，从消毒效果看：臭氧 > 二氧化氯 > 氯 > 氯胺。从消毒后水的致突变性看：氯 > 氯胺 > 二氧化氯 > 臭氧。因此国际上已普遍采用臭氧消毒，特别是法国普及率很高。

但臭氧对某些有机物如 DDT、狄氏剂等的氧化无效。单独使用臭氧消毒有利有弊，需视水源水质而定。但如果臭氧与活性炭联用或与其它水处理技术结合，则将利大于弊。

专题 5-2　半导体材料

导电性介于导体和绝缘体之间的物质称为半导体。半导体材料种类有几百种，按化学成分可分为元素半导体，如 Si、Ge、Se、Te、Ga、As 等；化合物半导体，如 GaAs、Cu_2O、SnO_2 和 AlP 等。

半导体有许多可贵的特性。在低温时它的电阻非常大，显示出绝缘体的性质，而在光照或加热时，导电性急剧增加，显示与导体相似的性质。若在半导体中掺入少量杂质，可显著改变它的导电能力。如在纯硅中掺入一亿分之一的硼元素，其导电能力可以增加两万倍以上。显然，这种特性与半导体中的电子结构密切相关。

一、本征（纯净）半导体

以单晶硅为例，硅的最外层有 4 个价电子，在硅晶体中，每个原子分别与相邻的4个原子形成4个共价键，价电子全部被束缚在共价键中不能自由运动。所以，在一般情况下晶体硅的导电性较差。当受到光或热的作用时，晶体中部分价电子得到足够的能量，挣脱束缚成为自由电子，留下的一个空位称为空穴。空穴相当于一个正电荷，吸引相邻的价电子进入填补，从而使空穴产生相对位移。在外电场作用下，空穴会顺着电场的方向作定向运动，形成空穴电流，因此，空穴被称为空穴载流子。另一方面，自由电子逆电场方向运动，形成电流，自由电子被称为电子载流子。温度越高，半导体中产生的自由电子和空穴的数目就越多，因而它的导电能力就大为增强，这就是半导体呈现光敏性和热敏性的内在原因。

二、杂质半导体（N－型、P－型半导体）

常温下本征半导体中只有很少的自由电子和空穴，因此导电能力很小。如果在本征半导体中掺入少量杂质，它的导电能力就会显著增加。

例如，在纯硅晶体（见图5-3a）中掺入ⅢA族元素硼，由于每个硼原子只能提供3个价电子，比硅原子成键所需的价电子数少一个，所以产生了一个空穴(如图5-3b所示)。硼的掺入使半导体中空穴载流子数大大增加，这种半导体，主要靠空穴导电，所以叫空穴半导体，简称P－型半导体。

如果在纯硅晶体中掺入ⅤA族元素磷，由于磷原子可提供5个价电子，替代硅原子形成4个单键后，还过剩1个电子（如图5-3c所示）。这些过剩电子只需很小的能量就可变成自由电子，从而使半导体中自由电子数大大增加，这种半导体主要靠自由电子导电，所以叫电子型半导体，简称N－型半导体。

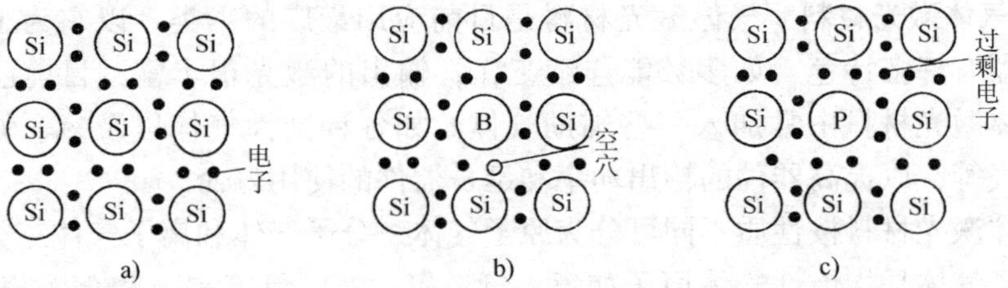

图5-3　P－型半导体和N－型半导体示意图
a）纯硅　b）P－型半导体　c）N－型半导体

三、半导体材料的用途

半导体材料主要用于制造电子仪器、计算机以及各种传感器上的元器件等。例如，制造与电压、温度和光强度有显著关系的压敏电阻、热敏电阻和光敏电阻；制造晶体管、集成电路、硅光电池、光电继电器、热电偶晶体滤波器、激光器、数码管等。因此，半导体材料对自动控制、计算机、光纤通信、信息技术的发展有着重要的意义。

专题 5-3* 激光材料和光导纤维

激光是 20 世纪 60 年代出现的一种新光源，在现有的各类光源中，激光的亮度最高，方向性最好。光导纤维是目前使用的最先进的通信材料。

一、激光材料

目前使用的激光材料主要有固体、气体、半导体等几种类型。

1. 固体激光材料 固体激光材料是晶体或玻璃。分别称为晶体激光材料或玻璃激光材料，常用的有红宝石、钕玻璃和掺钕的钇铝石榴石三种。

红宝石的基本成分是氧化铝，其中掺有 0.05% 氧化铬。红宝石中的发光粒子是三价铬离子，三价铬离子称为激活离子，氧化铝则称为基质。

像红宝石一样，所有的激光材料都可以分为激活离子和基质两部分。激活离子可分三类，第一类属过渡元素，例如铬、锰、钴、镍、钒等；第二类是稀土元素，例如钕、镝、钬、铥、镱、镥、铕、钐、镨等；第三类是放射性元素，例如铀。基质有多种晶体和玻璃。每一种激活离子都有其对应的一种或几种基质材料。例如，铬离子掺入氧化铝晶体中有很好的发光性能，掺入其它晶体或玻璃中发光性能就很差，甚至不会发光。

钕离子能在许多晶体或玻璃中发光，是一种很好的激活离子，钕玻璃和掺钕的钇铝石榴石就是以钕离子为激活离子，以硅酸盐玻璃或钇铝石榴石晶体为基质的激光材料。

2. 气体激光材料 气体激光材料是目前应用最广的一类。以它为工作物质的激光器有许多特色，如多数能连续工作，输出的激光很丰富，目前已达数千种。气体激光材料中常加入一些辅助气体，如各种惰性气体以及氧、氮、水蒸气、空气等，以提高器件的输出功率和延长器件的使用寿命。

气体激光材料按性质不同可分为原子气体、分子气体和离子气体三类。

原子气体是指惰性气体原子如氦、氖、氩、氪、氙等和一些金属蒸气如铜、铅、锰、铯等。以惰性气体为工作物质的激光器输出的波长大部分在红外和远红外，少数在可见光范围。以金属蒸气原子为工作物质的激光器输出的波长大部分在可见光范围。

分子气体激光材料一般是双原子分子和三原子分子，如 CO、N_2、O_2、H_2O（水蒸气）、CO_2 等，其中最突出的是 CO_2。以双原子分子为工作物质的激光器输出的激光波长在紫外和可见光部分。以三原子分子为工作物质的激光器输出的波长在中红外和远红外。以 CO_2 为工作物质的激光器中一般都加入一些辅助气体如 N_2、H_2 和 H_2O（水蒸气）等，可提高激光器的输出功率。

离子激光材料是惰性气体的离子和金属蒸气的离子如氩、氪、氙离子和镉、汞离子等，最典型的是氩离子。以离子气体为工作物质的激光器输出的波长范围大多数是在紫外和可见光范围，很有应用价值。

3. 半导体激光材料 现已使用的半导体激光材料有砷化镓、锑化铟、硫化镉等。其中砷化镓是目前应用较广的一种。

4. 激光的应用

(1) 激光加工：激光具有能量高度集中的特点，其功率密度可达 10^9kW/m^2 以上。当功率密度为 10^6 ~ 10^7kW/m^2 时，能使各种材料包括各种硬质难熔金属和非金属熔化或汽化，因此激光广泛用于打孔、焊接和切割等工业加工。与机械加工相比，激光加工有速度快、质量好、装置简单、操作方便等优点，还能加工某些用机械方法不能加工的工件。例如金刚石是最硬的材料，一般的材料无法对其加工，而激光可以加工金刚石。

(2) 激光通信和激光电视：光通信比无线电通信的路数多，这是因为光波的频率（1 亿 MHz 左右）比无线电波的频率（例如中波约为 1000kHz）要高得多。

在普通电视中，传递的电视图像显示在显像管的屏幕上，而在激光电视中，图像可以通过激光显示器显示在电影屏幕上。由于激光显示不需要在真空条件下，显示图像的屏幕可以摆在大气空间，这样，电视的图像可以放得很大，面积可达 4m×3m，使看电视像看电影一样。此外，由于激光的单色性好，只要用三种波长作为基色（红、绿、蓝）组合起来，就成了彩色电视。

(3) 激光雷达：雷达是一种活动的测距仪，它是根据光束往返的时间、强弱程度、频率变化等参数来确定目标的距离和运动速度的。雷达的极限分辨率取决于波长，由于激光的波长比无线电波短得多，所以，激光雷达的分辨率和测量精度比无线电雷达高得多。

激光还可用于精密计量、全息照相等方面。在医学上可用激光束作外科手术刀，这种光刀能烧灼伤口，从而阻止血液流失。在热核聚变上，利用激光可产生高温、高密度等离子体。在科学研究上，激光也有广泛的应用，它不仅使光学获得了迅速发展，而且已深入到力学、化学、天文学、电子学等领域中，引起许多重大的变革。

二、光导纤维

从高纯度的二氧化硅或石英玻璃熔融体中，拉出直径约 100μm 的细丝可作为光导纤维。

光导纤维一般由两层组成，里面一层称内芯，直径为几十微米，折射率较高；外面一层称包层，折射率较低。从光导纤维一端入射的光线，经内芯反复折射而传到末端，由于两层折射率的不同，使进入内芯的光始终保持在内芯中传输。光的传输距离与光导纤维的光损耗大小有关，光损耗小，传输距离就长。如果光导纤维的光损耗为 0.15dB·km^{-1}，传输的距离可达 500km；如果光损耗降低到 10^{-4}dB·km^{-1}时，可传输 2500km。因此光导纤维制作的关键在于材料的纯度。

在实际使用时，常把千百根光导纤维组合在一起并加以增强处理，制成光缆，这样既增强了光导纤维的强度，又增大了通信容量。用光缆代替通信电缆，可节省大量有色金属，每公里可节省铜 1.1t、铅 2～3t。光缆有质量轻、体积小、结构紧密、绝缘性能好、寿命长、输送距离长、保密性好、成本低等优点。光纤通信与数字技术及计算机结合起来，可以用于传送电话、图像、数据、控制电子设备和智能终端等，起到部分取代通信卫星的作用。

光损耗大的光导纤维特别适合制作各种人体内窥镜（如胃镜、膀胱镜、直肠镜、子宫镜等），为诊断一些疾病提供了更直接的手段。

专题 5-4* 特种陶瓷

特种陶瓷也叫精细陶瓷，其化学组成已远远超出了硅酸盐的范围。例如，透明的氧化铝陶瓷、耐高温的二氧化锆陶瓷、高熔点的氮化硅（Si_3N_4）和碳化硅陶瓷等。

当前，在新材料的研究领域，功能各异的特种陶瓷新品种不断问世，如超硬陶瓷、高温结构陶瓷、电子陶瓷、磁性陶瓷、光学陶瓷、超导陶瓷和生物陶瓷等，下面简要介绍几种。

一、高温结构陶瓷

汽车发动机一般用铸铁铸造，耐热性低。需用冷却水冷却，热能损失严重（热效率只有 30% 左右）。如果用高温结构陶瓷制造发动机，其工作温度可稳定在 1300℃左右，燃料充分燃烧而又不用水冷系统，使热效率大幅度提高。另外用陶瓷材料作发动机还可减轻质量，这对航天航空事业更有吸引力，用高温结构陶瓷取代高温合金来制造飞机上的涡轮发动机其效果会更好。

目前已有许多国家的大型汽车公司试制无冷却式发动机。我国也在 1990 年进行了试制和试车。陶瓷发动机的材料选用氮化硅，它的机械强度高、硬度高、热膨胀系数低、导热性好、化学稳定性高，是很好的高温陶瓷材料。氮化硅可用多种方法合成，工业上普遍采用高纯硅与纯氮在 1300℃（1573K）反应后获得

$$3Si + 2N_2 \xlongequal{1573K} Si_3N_4$$

也可用化学沉积法，使 $SiCl_4$ 和 N_2 在 H_2 气氛保护下反应，产物沉积在石墨基体上，形成一层致密的氮化硅层。此法得到的氮化硅纯度较高，其反应如下

$$3SiCl_4 + 2N_2 + 6H_2 = Si_3N_4 + 12HCl$$

高温结构陶瓷除了氮化硅外，还有碳化硅、二氧化锆、氧化铝等。

二、生物陶瓷

人体器官和组成由于种种原因需要修复或再造时，选用的材料要求生物相容性好，对基体无免疫排异反应；血液相容性好，无溶血、凝血反应；不会引起代谢作用异常现象；对人体无毒。目前已发展起来的生物合金、生物高分子和生物陶瓷基本上能满足这些要求。但在使用时，植入体内的人工器官还要经受体内长期复杂的生理环境的考验。生物合金在常温时非常稳定，但把它植入体内做人工关节，三五年后就会出现腐蚀斑。有机高分子材料作成的人工器官容易老化。相比之下，生物陶瓷是惰性材料，耐腐蚀，更适合植入体内。

氧化铝陶瓷制成的假牙与天然牙齿十分接近，它还可以做各种人工关节。二氧化锆陶瓷的强度、断裂韧度和耐磨性比氧化铝好，也可用于制造牙根、骨和股关节等。

陶瓷材料最大的弱点是性脆，韧性不足。陶瓷材料要在生物工程中占有地位，必须解决这个问题。

三、金属陶瓷

金属陶瓷是由一种或多种陶瓷与金属或合金烧结而成的一种复合材料，它兼有金属的高韧性和可塑性，以及陶瓷的耐高温、耐磨、抗氧化、耐腐蚀等优点。

金属陶瓷可按其基质陶瓷的种类分为：氧化物金属陶瓷（如 Al_2O_3、ZrO_2 等）、碳化物金属陶瓷（如 ZrC、B_4C、SiC 等）、硼化物金属陶瓷（如 TiB_2、CrB_2 等）、氮化物金属陶瓷（TiN、TaN 等）、硅化物金属陶瓷（如 $TiSi_2$、WSi_2 等）。而与之复合的金属常有 Co、Ni、Cr、Fe、Mo、Nb 等。

目前使用最广的金属陶瓷有 $Cr-Al_2O_3$ 系和 $W-Cr-Al_2O_3$ 系。用于制作汽轮机叶片、火箭喷嘴、熔炼铜的注入管、流量调节阀、热电偶保护管、炉膛等。

四、超导陶瓷

超导陶瓷是在金属超导材料和合金超导材料的基础上发展起来的，因为金属超导材料和合金超导材料转变温度都很低，在 0.4～23.2K 之间。而低温超导材料要用液氦作制冷剂才能呈现超导态，在应用上受到限制。人们迫切希望找到高温超导体，在徘徊了几十年后，终于在 1986 年有了突破。瑞士 Bedeorz 和 Muller 发现他们研制的 La－Ba－CuO 混合金属氧化物具有超导电性，转变温度为 35K。接着中、美科学家发现 Y－Ba－CuO 混合金属氧化物在 90K 具有超导电性，这类超导氧化物的转变温度已高于液氮温度（77K），高温超导材料研究获得了重大进展。一连串激动人心的发现在世界上掀起了“超导热”。目前新的超导氧化物系列还在不断涌现，如 Bi – Sr – Ca – CuO，Tl – Ba – Ca – CuO 等，它们的超导转变温度超过了 120K。高温超导材料研究方兴未艾，人们殷切地期待着室温超导材料的出现。

阅读材料　诺贝尔

诺贝尔这一名字在世界上几乎是家喻户晓，这不仅因为他在化学化工发展史上作出了杰出贡献，更重要的是他为了促进科学的发展而设置了世界瞩目的诺贝尔科学奖。

诺贝尔 1833 年 10 月 21 日出生在瑞典首都斯德哥尔摩，父亲是一位颇有才干的机械师、发明家。但由于经营不善，加之一场火灾使他的家庭陷入穷困潦倒的境地。诺贝尔的两个哥哥曾像安徒生童话里卖火柴的小女孩一样，站在街头巷尾卖火柴以帮助维持家庭生计。诺贝尔从小体弱多病，8 岁才上学，只读了一年书。没有学历的诺贝尔是靠刻苦、持久的自学和参加实践才逐步成长为科学家和发明家的。据不完全统计，他一生共获得专利 355 项，其中有关炸药的约 127 项。

1864 年诺贝尔完成了他的第一项重大发明硝化甘油炸药。硝化甘油早在 1846 年就被意大利化学家索布雷诺在实验室中制得，它具有强烈的爆炸性，而且非常敏感，受到震动就会发生爆炸。索布雷诺没有找到安全使用硝化甘油的方法，仅把它用作治疗头晕和心脏病的药物。其它化学家也都不敢碰它。诺贝尔则冒着极大的风险去研究它。1864 年 9 月 3 日，试验中发生了硝化甘油的爆炸，实验室被炸成一片废墟，诺贝尔的五位助手，包括他的幼弟埃米尔被当场夺去了生命，父亲也因受打击而中风。因当时不在实验室幸免于难的诺贝尔，没有在挫折和不幸中动摇，他以不屈不挠的勇气，把试验设备搬到郊外马拉湖中一艘平底船上继续研究。经过 100 多次的试验，他终于发明了解决炸药引爆的雷汞管。这一发明是爆炸科学中的一次重大突破。此后他又研究出被称为黄色炸药的安全炸药，新型的胶质炸药，混合无烟炸药等等。

诺贝尔一生勤奋，他把自己的全部精力献给了科学事业，终身未娶。诺贝尔的形象更高大、更令人崇敬的原因不仅仅因为他是一个有成就的科学发明家，一个能干的企业家，一个百万富翁，而在于他有一个伟大的胸怀。他与许多富豪不一样，一贯视金钱如粪土。他将母亲去世留给他的遗产全部捐献给瑞典的慈善事业，仅留下慈母的照片作为纪念。他曾经说：“金钱这种东西，只要能够解决个人的生活就行，若是过多了，它会成为遏制人类才能的祸害。对于有儿女的人，如果除去留下必需的教育费用外，再传给很多的财产，我认为那是错误的，这样只能鼓励懒惰，使他不能发展个人的独立生活能力和才干。”

正是依照这一思想，他留下遗嘱，将其全部财产作为一种基金，以其利息分设物理、化学、生物和医学、文学、和平事业五种奖金（1968 年又增设经济学奖金)。历史的事实证明，这五项奖的确在科学发展中和维护世界和平的事业上发挥了重要作用。

1896年12月10日，诺贝尔因心脏病猝发与世长辞。1901年开始，每年在诺贝尔的逝世日颁发各项诺贝尔奖，他的名字和诺贝尔奖一样永远留存在人们的心中。

本章小结

一、非金属单质

本章重点介绍的非金属单质 Cl_2、S、N_2、C、Si 中，常温常压下以气态存在的是 Cl_2、N_2；以固态存在的是 S、C、Si。其中 Cl_2 氧化性最强，N_2 最稳定；晶体硅和金刚石是原子晶体，晶体硅是半导体材料，金刚石的硬度最大，常作耐磨材料。

二、常用的酸

盐酸、氢氟酸、硫酸、硝酸中除氢氟酸外都是强酸。浓硫酸和硝酸还具有强氧化性，常温时可使铝、铁等金属钝化。氢氟酸能与二氧化硅或硅反应，常用于刻画玻璃。

三、常用的盐

硫酸盐、硝酸盐、铵盐、氯化物和氟化物都是重要的盐，其中活泼金属氯化物的熔、沸点高，热稳定性好，可做金属热处理的加热介质。硝酸盐不稳定，易分解，高温时有强氧化性。铵盐不稳定，受热易分解放出氨气。

四、二氧化硅和硅酸盐

天然的二氧化硅有晶体和无定形两种，其中最重要的有石英。常用的硅酸盐主要有硅酸钠和云母。硅酸盐工业产品中，主要有玻璃、水泥和陶瓷。

习　题

1. 写出下列转变过程中的化学方程式：

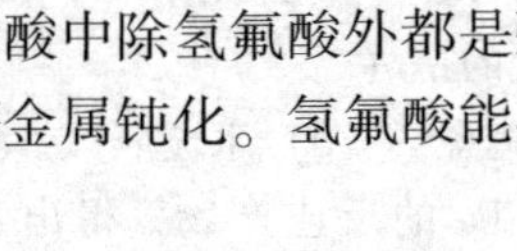

2. 在273.15K，1.013×10^5Pa时，112L氯气在充足的氢气中燃烧，将生成的HCl气体通入水中，配制成2L溶液，计算所得溶液的物质的量浓度。

3. 漂白粉的有效成分是什么？漂白粉在空气中是否会失效？写出有关的化学反应方程式。

4. 硫的常见化合价有 −2、0、+4、+6 价，硫和二氧化硫中的硫都处于中间价态，因此它们既具有氧化性又具有还原性，试举例说明，并写出化学反应方程式。

5. 某厂每天要烧掉含硫 1.6% 的煤 100t，计算每年（365 天）共排放 SO_2 多少吨？SO_2 会对大气造成污染，如果把这些 SO_2 回收利用，计算每年可生产 95% 的浓硫酸多少吨？

6. 写出下列变化的化学反应方程式：

$$N_2 \rightarrow NH_3 \rightarrow NO \rightarrow NO_2 \rightarrow HNO_3 \rightarrow Cu(NO_3)_2$$

7. 稀硫酸和浓硫酸与金属反应时，都是氧化剂。两者有何不同？

8. 107g NH_4Cl 与过量的碱反应，生成的氨气完全溶解于水配制成 500mL 溶液，求溶液的物质的量浓度。

9. 用化学方法证明 $(NH_4)_2SO_4$ 既是铵盐又是硫酸盐？

10. 选择正确的答案：

（1）常温时可用铁或铝制容器盛装的溶液是(　　)

a）硫酸铜溶液　　b）稀硫酸　　c）浓硫酸　　d）浓硝酸

（2）H_3PO_4、H_2SO_4、$HClO_4$、H_2CO_3 酸性由强到弱的顺序是(　　)

a）$HClO_4$、H_2SO_4、H_3PO_4、H_2CO_3　　b）H_3PO_4、H_2SO_4、$HClO_4$、H_2CO_3

c）H_2CO_3、H_3PO_4、H_2SO_4、$HClO_4$　　d）H_2SO_4、$HClO_4$、H_3PO_4、H_2CO_3

（3）下列物质加入到品红溶液中，不能使其褪色的是(　　)

a）HNO_3　　b）CO_2　　c）SO_2　　d）Cl_2

（4）下列物质中不属于硅酸盐的是（　　）

a）硅石　　b）水泥　　c）陶瓷　　d）水玻璃　　e）水晶　　f）硅藻土

（5）分析 Cl_2、O_2、S 分别与 Fe 的反应产物，得出它们的氧化性由强到弱的顺序是（　　）

a）Cl_2、O_2、S　　b）O_2、Cl_2、S　　c）S、Cl_2、O_2　　d）O_2、S、Cl_2

11. 写出下列变化的化学反应方程式：

$$SiO_2 \rightarrow Si \rightarrow SiCl_4 \rightarrow Si$$

12. 制取 HF 和 HCl 可用浓硫酸分别与 CaF_2 和 NaCl 反应，制取 HBr 和 HI 是否也能用浓硫酸与相应的卤化物反应？

13. 解释下列事实：

（1）实验室中不能长期保存 H_2S、Na_2S 和 Na_2SO_3 溶液。

（2）不能用硝酸或浓硫酸与 FeS 作用制取 H_2S 气体。

（3）不能在烧瓶中用 NaF 与浓硫酸反应制取 HF 气体。

（4）硝酸保存在棕色玻璃瓶内。

14. 为什么要用高纯晶体硅制作计算机“芯片”？试从它的功能加以解释。

15. 碳有几种同素异形体？简述 C_{60} 的结构特征及应用前景。

16. 活性炭和硅胶为什么都有强吸附作用？将哪些物质放入电冰箱可起除臭、杀菌作用？

17. 用花岗岩（主要成分是石英）构筑的池子能否贮存酸液和碱液？为什么？

18*. 半导体的导电性能与金属有何显著区别？什么是 N－型半导体？什么是 P－型半导体？

19*. 激光技术的重要用途有哪些？

20*. 试举出几种特种陶瓷的主要性能和用途。

第六章　金　属

○ 金属的晶体结构和性质有何特点?

○ 铝、铁等常用金属的重要性质和用途?

○ 金属为什么会被腐蚀及怎样保护金属?

人类已经发现的112种元素中，除16种非金属和6种稀有气体外，其余都是金属元素。金属在经济建设和日常生活中应用十分广泛。我们必须了解金属的主要性质，以便合理选择和使用金属材料。

第一节　金属概述

金属的分类方法很多。按金属的光泽可把铁、锰及其合金（主要是铁碳合金——钢铁）称为黑色金属，其它金属称为有色金属；按密度大小可将密度大于$5g \cdot cm^{-3}$的称为重金属，小于$5g \cdot cm^{-3}$的称为轻金属；也可将金属分为常见金属和稀有金属。

一、金属键

金属（除汞外）在常温下都是固体。金属结构可看作是金属原子释放出价电子后，形成的阳离子按一定规律堆积而成的晶体。金属原子释放出的价电子在整个晶体中自由运动，故称它们为自由电子。自由电子与金属阳离子之间有较强的作用力，从而使金属阳离子相互联结在一起。这种依靠自由电子的运动，使金属阳离子结合在一起的化学键叫做金属键。也可以把金属键看作是许多原子共用许多电子的一种特殊形式的共价键。

金属中的自由电子，不专属于某个特定的金属原子，而是为许多阳离子所共有，它们几乎均匀地分布在整个晶体中。

金属单质的化学式通常用元素符号来表示，如Fe、Cu等。这说明金属单质中只有一种元素。

二、金属的物理性质

金属有特殊的光泽、易传热导电，一般都有良好的机械加工性能。这些都与金属中存在自由电子有关。

1. 光泽 金属晶体中的自由电子易吸收可见光，使金属具有不透明性；当电子吸收能量被激发到较高能级再回到低能级时，可以放射出一定波长的光，因而金属具有光泽。如铜、金和铋分别显紫、黄和淡红色，其它大多数金属都显深浅不同的银白色或银灰色。

2. 传热导电 在外电场作用下，金属晶体中的自由电子作定向运动而形成电流，这是金属能导电的本质原因。金属能够传热则是由于运动的电子不断与金属阳离子碰撞，进行能量交换，从而使整块金属温度趋于一致。部分金属的导电性、传热性的相对强弱如图 6-1 所示。

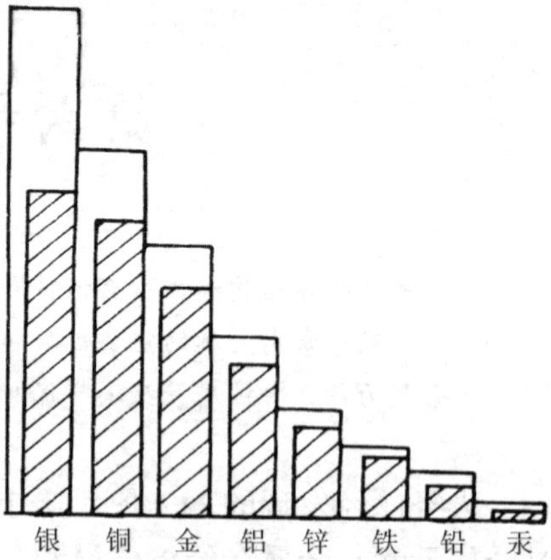

图 6-1 部分金属的导电性（斜线部分）和传热性（空白柱体）比较

【练习思考 6-1】 金属的电阻是怎样产生的？电阻的大小与金属的温度有何关系？为什么？

3. 延展性 在外力作用下，金属晶体各层离子能发生相对滑动而不破坏金属键（如图 6-2 所示）。所以，金属可被锻打成型，压成薄片或拉成细丝，显示其优良的机械加工性能。金属的延展性，大都随温度的升高而增大。因此，金属的锻造、拉轧等工艺往往在炽热时进行。

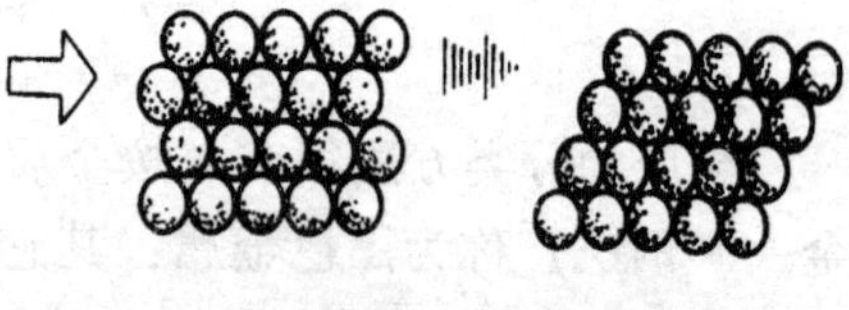

图 6-2 金属延展性示意图

三、金属的化学性质

金属元素的原子最外层电子数较少，而原子半径相对较大，在化学反应中，一般容易失去外层电子而表现出还原性。例如：大多数金属容易与氧、硫、卤素等非金属化合；活泼金属能置换水中或某些酸中的氢。各种金属还原性的强弱，与金属活动顺序一致。

ⅠA、ⅡA 族金属具有很强的还原性，与活泼非金属反应时，通常形成离子键。过渡金属的还原性一般较弱，与非金属反应时难以形成典型的离子键。位于ⅢA～ⅥA 族的金属，许多具有两性，在和非金属反应时，形成的化学键往往具有共价性。

四、金属的存在和冶炼

1. 金属的存在 金属在自然界中的存在状态和金属的化学性质密切相关（见表 6-1）。金、铂等少数金属以游离态存在于自然界，其它大多数金属都以化合态存在于矿石中。

重要的氧化物矿石有：赤铁矿（Fe_2O_3）、磁铁矿（Fe_3O_4）、软锰矿（MnO_2）等。

重要的硫化物矿石有：方铅矿（PbS）、辉铜矿（Cu_2S）、辰砂（HgS）等。

重要的碳酸盐矿石有：石灰石（$CaCO_3$）、菱铁矿（$FeCO_3$）、菱镁矿（$MgCO_3$）等。

表 6-1　金属化学性质和金属活动顺序的关系

<table>
<tr><td>金属活动顺序</td><td>K</td><td>Ba</td><td>Ca</td><td>Na</td><td>Mg</td><td>Al</td><td>Mn</td><td>Zn</td><td>Cr</td><td>Fe</td><td>Ni</td><td>Sn</td><td>Pb</td><td>H</td><td>Cu</td><td>Hg</td><td>Ag</td><td>Pt</td><td>Au</td></tr>
<tr><td>原子失去电子能力</td><td colspan="19">渐弱 →</td></tr>
<tr><td>离子获得电子能力</td><td colspan="19">渐强 →</td></tr>
<tr><td>在空气中与氧的作用</td><td colspan="4">易氧化</td><td colspan="9">常温时能被氧化</td><td>—</td><td colspan="2">加热时能被氧化</td><td colspan="3">不能被氧化</td></tr>
<tr><td>和水作用</td><td colspan="4">常温时能置换水中氢</td><td colspan="9">加热时能置换水中氢</td><td>—</td><td colspan="5">不能置换水中的氢</td></tr>
<tr><td>和酸作用</td><td colspan="13">能置换盐酸或稀 H_2SO_4 中的氢</td><td>—</td><td colspan="5">不能置换稀酸中的氢</td></tr>
<tr><td>自然界中存在状态</td><td colspan="13">仅呈化合态</td><td>—</td><td colspan="3">呈化合态和游离态</td><td colspan="2" rowspan="2">呈游离态</td></tr>
<tr><td>从矿石中提炼金属的一般方法</td><td colspan="6">电解熔融化合物</td><td colspan="9">用碳还原或铝热法</td><td colspan="2">加热或其它方法</td></tr>
</table>

2. 金属的冶炼　金属冶炼是由矿石中制取金属的过程。其实质是金属离子获得电子从化合物中被还原出来。金属的化学活泼性不同，其离子获得电子的难易程度也不同，相应的金属有各种不同的冶炼方法。

（1）热分解法　金属活动性在铜以后的不活泼金属，可用加强热的方法将其分解出来。如冶炼汞

$$2HgO \xrightarrow{\triangle} 2Hg + O_2\uparrow$$

（2）高温还原法　金属活动性在铝与汞（不含铝和汞）之间的金属冶炼是将矿石与还原剂（如碳、一氧化碳、氢气、活泼金属）共热，使金属还原，如铁的冶炼。

金属硫化物或金属碳酸盐矿石，须先在空气中煅烧成氧化物再使之还原。例

如从闪锌矿中制取锌

$$2ZnS + 3O_2 \xlongequal{\triangle} 2ZnO + 2SO_2$$

$$ZnO + C \xlongequal{\triangle} Zn + CO\uparrow$$

制取纯净的金属单质如钨、钼、锗时，常用氢气作还原剂。

冶炼锰、铬、钛等熔点较高的金属时，常用活泼金属（如镁、铝）作还原剂。

(3) 电解还原法　冶炼活泼金属常用电解法（见专题6-4）。如钠和镁的制取，可分别电解熔融的氯化钠和氯化镁。

五、合金

生产和科学技术的不断发展，对材料的性能提出了特殊要求。如耐高温、耐高压、耐腐蚀、高强度、高硬度、易熔等等，而纯金属的性能很难满足要求。如纯铜的导电性好，适用于制造电器，但因硬度和强度小而不宜制造机器零件和日用器具；铝质轻，但纯铝硬度和强度不够、熔点低而不宜制造飞机零部件。所以工业上使用的金属材料绝大多数是合金。

合金是由两种或两种以上的金属（或金属与非金属）熔合而成的具有金属特性的物质。如常用的黄铜是铜锌合金，铸铁和钢是铁碳合金。

一般合金的强度和硬度都高于纯金属，传热导电性低于纯金属，熔点低于组成它的任何一种金属的熔点。例如，在铜中加入1%的铍所得到的合金，硬度比纯铜大7倍。锡、铋、铬、铅的熔点分别是232℃、271℃、321℃、277℃，而这四种金属按1:4:1:2的质量比组成的合金，熔点只有67℃。

合金的化学性质也与组分金属不同，如镁和铝性质都活泼，而组成合金后就比较稳定。

合金中各组分的比例能够在很大范围内变化，并能以此来调节合金的性能。

第二节　铝

位于元素周期表ⅢA族的金属元素有铝、镓、铟、铊。铝在地壳中的含量仅次于氧和硅，在自然界以化合态存在于岩石、泥土和动植物体内。其单质和许多化合物在生产和生活中用途极广，所以本节主要介绍铝。

一、铝的性质和用途

1. 物理性质　铝具有银白色光泽，熔点660℃，密度$2.7g\cdot cm^{-3}$，有良好的传热、导电性及延展性。铝质轻，若制成与铜具有相同导电能力的电线、电缆，所用铝的质量只是铜质量的一半。

2. 化学性质

(1) 铝与非金属的反应　常温下铝能被空气中的氧气氧化，表面生成一层致密而坚固的氧化膜，从而保护内部金属不再被氧化。

$$4Al + 3O_2 = 2Al_2O_3$$

铝也能与硫、卤素等非金属反应

$$2Al + 3Cl_2 \xlongequal{\triangle} 2AlCl_3$$

$$2Al + 3S \xlongequal{\triangle} Al_2S_3$$

(2) 铝与酸、碱的反应

演示 6-1　取两支试管，分别加入 2mL 2mol·L^{-1}的盐酸溶液和 $w_{NaOH} = 30\%$ 的氢氧化钠溶液，然后在每支试管中加入少许铝粉，观察现象。

可以看到两支试管都有气泡产生，说明铝既能与强酸反应，也能与强碱反应

$$2Al + 6HCl = 2AlCl_3 + 3H_2\uparrow$$

$$2Al + 2NaOH + 2H_2O = 2NaAlO_2 + 3H_2\uparrow$$

铝制品一般不宜盛放酸性、碱性较强的物质。

(3) 铝与金属氧化物的反应　在高温下，铝能与活动性比它弱的金属（如 Fe、Mn、Cr、V、Ti 等）氧化物发生氧化还原反应，同时放出大量的热。如铝粉与四氧化三铁混合，放在坩埚里用镁条点燃，会发生猛烈作用，温度达到 2000℃以上，可使还原出来的铁熔化

$$8Al + 3Fe_3O_4 \xlongequal{\text{镁条点燃}} 4Al_2O_3 + 9Fe + 3326.3kJ$$

用铝从金属氧化物中还原出金属的方法叫铝热法。铝粉和金属氧化物粉的混合物叫铝热剂，可用作燃烧弹的燃烧剂。

3. 铝的氧化物　氧化铝俗称矾土，是一种不溶于水的白色粉末，熔点很高（约 2045℃），具有两性，既能与强酸反应生成铝盐，又能与强碱反应生成偏铝酸盐

$$Al_2O_3 + 6HCl = 2AlCl_3 + 3H_2O$$

$$Al_2O_3 + 2NaOH = 2NaAlO_2 + H_2O$$

氧化铝常用作耐火材料，可耐 1800℃的高温。

天然的纯净的氧化铝称为刚玉，人工高温烧结的氧化铝称为人造刚玉。刚玉的硬度很大，仅次于金刚石和碳化硅，常用来制造砂轮、轴承和钟表钻石等。通常所说的蓝宝石和红宝石是混有极少量金属氧化物的刚玉。红宝石中含有微量的 Cr_2O_3，它不仅在可见光中显现红色，而且在紫外光的照耀下会发出鲜艳的红色荧光，这就是红宝石在阳光下显得更美丽的原因。蓝宝石中含有微量的 Fe_2O_3 和

TiO_2，在阳光下会显现鲜艳的天蓝色星光。

4. 重要的铝盐

（1）氯化铝　白色晶体，熔、沸点较低。无水氯化铝是石油工业和有机合成中常用的催化剂；六水合氯化铝可用于制备除臭剂、安全消毒剂及石油精炼等。

（2）聚合氯化铝　简称 PAC，是一种阳离子型无机高分子电解质，水解时生成水合氢氧化铝沉淀。由于吸附力和凝聚力都很强，工业上常用作净水剂，而且处理水的效果远比硫酸铝、明矾、三氯化铁等传统的絮凝剂要好。

（3）硫酸铝钾　参见第五章第三节（常用的盐）。

5. 铝的用途　铝的用途非常广泛，主要用来制造电线、电缆、各种日用炊具（俗称钢精制品）、家用电器零部件和多种轻合金等。铝还可以在制镜工艺中代替贵金属银。

铝镜简介

传统的制镜工艺是在玻璃上镀一层银。现在的以铝代银新工艺，是把表面净化的玻璃和高纯度的铝丝放入真空镀膜机，在真空条件下，通电加热致铝开始蒸发，铝蒸气均匀沉积在玻璃表面而形成0.9～2μm 的光亮铝膜，从而制成铝镜。

轻合金简介

IA、ⅡA 族金属及铝都是密度小于 $5g \cdot cm^{-3}$的轻金属，但除铍和镁外，其余都较软且很活泼，所以常用于制轻合金的是镁、铝、铍。

镁、铝、铍合金都是密度小而强度大的轻型结构材料，广泛用于宇宙飞船、航空、汽车、机器制造等方面。铝合金中最重要的一种是坚铝（质量分数分别为铝94%，铜4%，镁、锰、铁、硅各0.5%）。坚铝制品的坚固性与优质钢相似，而质量仅为钢制品的1/4 左右，但坚铝的耐腐蚀性较差。

新型铝锂系合金具有高强度、低密度、低的裂纹扩张速率和优良的耐蚀性等，是一种极有发展前途的航空结构材料。

常用的镁合金是镁和铝、锌、锰的合金。铝和锌的加入可大大提高镁合金的强度，而少量锰的加入可提高其耐腐蚀性能。

铍合金具有优良的抗疲劳性、耐磨性及耐腐蚀性，且具有无磁性、耐寒、受冲击时不产生火花等一系列优点。用于制造精密仪器、飞机零件、航空罗盘等。但铍有毒，且价格昂贵，限制了它的使用。

铝的危害

有资料报道，铝盐可能导致人的记忆力丧失。澳大利亚一个私营研究团体说：广泛使用铝盐净化水可能导致脑损伤，造成严重的记忆力丧失，这是早老性痴呆症特有的症状。世界卫生组织提出人体每天的摄铝量不应超过1mg/千克体重。一般情况下，一个人每天摄取的铝量绝不会超过这个数值，但是，经常喝铝盐净化过的水，吃含铝盐的食物，如油条、粉丝、凉粉、油饼、易拉罐装的软饮料等，或是经常食用铝制炊具炒出的饭菜，都会使人的摄铝量增加，从而影响脑细胞功能，导致记忆力下降，思维能力迟钝。

二*、镓、铟、铊

镓是稀少而分散的金属，银白色、柔软、延展性好，熔点低（29.8℃）、沸点高（2237℃），常用来制造高温温度计。

铟也是稀有金属，银白色，质软可用刀切，在空气中稳定。在贵金属及其它有色金属中加入少量铟，能使强度、硬度、耐蚀性增加。铟和金等制成合金，可用于制造假牙。铟的焊接性能好，能焊接许多金属、合金和非金属材料。如含铟、锡各50%的合金，可用于玻璃之间以及玻璃与金属之间的粘结。把铟镀在高速轴承上，可延长轴承的使用寿命。

铊是带有蓝光的白色金属，质软，其氧化物可用于制造光敏电池。

镓、铟、铊的化合物如GaAs、InSb等都是半导体材料。

第三节　铁

元素周期表中的副族元素和第Ⅷ族元素，习惯上称为过渡元素。它们的单质及化合物是十分重要的金属材料。本节主要介绍铁及其合金。其它常用的过渡金属在专题6-1做必要介绍。

一、铁的性质和用途

1. 物理性质　纯铁（$w_C<0.02\%$）是银白色金属，密度$7.86g\cdot cm^{-3}$，熔点1535℃。铁具有良好的延展性、传热导电性。铁能被磁体吸引。在磁场作用下，铁自身也能产生磁性。常用于制造电磁铁、继电器铁芯等元件。

2. 化学性质　常温时铁在干燥的空气中不易与氯和氧等典型非金属发生显著反应。因此，工业上常用钢瓶贮存干燥的氯气和氧气。但加热时，铁容易与氧、硫、氯等非金属反应。高温时能与碳、硅反应。

当铁参加化学反应时，不但容易失去最外层2个电子，而且能失去次外层1个电子。所以铁的化合价有+2价和+3价。与强氧化剂反应生成三价铁，与弱氧化剂反应生成二价铁，如

$$2Fe+3Cl_2\xlongequal{\triangle}2FeCl_3$$

$$Fe+S\xlongequal{\triangle}FeS$$

铁的两种价态在一定条件下可以相互转变

$$Fe^{2+}-e^-=Fe^{3+}$$

【练习思考6-2】 怎样通过实验达到Fe^{2+}和Fe^{3+}的相互转变？如何检验Fe^{3+}？

3. 铁的氧化物 主要有FeO、Fe_2O_3和Fe_3O_4。FeO为黑色晶体或粉末，不稳定，在空气中加热可被迅速氧化为Fe_3O_4。Fe_2O_3为红色无定形粉末，俗称铁红，不溶于水，也不与水反应，主要用作颜料。磁性铁红含90%以上的Fe_2O_3，其晶体结构与一般氧化铁不同，具有极强的导磁能力，用于制造磁带和磁性合金。Fe_3O_4可看作是前两种氧化物的混合物（1/3FeO，2/3Fe_2O_3），具有磁性，俗称磁性氧化铁，黑色粉末，可用于制作颜料。特制的磁性氧化铁可制作录音带和电信器材。

4. 铁的用途 铁是用途十分广泛的金属，除上述列举之外，其主要用途是制造合金。

铁与人体健康

铁是人体必需的微量元素，人体内的铁含量不超过3～5g，但其功能极为重要。铁是血红蛋白、固氮酶的重要组成元素，缺铁可引起体内无机盐及维生素代谢紊乱，导致贫血、维生素C缺乏、免疫力降低。但人体内铁贮存过多，非但无益，反而有害。体内多余的铁贮存在蛋白质中结合成“铁蛋白”，而且这种贮存是随着年龄增长而逐渐增多。血液中铁蛋白与胆固醇相互作用，会增加患心脏病的危险或促进心脏病不断恶化。铁过量还可能导致糖尿病、生殖器官发育不良、性功能紊乱等。

所以切不可盲目补铁，如果必须补铁时，也应在医生的指导下选用合适的补铁食品或药物。

二、铁的合金

1. 铸铁 $w_C > 2.11\%$的铁碳合金称为铸铁。铸铁中除铁外，还含有硅、锰以及少量的硫、磷等。铸铁又可分为白口铸铁、灰铸铁、可锻铸铁和球墨铸铁等。

白口铸铁中的碳常以Fe_3C的形式存在，断口呈银白色，硬而脆，难以进行机械加工。

灰铸铁所含的碳以片状石墨形态存在，断口呈灰色，具有良好的切割、耐磨和铸造性能，广泛用于制造各种铸件，如机床床身、管件等。

可锻铸铁中所含的碳以团絮状石墨形态存在，它有较好的力学性能，用于制造汽车零件、各种管接头、低压阀门等。

球墨铸铁是将灰铸铁加热熔化，用镁合金或稀土合金（称球化剂）进行处理，使所含碳从片状石墨转变为球状，从而大大提高铸件的力学性能。球墨铸铁的某些性能接近于钢，而价格却比钢便宜得多，广泛用于机械制造业中易磨损和受冲击的零件，如内燃机曲轴、齿轮、阀门等。

2. 钢 钢坚硬，有韧性、弹性，可以锻打、压延、铸造，其用途非常广泛。从化学组成看，钢是铁和碳的合金，$w_C < 2.11\%$。除碳之外，钢中还含有其它一些元素，见表6-2。

表 6-2 钢和铁中有关元素含量 w（%）

	C	Si	Mn	P	S
铸铁	>2.11	1.25~3.75	0.5~1.3	0.1~0.4	<0.05
钢	<2.11	<0.4	<0.8	<0.04	<0.04

钢的品种很多，分类方法也各不相同。

按质量可分为普通钢、优质钢和高级优质钢。

按化学成分可分为碳钢和合金钢。碳钢以其含碳量的多少分为低碳钢、中碳钢、高碳钢三种。合金钢依其合金元素含量的不同，分为低合金钢（合金元素总质量分数低于5%），中合金钢（质量分数5%~10%），高合金钢（质量分数高于10%）。

合金钢中常加入的合金元素有Cr、Mo、W、Mn、Ni、Co、Al、Si、Ti和稀土元素等。加入合金元素后，除了能改善钢的力学性能外，还会使钢具有其它的优良性能。如高速钢中含有较多的碳化物形成元素W、Mo、V、Cr，在较高温度仍能保持相当高的硬度。在高速切削中，高速钢制成的刀具刃部在600℃以上的温度时仍能正常工作。不锈钢的主要合金元素是Cr，其特点是有极好的耐蚀性，不易生锈，常用于化学工业，医疗器械和日常生活等。含锰较高的高锰钢属于耐磨钢，用于制造车辆履带、碎石机、铁轨分道叉等。

第四节* 稀土元素

镧系元素和ⅢB族的钪、钇17种元素，性质十分相似，在矿物中常常共存。过去人们认为这些元素在自然界中比较稀少，它们的氧化物又近似于土壤中的氧化物（Al_2O_3），所以称它们为稀土元素。其实，稀土资源在我国不仅丰富而且品种齐全，储量居世界之首。

一、稀土元素的性质

一般副族元素的化学性质不活泼，或虽然比较活泼，但在空气中有的能生成稳定的氧化物膜而钝化。而稀土元素与空气中的氧在室温下就能生成氧化物。新切开的稀土金属表面呈银白色，在空气中迅速氧化而变暗，由于生成的氧化膜不够致密，氧化作用将继续下去，所以应将稀土金属保存在煤油中，与空气隔绝。

稀土金属的着火点较低（约200℃），且与氧化合时放出的热量较多，因此，稀土金属和铁（质量比为7∶3）的合金可用作打火机的打火石。高强度光源的炭精棒中也有稀土金属。

二、稀土金属的用途

稀土金属在工农业生产和科学技术等方面都有非常广泛的应用。

混合稀土因对钢液有脱氧、脱硫及清除有害杂质的作用而应用于冶金工业。此外，微量稀土金属可大大改变合金的性质，因此被称为冶金工业的维生素。例如不锈钢在加工成管件时易出现裂纹，但加入2/10000稀土金属就会显著提高其热加工塑性，防止裂纹的产生；镍合金中加入2/1000的稀土金属可增加其耐氧化性，延长电炉电热丝的使用寿命。

稀土元素还被广泛用于电磁材料、发光材料、玻璃、陶瓷材料和原子能材料等。含0.1%氧化铈的玻璃明亮晶莹，透明度高；含氧化镨的玻璃呈绿色；含氧化钕的玻璃呈红色；加镨和钕的镜片能保护眼睛不受强紫外线刺激；加铈和钒的玻璃在阳光曝晒下会由绿色变为红色。含氧化镧的光学玻璃有高的折射率，是光导纤维材料。将成千上万根头发丝般的这种玻璃纤维制成可任意弯曲的透光玻璃棒，在医疗上可作直接进入肠胃的内窥镜。

在陶瓷制品中，加入稀土元素可使制品光彩明亮，鲜艳柔和。

钇和铕的氧化物可用作发光材料，特别是氧化铕在彩色电视机中作红色荧光体，光强度高，色彩鲜艳，性能稳定，钕和铕的化合物具有激光活性。

氢化镧可作贮氢材料。

硝酸镧能有效地去除污水中的磷酸盐，在环境保护中得到重要应用。

第五节* 金属的腐蚀及防护

一、金属的腐蚀

金属和周围介质接触时，由于发生化学作用或电化学作用引起的破坏，叫金属的腐蚀。金属腐蚀现象十分普遍，例如，钢铁生锈，铜长铜绿，铝失光泽等。金属腐蚀后，不仅金属本身在外形、色泽等方面发生了变化，而且金属结构也遭到破坏，由此所引起的停工减产、产品质量下降、发生事故以及大量有用物质（如汽油、水、天然气）泄漏所造成的损失是非常巨大的。因此，了解腐蚀发生的原因，采取防护措施，具有十分重大的意义。

根据金属腐蚀过程的不同特点，可将金属腐蚀分为化学腐蚀和电化学腐蚀两大类。

1. 化学腐蚀 单纯由化学作用引起的腐蚀叫做化学腐蚀。如金属与干燥气体 O_2、H_2S、SO_2、Cl_2 等接触时，在金属表面生成相应的氧化物、硫化物、氯化物等。化学腐蚀的特点是只发生在金属的表面，而且受温度影响大。例如，钢材在常温和干燥空气中不易被腐蚀，但在高温下很快被氧化，生成一层氧化皮(由 FeO、Fe_2O_3 和 Fe_3O_4 组成)，同时还会发生脱碳现象，导致硬度减小和疲劳极限降低，在外力长期反复的作用下，内部还会产生裂纹。

2. 电化学腐蚀 当金属和电解质溶液接触时，由于电化学作用引起的腐蚀叫做电化学腐蚀。它和化学腐蚀不同，不仅发生在金属表面，而且深入到金属内部，危害性更大。

(1) 电化学腐蚀的原理——原电池

演示 6-2 将锌片和铜片平行地插入稀硫酸中，锌片上有气泡产生，铜片上无反应。用导线连接锌片和铜片，观察有什么变化？再在导线中接入一个检流计（见图 6-3），观察指针有无偏转？解释原因。

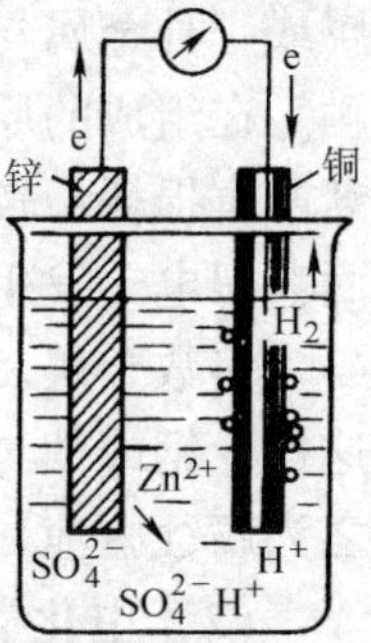

图 6-3 原电池示意图

把锌放入稀硫酸会发生如下氧化还原反应

$$\overset{2e^-}{Zn + H_2SO_4 = ZnSO_4 + H_2\uparrow}$$

在此反应过程中，电子的转移是直接的、无序的，反应中的化学能表现为热效应。当导线连接两片金属后，锌片上的气泡显著减少，甚至消失，锌片的溶解加快；在铜片上有气泡产生；检流计的指针发生偏转，说明有电流通过导线。根据指针偏转的方向可知电子是从锌片流向铜片。这是由于锌的还原性比铜强，容易失去电子，被氧化为 Zn^{2+} 而进入溶液。锌片上过剩的电子沿导线流向铜片，溶液中的 H^+ 从铜片上获得电子被还原为 H，H 结合成 H_2 从铜片上逸出。

【练习思考 6-3】 试用离子方程式表示上述反应过程。

以上实验证明，氧化还原反应中确有电子转移。通过一定的装置，可以使电子由无序运动变为定向流动，从而产生电流。这种借助于氧化还原反应将化学能转变为电能的装置，叫做原电池。

从理论上讲，任何一个自发进行的氧化还原反应，都可以设计成原电池。电极是原电池的主要组成部分。原电池所发生的氧化还原反应分别在两个电极上进行。化学上规定：发生氧化反应的电极称为负极；发生还原反应的电极称为正极。在上述原电池中，锌是负极，铜是正极。电极反应分别为

负极：$Zn - 2e^- = Zn^{2+}$

正极：$2H^{+}+2e^{-}=H_2\uparrow$

电池总反应：$Zn+2H^{+}=Zn^{2+}+H_2\uparrow$

在这个电池中，金属铜并未参加反应，只起了导体的作用。

通过上述实例可知，发生原电池反应的条件是：必须有活泼性不同的两种金属或一种金属与另一种可导电的非金属（如碳）互相连通，并与电解质溶液接触。在组成的原电池中，较活泼金属为负极，它失去电子发生氧化反应，从而逐渐溶解损耗；较不活泼金属或非金属导体为正极，电解质溶液中的阳离子在其表面获得电子发生还原反应；电子沿着导线定向流动形成电流。

多数金属及其制品都不是纯金属。如钢和铸铁，其内部的杂质大多能导电。这样，钢或铁与周围的电解质溶液接触时，就会形成许多微小的原电池，我们称之为腐蚀电池。

(2) 电化学腐蚀的分类　介质不同，腐蚀电池正极的反应物质也就不同。一般情况下，钢铁在大气中发生的电化学腐蚀主要是吸氧腐蚀和析氢腐蚀。

钢铁暴露在潮湿空气中时，表面上会吸附一层极薄的水膜。发生腐蚀时，铁作为原电池的负极被氧化为 Fe^{2+} 进入水膜，电子在钢铁内部转移到正极（杂质）与水膜中的氧发生反应（见图 6-4a），这种腐蚀称为吸氧腐蚀。其电极反应为

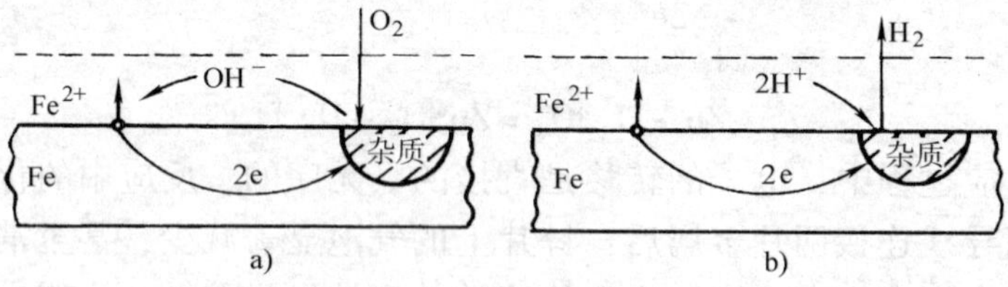

图 6-4　钢的化学腐蚀

负极（铁）：$2Fe-4e^{-}=2Fe^{2+}$

正极（杂质）：$O_2+2H_2O+4e^{-}=4OH^{-}$

总反应式：$2Fe+O_2+2H_2O=2Fe(OH)_2$

当介质的酸性较大时，正极主要析出氢气，因此称为析氢腐蚀（见图 6-4b）。电极反应为

负极（铁）：$Fe-2e^{-}=Fe^{2+}$

正极（杂质）：$2H^{+}+2e^{-}=H_2\uparrow$

总反应式：$Fe+2H^{+}=Fe^{2+}+H_2\uparrow$

Fe^{2+} 进入水膜与 OH^{-} 结合成 $Fe(OH)_2$ 附着在钢铁表面。吸氧腐蚀和析氢腐蚀生成的 $Fe(OH)_2$ 被空气中的氧进一步氧化成 $Fe(OH)_3$，$Fe(OH)_3$ 及其脱水产物 Fe_2O_3 是红褐色铁锈的主要成分。

无论是化学腐蚀还是电化学腐蚀，其实质都是金属原子失去电子被氧化的

过程。

【练习思考6-4】 归纳钢的腐蚀过程，说明电化学腐蚀发生的条件。据此，你认为怎样保护金属？

二、金属的防腐

金属腐蚀是金属与周围介质接触并起反应的结果。因此，金属防腐应从金属的本性和介质两个方面来考虑。生产上常用的一些防腐方法有：

1. 制成耐蚀合金 工业上使用的金属材料多为各种金属的合金。因为，金属材料通过合金化和热处理等途径改变了内部组织和成分，大大增强了它的耐腐蚀能力。例如，不锈钢就是含铬、镍的合金。

2. 隔离法 把耐蚀材料涂覆到金属表面，使金属与周围介质隔开。这种方法成本低，同时又能保持金属的原有性能。

（1）非金属保护层 一般有矿物性油脂、涂料、塑料、橡胶、搪瓷等。

（2）金属保护层 用热镀、喷镀、电镀等方法在金属表面镀上一层耐腐蚀的金属。热镀是把被镀金属浸入另一种熔化的金属液体中使其表面覆盖上耐蚀金属层。大型金属制品常用喷镀，喷镀是将熔化的镀层金属用压缩空气喷在制品上。电镀的原理和方法见专题6-4。

（3）表面钝化法 用化学或电化学方法，使金属表面生成一层稳定、致密的氧化物或不溶性盐钝化膜保护层。常见的有钢铁的发蓝、磷化（见专题6-5）及铝合金的阳极氧化等。

3. 电化学保护法 根据原电池和电解池（见专题6-4）原理，将被保护金属设计成原电池的正极或电解池的阴极，使它们在电化学反应中发生还原反应而不被腐蚀。

（1）牺牲负极保护法 根据原电池原理，将活泼金属（如铝、锌）或其合金连接在被保护的金属上（见图6-5）。活泼金属作为负极被腐蚀，一定时间后，更换负极材料。这种保护法常用于海轮外壳、锅炉内壁和海底设备。负极金属的表面积通常是被保护面的1% ~ 5%，分散在被保护金属的表面。

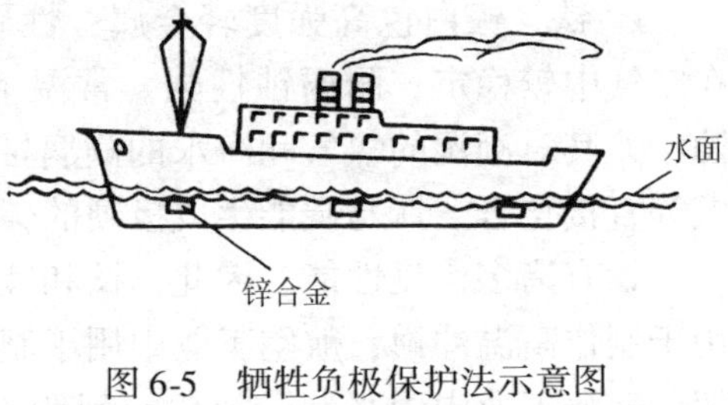

图6-5 牺牲负极保护法示意图

（2）外接电源法 外接电源法是将被保护金属与一附加阳极（可用废弃金属）组成电解池，被保护金属与外加电源的负极相接作为阴极而受到保护。一段时间后，更换电源和补充阳极金属。这种保护法主要用于保护土壤、海水及河水中的金属设备（见图6-6），如输送石油的管道。

4. 缓蚀剂法 金属在酸洗过程中，容易产生过腐蚀和氢脆；在金属的切削过程中，润滑和冷却刀具使用的切削液对金属有腐蚀作用；工业用水对管道、容器也有腐蚀性等。在上述情况下，为保护金属，常在腐蚀介质中有选择地加入缓蚀剂。缓蚀剂的种类及其使用效果参见专题6-6。

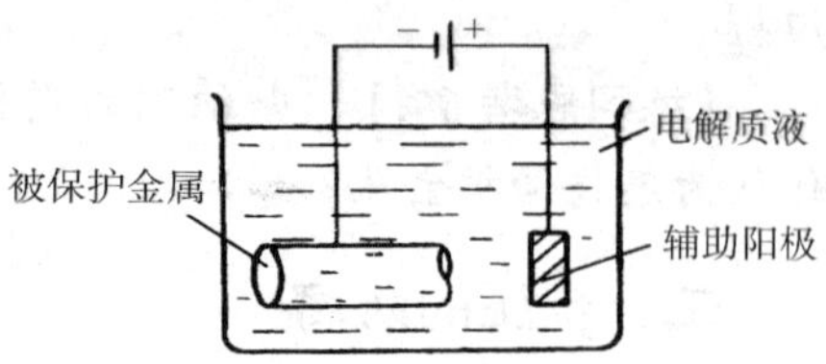

图6-6 外接电源保护法示意图

专题6-1 过渡金属简介

过渡金属是重要的结构材料。过渡金属的原子中价电子数多，原子半径小，所以金属键较强。这就决定了大部分过渡金属有如下特征：熔点、沸点高；硬度、密度较大；机械加工性能和传热、导电性较好。

过渡金属能组成具有多种特性的合金。钛（Ti）、锆（Zr）、钒（V）、铌（Nb）、钽（Ta）、铬（Cr）、钼（Mo）、钨（W）、锰（Mn）和钴（Co）、镍（Ni）等金属的原子结构及晶体结构都与铁（Fe）相似，熔点、硬度等也与铁相近，因而都能与铁共溶。这些元素加入钢中，能改善钢的性能。如在钢中加入1%～2%的铬，可大大提高钢的强度，用于制造工具零件及枪炮筒、装甲板等。含锰1.36%～1.6%的锰钢用于桥梁建筑，因其强度等性能的提高，可比普通碳钢节约15%的钢材。ⅣB、ⅤB、ⅥB金属元素与C、B、N所形成的化合物，熔点、硬度特别高（即使在1000～1100℃下还能保持其硬度），被称为硬质合金，是制造高速切削工具和钻探工具的优质材料。

下面介绍几种常见的过渡金属。

1. 钛 银白色高强度轻金属，性硬而脆，延性强，兼有铝和钢的优点。钛在空气中较稳定，耐腐蚀性强。常温下不被盐酸、稀硫酸、硝酸或稀碱溶液腐蚀，尤其对潮湿的氯气和海水的耐腐蚀能力特别强。高温下能与卤素、氧、硫、氮等直接化合。钛与碳能生成极硬的碳化钛，熔点高达3100℃。

钛有诸多优良性能，因此，钛和钛合金的用途日益广泛。如机械制造工业中用于制作高温冲模；航空工业中用于制作喷气发动机零部件、高强度的飞机起落架；航海工业中用来制造海轮、舰艇外壳；化学工业中用于制造换热器、反应釜、蒸馏塔；还用于制造医疗器械、金属陶瓷等。

2. 铬 铬是硬度最大的金属，具有良好的光泽度和耐蚀性。常用于电镀和制造各种合金，如硬度大而且有韧性的铬钢，耐腐蚀的不锈钢，耐高温的耐热钢等。镍铬丝可用来制造电炉丝。

铬在空气中（包括潮湿空气）很稳定。加热时可和氧化合生成三氧化二铬

(Cr_2O_3)，高温下能与卤素、硫、碳等直接化合。铬不溶于氧化性很强的浓硫酸或浓硝酸，但能缓慢地溶于稀硫酸或盐酸。

铬的氧化物 CrO_3 是强氧化剂（有机物如酒精与它接触会起火），主要用于镀铬、鞣革、制造玻璃。CrO_3 有剧毒，使用时应注意安全，对含铬废水必须处理后才能排放。

3. 钨 钨是熔点最高（3380℃）的金属，灰黑色，硬而脆。室温下化学性质稳定，不与空气和水发生反应，也不溶于硫酸、硝酸和盐酸。只有王水或氢氟酸与硝酸的混酸才能与钨发生反应。钨是贵重的合金元素，常用于制造高速切削合金钢、灯丝、各种加热丝、火箭喷嘴、太阳能装置等。

4. 镍 银白色金属，硬度较大，延展性好，具有良好的耐腐蚀性。主要用于镀镍、制造不锈钢和各种耐腐蚀合金（如镍钢、铬镍钢、铜镍合金等）。也用于制 Cd－Ni、Fe－Ni 等碱性电池（见第八章）、催化剂、镍币等。

5. 铜 有紫红色光泽的金属，具有良好的延展性、导热性和导电性。在干燥空气中稳定，但在潮湿空气中表面生成一层绿色的碱式碳酸铜［$Cu_2(OH)_2CO_3$］（俗称铜绿）。

铜的导电性在所有金属中仅次于银，而且价格比银便宜，所以铜主要用于制造电线、电缆、各种电器设备和各种合金（如黄铜、青铜、白铜、铍铜等），也用于电镀。铜及其合金在机器制造、仪器仪表工业中用来制造各种零件；在国防工业中制造炮弹体；在化学工业中用于制造热交换器、深度冷冻装置。

6. 锌 纯锌呈蓝白色，在常温下较脆，但在 100～110℃ 时能任意弯曲、碾压。在空气中，锌的表面生成氧化锌保护层，所以常将它镀在铁的表面以防腐蚀（如白铁皮）。锌还用于制造干电池、合金等。

7. 锰 锰的外形与铁相似。在钢铁工业中，锰用作脱氧剂和制造合金，如锰钢等。

锰的化合物高锰酸钾（$KMnO_4$）是一种强氧化剂，广泛用于化学分析、医药、消毒杀菌（生活中常用 0.1% 的溶液浸洗水果、蔬菜和茶具等，4% 的溶液可治疗烫伤）、漂白木材和棉花丝绸等。

专题 6-2* 超导材料

我们知道，随着温度的降低，金属的导电能力逐渐增强。当温度降到一定低温时，某些导体的电阻急剧下降为零，这种现象称为超导现象。

超导现象是荷兰著名低温物理学家卡梅林·昂内斯于 1911 年首次发现的。他把这种现象称为“超导电性”，并预言它有重要的应用价值。

具有超导电性的物质称为超导材料（即超导体）。使超导体失去电阻的温度称为“临界温度”。显然，临界温度越高，超导材料就越有应用价值。

在最初的半个世纪，人们发现的超导体一般是纯金属或合金。现在已知的超导材料有27种金属元素和许多合金（Nb－Ti、Nb－Zr、Pb－Ag）及化合物，不过它们的临界温度都较低。例如铌的临界温度是9.22K；氮化铌为16.3K，铌三锗（Nb_3Ge）为23.3K。

1979年首次发现一种有机超导体，这是被称为“四甲基四硒代富瓦烯（TMTSF）”的衍生物。以后还发现了几种有机超导体，但其临界温度都在5K以下。

超导陶瓷是在金属超导材料和合金超导材料的基础上发展起来的。金属超导材料和合金超导材料临界温度大都在0.4～23.2K之间，而且要用液氦致冷才能呈现超导态，因此在应用上受到限制。人们迫切希望找到高温超导体，在徘徊了几十年后，终于在1986年有了突破。设在瑞士苏黎士的IBM实验室首先发现，属于陶瓷材料的钡镧铜（La－Ba－CuO）混合金属氧化物具有超导电性，临界温度可达30K，超过了Nb_3Ge，这是超导材料研究上一次大的突破。随后，中、美科学家发现Ba－Y－CuO混合金属氧化物在90K具有超导电性。目前新的超导氧化物系列不断涌现，如Bi－Sr－Ca－CuO、Tl－Ba－Ca－CuO等，它们的超导转变温度超过了120K。

在超导研究方面，我国处于世界先进行列，中国科学院赵忠贤等人将Ba－Y－CuO材料粉末混合，充分研磨均匀后，置于管式炉内烧结，得到临界温度突破100K的材料。1998年7月，我国制成高温超导电缆，成功应用于远距离高压输电线路，标志着超导技术已进入实用阶段。

超导技术在电机、核物理、交通运输、医学等领域已得到应用，并显示出明显的优越性。例如各种超导磁体有轻便、体积小、能耗低的优点。一个磁通密度为4～5T的普通磁体质量为15～20t，体积为1～2m^3，而相同磁场强度的超导磁体只有几百立方厘米大，仅重几千克。利用超导磁体装置的电机，极限功率大、功率损耗低、质量轻、体积小、容易起动、能长期稳定运行。又如，在计算机上，超导体的计算速率比硅器件快50倍，功率仅为硅器件的1/1000。在交通运输上，我们可以制成超导悬浮列车，与钢轨无接触摩擦，列车可以700km的时速沿轨道“飞行”。

专题6-3* 新型金属材料

新型金属材料种类繁多，它们都属于合金。

一、形状记忆合金

形状记忆合金是一种新的功能材料，用这种合金做成的金属丝，即使将它揉成一团，但只要达到某个温度，它便能在瞬间恢复原来的形状。形状记忆合金为什么能具有这种不可思议的“记忆力”呢？目前的解释是因这类合金具有马氏体相变。马氏体是碳在α－Fe中的过饱和间隙固溶体，是Fe－C合金的低温形态。由于其晶格间隙中溶有过饱和的碳，使晶格产生形变（纵轴伸长）。凡是具有马氏体相变的合金，将它加热到相变温度时，都能从马氏体结构转变为奥式体（Fe－C合金的高温形态）结构，完全恢复原来的形状。

最早研究成功的形状记忆合金是Ni－Ti合金，称为镍钛脑（Nitanon）。它的优点是可靠性强、功能好，但价格高。铜基形状记忆合金如Cu－Zn－Al－Ni，价格只有Ni－Ti合金的10%，但可靠性差。铁基形状记忆合金刚性好，强度高，易加工，价格低，很有开发前途。表6-3列出一些形状记忆合金及其相变温度。

表6-3 一些形状记忆合金及其相变温度

合金系	相变温度/℃	合金系	相变温度/℃
Ni－Ti	－50～80	Cu－Sn	－120～30
Ni－Al	－180～100	Cu－Zn	－180～10
Cu－Al－Ni	－140～100	Ag－Cd	－190～50
Cu－Al－Zn	－180～100	Au－Cd	30～100
Cu－Au－Zn	－190～40	In－Ti	60～100

形状记忆合金由于具有特殊的形状记忆功能，所以被广泛地用于卫星、航空、生物工程、医药、能源和自动化方面。

形状记忆合金问世以来，引起人们极大的兴趣和关注，近年来发现在高分子材料、铁磁材料和超导材料中也存在形状记忆效应。这类形状记忆材料的研究和开发，将促进机械、电子、自动控制、仪器仪表和机器人等相关学科的发展。

二、高温合金

涡轮机叶片是飞机和航天飞机涡轮喷气发动机的关键部件，它的工作环境非常严酷。涡轮喷气发动机工作时，从大气中吸入空气，经压缩后在燃烧室与燃料混合燃烧，然后被压向涡轮叶片和涡轮盘以每分钟上万转的速度旋转，燃气被喷向尾部并由喷筒喷出，从而产生强大的推力。在组成涡轮的零件中，叶片的工作温度最高，受力最复杂，也最容易损坏，因此必须由新型高温合金材料来制造。一般选用镍基和钴基高温合金材料制造叶片，随着加工工艺和技术的不断进步，取得越来越好的效果。较早时采取多晶铸造工艺，即让熔融的合金在铸型中逐渐冷却凝固，产生无数的晶粒，随着温度降低，晶粒不断长大，最后充满整个叶片。由于合金冷却时散热的方向难以控制，晶粒的长大是随意的，因此得到的晶粒形状接近于球形，称为等轴晶。晶粒之间的界面称为晶界，晶界上容易出现杂质和缺陷，因此晶界是叶片中最薄弱的易破坏区，必须采取相应的技术措施净化晶界，提高晶界的结合强度。

1. 柱晶合金 柱晶合金是采用定向凝固工艺来铸造涡轮叶片的。当合金在铸型内冷却时，控制散热方向，使晶粒按预定的方向生长，这样得到的不是等轴晶，而是长条形的柱晶。柱晶涡轮叶片的最大特点是不存在横向晶界，当涡轮叶片高速旋转时，最大的离心应力与柱晶中的晶界平行，减少了晶界断裂的机会，从而提高了强度，使叶片的工作温度提高了约50℃，喷气发动机的寿命提高了1倍。

2. 单晶合金 柱晶合金仍存在晶界，只有单晶合金才能完全消除晶界的影响。单晶涡轮叶片铸造工艺是在定向凝固柱晶叶片铸造的基础上发展起来的。常用种晶法，即预先在铸型的底部植入一粒籽晶，当铸型内的熔融合金凝固时，控制散热方向，只允许籽晶长大，直到完全占有整个铸型空间。工艺要求合金具有很高的纯度，铸型要非常洁净，不能引进杂物，否则杂质可能成为晶核，造成多晶。用同一种高温合金材料，由于采用新工艺，单晶涡轮叶片使工作温度又提高了100℃以上，喷气发动机的寿命延长了4倍。

三、贮氢合金

氢是21世纪要开发的新能源之一。氢能源的优点是：发热值高，相当于煤的4倍，燃烧产物是水，不污染环境；可以用光能或电能分解水制取，资源丰富。但若将氢作为常规能源则必须解决氢的贮存和输送问题。传统上氢采用气态或液态贮存，前者在高压下把氢气压入钢瓶，后者在 -253℃低温下将氢气液化，然后灌入钢瓶，但运输笨重的钢瓶很不方便。

贮氢合金是利用金属或合金与氢形成氢化物而把氢贮存起来。金属都是密堆积的结构，结构中存在许多四面体和八面体空隙，可以容纳半径较小的氢原子。在贮氢合金中，一个金属原子能与2个、3个甚至更多的氢原子结合，生成金属氢化物。具有实用价值的贮氢材料要求贮氢量大，金属氢化物既容易形成，稍稍加热又容易分解，室温下吸、放氢的速度快，使用寿命长和成本低。目前正在研究开发MmNiMn，MmNiAl（Mm代表混合稀土）等贮氢合金和钛系贮氢合金如TiH_2、$TiMNl_{1.5}$（M代表金属）。表6-4列出了一些贮氢合金的含氢率及其分解温度。

表6-4 一些贮氢合金的含氢率及其分解温度

贮氢合金	含氢率（%）	分解温度/℃	贮氢合金	含氢率（%）	分解温度/℃
LiH	12.6	855	$TiFeH_{1.8}$	1.8	18
CaH_2	4.7	790	$TiCoH_{1.5}$	1.4	110
MgH_2	7.6	284	$TiMn_{1.5}H_{2.14}$	1.6	20
$MgNiH_4$	3.6	253	$TiCr_2H_{3.6}$	3.4	90
TiH_2	4.0	650	$LaNi_5H_6$	1.3	15

贮氢合金用于氢动力汽车的试验已获得成功。随着石油资源逐渐枯竭，氢能源终将代替汽油、柴油，并一劳永逸消除汽油、柴油产生的污染。贮氢合金的用途不限于氢的贮存和运输，它在氢的回收、分离、净化及氢的同位素的吸收和分离等方面也有具体的应用。

四、非晶态合金

非晶态也称玻璃态。熔融状态的合金缓慢冷却得到的是晶态合金，因为从熔融的液态到晶态需要时间使原子排列有序化。如果将熔融状态的合金以极高的速度骤冷，把原子瞬间冻结在像液态一样的无序排列状态，即可得到非晶态合金。非晶态合金的结构与玻璃的结构极为相似，所以常把非晶态合金称为金属玻璃。由于非晶态合金的原子是无序排列，没有晶界，不存在晶体滑移、位错、层错等缺陷，所以非晶态合金具有高电阻率、高导磁率、耐腐蚀性好等优异性能。非晶态合金的电阻率一般要比晶态合金高 2 ~ 3 倍，这可以大大减少涡流损失，故特别适合做变压器和电动机的铁心材料。采用非晶态合金做铁心，效率为 97%，比硅钢高出 10% 左右，所以得到推广应用。此外，非晶态合金在脉冲变压器、磁放大器、电源变压器、漏电开关、光磁记录材料、高速磁泡头存储器、磁头和超大规模集成电路基板等方面均获得应用。

专题 6-4* 电解及其应用

一、电解原理

演示 6-3 如图6-7 所示，在 U 形管中盛有氯化铜溶液，两端各插入一根石墨棒作电极，接通直流电源，观察两极所发生的现象。

可以看到，通电不久，在阴极（与直流电源负极相连的电极）上覆盖有金属铜；在阳极（与直流电源正极相连的电极）上连续出现气泡，放出的气体能使润湿的淀粉碘化钾试纸变蓝，说明有氯气产生。可见，当电流通过氯化铜溶液时，氯化铜被分解为铜和氯气。

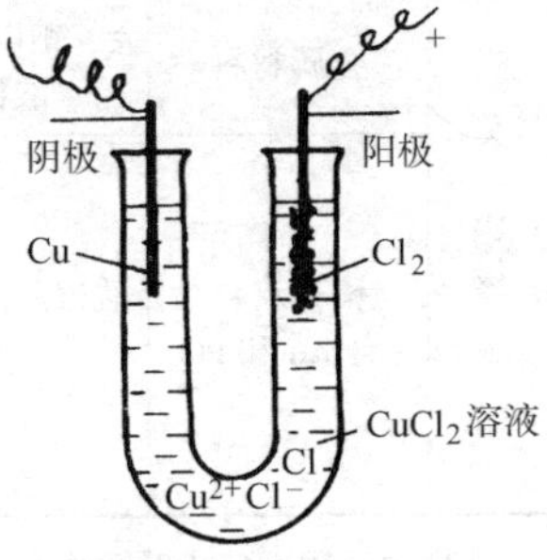

图 6-7 电解氯化铜装置示意图

电解的过程是：通电前，强电解质氯化铜在溶液里完全电离，同时溶液中的水也发生微弱电离

$$CuCl_2 = Cu^{2+} + 2Cl^-$$

$$H_2O \rightleftharpoons H^+ + OH^-$$

电离后的各种离子在溶液中自由运动。接通直流电后，在电场力作用下，离子变为定向运动。阳离子趋向阴极获得电子被还原；阴离子趋向阳极失去电子被氧

化。习惯上，把离子或原子在电极上获得或失去电子的过程统称放电。

当电极附近有两种以上可能放电的物质时，它们的放电是有先后次序的。影响放电次序的因素有：物质的氧化还原性、浓度和电极材料等。在上例中，Cu^{2+}和H^+趋向阴极，因为Cu^{2+}氧化性比H^+强，浓度比H^+大，而且电极对Cu的析出阻力小，所以Cu^{2+}在阴极优先得到电子被还原为金属铜。Cl^-和OH^-趋向阳极，在本实验条件下，Cl^-比OH^-容易失去电子，故Cl^-在阳极失去电子生成氯气。它们的反应分别表示为

$$\text{阴极：}Cu^{2+}+2e^- = Cu\downarrow\ \text{（还原反应）}$$
$$\text{阳极：}2Cl^- -2e^- = Cl_2\uparrow\ \text{（氧化反应）}$$

电解氯化铜溶液的化学方程式就是阳极反应和阴极反应的总和

$$CuCl_2 \xlongequal{\text{电解}} \underset{\text{（阴极）}}{Cu\downarrow} + \underset{\text{（阳极）}}{Cl_2\uparrow}$$

可见，电流通过电解质溶液（或熔融离子化合物）时，能够引起氧化还原反应，在这个过程中，电能转变为化学能，这就是电解原理。用于电解的装置叫做电解池或电解槽。

电解盐类水溶液时，两极析出产物的一般规律见表6-5。

表6-5　盐类水溶液电解产物①的一般规律

电极		可能放电的物质	放电次序
阴极		金属离子（M^{n+}）；H^+	1. 氧化性强于Al^{3+}（含Al^{3+}）的M^{n+}首先放电 $M^{n+}+ne^- = M\downarrow$ 2. 氧化性弱于Al^{3+}的M^{n+}不放电，而是H^+放电 $2H^+ +2e^- = H_2\uparrow$
阳极	金属材料	金、铂以外的金属阳极（M）；酸根阴离子；OH^-	金属阳极放电（阳极溶解） $M-ne^- = M^{n+}$
	惰性材料（含Au和Pt）	酸根阴离子（含简单离子）；OH^-	1. 简单离子先放电，顺序为S^{2-}、I^-、Br^-、Cl^-等，如 $2Cl^- -2e^- = Cl_2\uparrow$ 2. 复杂离子（如SO_4^{2-}、NO_3^-等）不放电，而是OH^-放电 $4OH^- -4e^- = O_2\uparrow +2H_2O$

① 也适用于酸或碱溶液。电解熔融离子化合物时，没有水存在，因而只是化合物组分中的离子放电。

【例6-1】 写出电解下列物质时的电极反应和电解总反应式。

电解质		(1) NaCl溶液	(2) K_2SO_4溶液	(3) 熔融$MgCl_2$
电极材料	阴极	钢	铂	铁
	阳极	石墨	铂	石墨

解：

序号	(1)	(2)	(3)
阴极反应	$2H^+ + 2e^- = H_2\uparrow$	$2H^+ + 2e^- = H_2\uparrow$	$Mg^{2+} + 2e^- = Mg\downarrow$
阳极反应	$2Cl^- - 2e^- = Cl_2\uparrow$	$4OH^- - 4e^- = O_2\uparrow + 2H_2O$	$2Cl^- - 2e^- = Cl_2\uparrow$
电解总反应式	$2NaCl + 2H_2O \xlongequal{电解} H_2\uparrow +$ 阴极 $2NaOH + Cl_2\uparrow$ 阴极区　阳极	$2H_2O \xlongequal[K_2SO_4]{电解} 2H_2\uparrow + O_2\uparrow$ 阴极　阳极	$MgCl_2 \xlongequal[熔融]{电解} Mg\downarrow + Cl_2\uparrow$ 阴极　阳极

像电解熔融 $MgCl_2$ 一样，应用电解原理从金属化合物中制取金属的过程叫做电冶。

二、电解的应用

机电行业中常用电解原理对金属表面进行化学处理，如电镀、阳极氧化和电化学加工等。

1. 电镀　应用电解原理在金属制品或非金属制品表面镀上另一种金属或合金的过程叫做电镀。电镀的主要目的是增强制品的耐腐蚀能力和表面硬度，有时兼具装饰作用。通常，镀层金属应该是在空气或溶液里不易发生变化的金属（如镍、铬、锌、铝、金）或合金（如铜锡合金、铜锌合金等）。

电镀时，把待镀的金属制品与电源负极相连作阴极；镀层金属与电源正极相连作阳极；含镀层金属离子的溶液作电镀液。在直流电的作用下，镀件表面覆盖上一层均匀光洁而致密的镀层，如镀锌的过程。

演示6-4　按图6-8装置，在溶液里加入锌电镀液（$ZnCl_2$ 溶液）。用锌片作阳极，待镀的铁制品作阴极。接通直流电源，几分钟后就可以看到铁制品的表面镀上了一层锌。

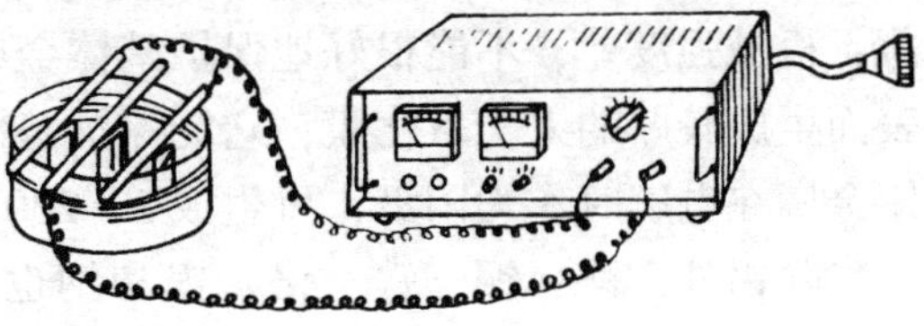

图6-8　电镀锌的实验装置

上述镀锌过程可以表示如下

通电前：$ZnCl_2 = Zn^{2+} + 2Cl^-$　　$H_2O \rightleftharpoons H^+ + OH^-$

通电后：阴极　$Zn^{2+} + 2e^- = Zn$（还原反应）

　　　　阳极　$Zn - 2e^- = Zn^{2+}$（氧化反应）

电镀过程中，阳极的锌（镀层金属）不断溶解，从而补充了电镀液中 Zn^{2+} 的消耗。

【练习思考 6-5】 写出镀镍时，两极发生的反应（金属镍作阳极，镀件作阴极，电镀液为 $NiSO_4$ 溶液）。

为了使镀层光滑牢固，工业上一般不直接用含简单金属离子的电镀液，而要加入配位剂，使镀层金属离子成为配离子。过去电镀常用氰化物作配位剂，由于 CN^- 有剧毒，对电镀工人的健康会造成损害，排出的含氰污水及废气会严重污染环境，所以，目前正在积极研究和逐步用无氰电镀取代有氰电镀。

仿金镀是在金属表面镀上一层氮化钛或 Cu－Zn－Sn 合金，其光泽接近黄金，广泛用于项链、耳环等装饰品以及高级礼品盒等。除了可以对金属制品进行电镀外，还可以对塑料制品进行电镀。塑料是非导体，镀前要对其表面进行预处理，除去油和杂质，再沉积一层导电的金属膜（活化），然后才能把它作为阴极进行电镀。塑料制品电镀金属层后，具有质轻、能导电、外型美观等优点。不仅能代替金属铜和铝，还能减少加工工序，降低成本。

化学镀铜是一种不用外加电流就可在绝缘材料表面上沉积铜的方法，用于多层印刷电路板层之间电路连孔的金属化；也是非金属电镀的前期工序。化学镀铜通常以甲醛作为还原剂。经氯化钯活化处理后的塑料基体浸入 $CuSO_4$ 溶液，基体表面（或连孔表层）就会沉积一层新生铜

$$Cu^{2+} + 2e^- \text{（由还原剂提供）} \xrightarrow{\text{催化表面}} Cu\downarrow \text{（沉积在塑料基体表面）}$$

这层厚度为 0.05～0.2μm 的导电薄层，并不能满足产品在防腐、耐磨、耐热、导电等方面的要求。因此还必须采用常规电镀的方法，镀到它所需的厚度。目前，化学镀镍、铜、银、金、钴、钯、铂、锡，以及化学镀合金和化学复合镀层，在工业生产中已被采用。

2. 阳极氧化 在空气中，有些金属能生成氧化物保护膜。例如，铝在空气中能形成一层均匀致密的氧化膜（Al_2O_3）而起保护作用。这种自然氧化膜过薄，机械强度差，不能很好地保护基体金属。通过化学或电化学处理，可使金属表面生成较厚的人工氧化膜，它能保护基体免遭机械损伤和腐蚀。电化学氧化是使金属在电解时作为阳极，可生成 3～200μm 氧化膜，故称阳极氧化。

除铝外，镁、铜、锌、铬、银和钢也可以进行电化学氧化，以提高耐蚀能力。

3. 电化学抛光 使金属表面平滑并获得金属光泽的过程，叫做抛光。电化学抛光是金属表面精加工方法之一，也是连杆小头加工常用的方法。

电化学抛光时，将钢铁工件作阳极，铅板作阴极。电解液是磷酸、硫酸、铬酐（酸性介质中，主要以 $Cr_2O_7^{2-}$ 形式存在）的混合液。接通直流电源，工件（阳极）开始溶解，凸起部分因电阻小所以溶解速度大于凹入部分，从而使不平的表面被整平，并在氧化剂 $Cr_2O_7^{2-}$ 作用下，使金属表面生成钝化膜，获得光泽，

如图6-9所示。

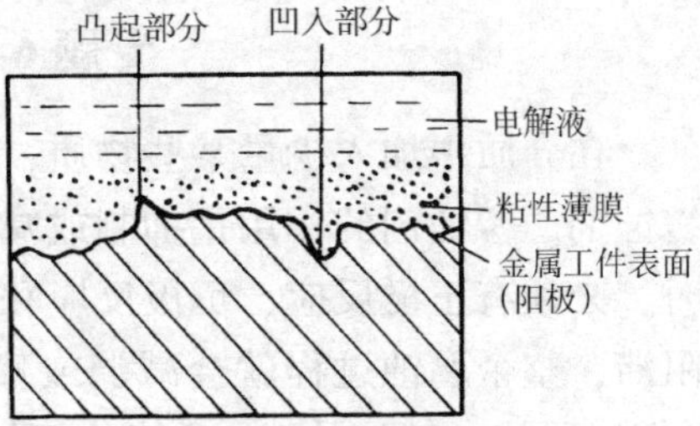

图6-9 电化学抛光形成示意图

4. 电解加工 同电化学抛光一样，也是应用电解中的阳极溶解原理，将工件加工成型。电解加工主要用于高硬度金属和合金以及复杂型面工件的加工。

5. 金属精炼 用于金属的提纯。例如，用纯铜作阴极、粗铜作阳极、$CuSO_4$ 溶液作电解液。当通直流电时，粗铜在阳极溶解，纯铜在阴极析出，粗铜中的杂质沉积在电解槽的底部。这样精炼的铜纯度可达99.9%以上。

专题6-5* 发蓝和磷化

发蓝是将钢铁工件浸入500~600g·L^{-1}NaOH和100~150g·L^{-1}$NaNO_2$的溶液中，加热至140~150℃，使工件表面形成一层致密的蓝黑色Fe_3O_4薄膜的方法。它可以增加工件的耐腐蚀性和表面美观。广泛应用于机器零件、精密仪器仪表和兵器枪械等制造工业中。发蓝工艺一般先将工件脱脂、除锈，然后装入铁丝吊篮内，浸入发蓝液中加热40~60min，用水清洗、晾干、用肥皂水处理，最后用油处理。

工件在碱性氧化液中的主要反应如下

$$3Fe + NaNO_2 + 5NaOH = \underset{\text{亚铁酸钠}}{3Na_2FeO_2} + NH_3\uparrow + H_2O$$

$$6Na_2FeO_2 + NaNO_2 + 5H_2O = \underset{\text{铁酸钠}}{3Na_2Fe_2O_4} + NH_3\uparrow + 7NaOH$$

$$Na_2FeO_2 + Na_2Fe_2O_4 + 2H_2O = Fe_3O_4 + 4NaOH$$

磷化是将钢铁制件浸入热的磷酸盐溶液中进行化学处理，在表面形成5~10μm的磷化膜。它有良好的耐腐蚀性，并能经受400~500℃的短时间烘烤，是涂装、喷塑和涂覆防锈油脂的良好底层。磷化液的配方有多种，其中除磷酸外，还有ZnO、$NaNO_2$、$Zn(NO_3)_2$等。磷化膜生成主要反应如下

$$3Zn(H_2PO_4)_2 = Zn_3(PO_4)_2\downarrow + 4H_3PO_4$$

$$4Fe + 3Zn(H_2PO_4)_2 = \underbrace{Zn_3(PO_4)_2\downarrow + 4FeHPO_4\downarrow}_{\text{磷化膜}} + 4H_2\uparrow$$

目前，常温发蓝和磷化正取代传统的高温发蓝和磷化。常温下进行发蓝和磷化处理，工艺简单，节约能源（不用加热），操作简便，不污染环境，工作效率高（发蓝时间仅需2~5min），综合成本低。

专题6-6* 缓 蚀 剂

在介质中加入少量某些物质，能使金属的腐蚀速度大大降低，这类物质统称缓蚀剂。缓蚀剂的作用是抑制或减缓金属的电化学腐蚀。当金属发生电化学腐蚀时，必须有正极反应、负极反应和电流的流动，三个环节缺一不可。如果某环节阻滞，整个腐蚀过程就会减弱或停止。例如，一些具有较强氧化性的无机盐类（如铬酸盐、硝酸盐），可使负极钝化，从而减缓金属腐蚀。又如，吸氧腐蚀的正极产物是OH^-。如果添加剂能与OH^-反应，在正极表面生成沉淀物以阻止氧的扩散和电子的传导，即可抑制正极反应，负极反应（金属的腐蚀）也因此而停止。$ZnSO_4$、$MgSO_4$、$Ca(HCO_3)_2$、$Mg(HCO_3)_2$属此类缓蚀剂。有机缓蚀剂种类很多，通常是含有N、S、O和三键的有机物。它们主要是通过在金属表面的化学吸附，使介质分子被排挤出来而与金属表面隔离，从而降低金属的腐蚀速度。

部分系统中使用的有效缓蚀剂可参见表6-6。

表6-6 部分系统中推荐选用的缓蚀剂

系统	缓蚀剂	保护的金属	缓蚀剂添加量
冷却水	Na_2CrO_4	Fe、Zn、Cu	0.1%（体积分数，下同）
	Na_3PO_4	Fe	0.05%
	NaH_2PO_4	Fe	1%
	聚磷酸盐	Fe	0.2%
锅炉	NaH_2PO_4	Fe、Zn、Cu	$10mg\cdot kg^{-1}$
	聚磷酸盐	Fe、Zn、Cu	$10mg\cdot kg^{-1}$
	Na_3PO_4	Fe	变化的
	联氨	Fe	变化的
	氨	Fe	变化的

在实际应用中，往往使用两种或两种以上物质组成的缓蚀剂，它们可以发挥各自的作用，起到协同效应。

缓蚀剂实际用量很少，一般只是腐蚀介质的0.1%～1.0%（体积分数）。常用缓蚀剂在酸液中的添加量和缓蚀效率见表6-7。

表6-7 一些酸性介质中缓蚀剂的使用量和效率

缓蚀剂名称与成分	添加量/$g\cdot L^{-1}$	缓蚀效率（%）			温度
		$w(HCl)=10\%$	$w(H_2SO_4)=10\%$	$w(HNO_3)=10\%$	
硫脲（硫脲KI）	2～4		>95		常温
02缓蚀剂	5～6	>95			常温

（续）

缓蚀剂名称与成分	添加量/g·L^{-1}	缓蚀效率（%）			温度
		w（HCl）=10%	w（H_2SO_4）=10%	w（HNO_3）=10%	
ZB-2号	4~5	>95	>95		常温
兰-826	3~6	>95	>95		常温
兰-5（乌洛托品，苯胺，硫氰酸铵）	3∶2∶1	>95		>95	常温

本章小结

一、金属键

金属键可以认为是依靠自由电子的运动，使金属阳离子结合在一起的作用力。金属的许多特性都与金属键有关。

二、合金

合金是一种金属和另一种或几种金属或非金属共熔后形成的物质。合金的结构与纯金属不同，所以性质有很大改变。合金的种类繁多，机械工业中应用广泛的是铁碳合金，即铸铁和钢。

三、金属单质

在所有金属中，锂的密度最小，汞的熔点最低，钨的熔点最高，铬的硬度最大，银的导电能力最强，铁的用量最多。铝是性能优良、应用广泛的有色轻金属。钛可谓轻金属中的后起之秀。稀土金属有广阔的发展前景。

四、金属氧化物

Fe_2O_3、Fe_3O_4 有磁性。Al_2O_3 具有两性，其晶体熔点高、硬度大，可做耐高温、耐磨材料，纯净的氧化铝称为宝石。CrO_3 具有强氧化性。

五*、金属的腐蚀

1. 化学腐蚀和电化学腐蚀都是金属和周围介质发生氧化还原反应，所不同的是：化学腐蚀是金属与腐蚀性介质直接发生化学反应；电化学腐蚀是在潮湿空气或海水、河水等条件下形成了微小的原电池。

2. 原电池是将化学能转变为电能的装置。其电能产生于自发进行的氧化还原反应。

原电池的组成：（1）电解质溶液；（2）正负电极。

电极确定方法：较活泼的金属易失去电子为负极，负极进行氧化反应；不活泼的金属（或惰性电极C或Pt）为正极，正极进行还原反应。

3. 金属的防腐方法有：组成耐蚀合金、隔离法、缓蚀剂法和电化学保护法等。电镀是利用电解的原理在被保护金属的表面覆盖上一层耐蚀的金属。

电解池是在外电压下被迫进行氧化还原反应的装置。在电解过程中，电能转变为化学能。电解池和原电池在原理、结构、电极反应方面各有特点，可以通过以下比较来理解：

装　置	原　电　池		电　解　池	
原　理	化学能——→电能 （自发进行）		电能——→化学能 （外加电压下被迫进行）	
电　极	负极（－）	正极（＋）	阴极	阳极
电子流向	输出	输入	来自电源负极	流向电源正极
电极反应类型	氧化反应	还原反应	还原反应	氧化反应

电解原理有多方面的应用。如阳极氧化、电化学抛光、电解加工等。

六*、过渡金属

过渡金属是重要的结构材料，大都具有高熔点、高硬度、良好的机械加工性能和传热导电性。

一定低温时，导体的电阻下降为零的现象叫做超导现象。超导材料的研究是非常活跃的课题。

形状记忆合金、高温合金、贮氢合金、非晶态合金都是新型金属材料。它们用于自动控制、航天航空、新能源开发利用、超大规模集成电路基板制造等高科技领域。

习　题

1. 何谓金属键？如何解释金属的传热、导电和延展性？

2. 金属冶炼的本质是什么？根据金属活动性，一般有哪几种冶炼方法？各举一例说明。

3. 什么是合金？工业上为什么很少用纯金属而大多用合金？举出生活中应用的几种合金。

4. 铝比铁活泼，为什么在空气中不易被腐蚀？有人说：“在金属活动顺序中，位置越前的金属越容易遭到腐蚀”。这种说法对吗？为什么？

5. 选择正确答案：

（1）铝属于（　　）。

a）黑色金属　　b）贵金属　　c）轻金属　　d）有色金属

（2）下列关于铝的性质错误的叙述是（　　）。

a）可溶于冷的稀硫酸　　　　b）可溶于 NaOH 溶液并有 H_2 产生

c）可溶于冷的浓硫酸　　　　d）可溶于冷的浓硝酸

6. 什么是铝热剂？若需产生 2.8kg 熔铁，至少需要铝粉和四氧化三铁各多少千克？

7. 选择正确答案：

（1）在常温下，可用铁制容器储存的是（　　）。

a）浓盐酸　　b）浓硫酸　　c）稀硝酸　　d）硫酸铜溶液

（2）在含有大量下列离子的溶液中加入铁粉，不发生反应的是（　　）。

a）H^+　　b）Mg^{2+}　　c）Fe^{3+}　　d）Cu^{2+}

（3）为了除去 $FeCl_2$ 溶液中混有的 $FeCl_3$，最好的方法是向溶液中（　　）。

a）加入铁粉　　b）通入 Cl_2　　c）加入锌粉　　d）加入铜屑

8. 列举四种铁的合金，说明它们的性质和用途。

9*. 简述钛、铬、铜的主要性质和用途。

10*. 什么是超导性？试举出几种具有超导性的材料，并说明超导技术的应用前景。

11*. 举出几种新型金属材料的性能和用途。

12*. 什么是金属腐蚀？化学腐蚀与电化学腐蚀有什么不同？

13*. 金属防腐的方法主要有哪些？各依据什么原理？

14*. 什么是原电池？在原电池的两极各发生什么反应？试举一例说明。

15*. 选择正确答案：

（1）下列金属中，能与稀盐酸反应放出氢气，与锌电极组成原电池时作为正极的是（　　）。

a）Fe　　b）Mg　　c）Cu　　d）Al

（2）将锌片和银片接触放入物质的量浓度相同的下列溶液中，反应一段时间后，溶液质量减轻的是（　　）。

a）氯化铝　　b）硫酸铜　　c）硝酸银　　d）稀硫酸

16*. 电解槽内与电源的正极相连的电极叫________极，与电源的负极相连的电极叫________极。阳极发生________反应，阴极发生________反应。

17*. 写出电解下列物质时的电极反应和总反应式：

（1）两极都用石墨，电解 NaOH 溶液。　（2）阳极用石墨，阴极用铁，电解熔融 NaCl。

18*. 电解熔融氧化铝时，如果有 1mol 电子发生了转移，在理论上能得到铝多少克？

19*. 电解 $w_{NaOH}=4.55\%$ 的溶液 1000g，经过一段时间，NaOH 的质量分数变为 5%。在 273.15K，1.013×10^5Pa 时阳极产物的体积为________，电路通过的电子是________mol。

20*. 电解下图中的各溶液时，溶液的导电能力随电解的进行明显减弱的是________。

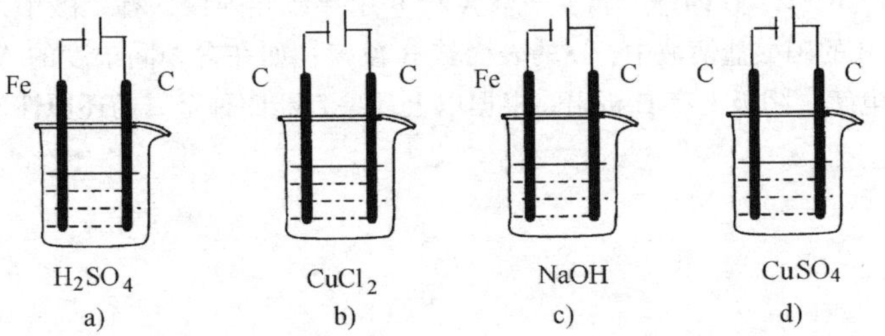

a)　　b)　　c)　　d)

21*. 电镀时，待镀工件作______极，镀层金属作______极；在电解精炼金属过程中，纯净的金属在＿＿＿＿＿析出。

22*. 将金属按下图中的搭配浸入天然水中，铁被腐蚀的速度由快到慢的顺序是＿＿＿＿＿＿。

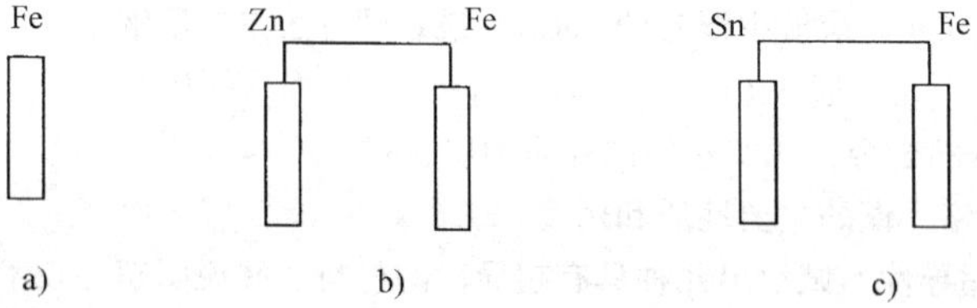

23*. 解释下列事实：

(1) 在稀酸中，含有杂质（铁或铜）的锌会比纯锌溶解得快。

(2) 镀层破损后，镀锌的钢板比镀锡的钢板耐腐蚀。

(3) 钢材在潮湿空气中要比在干燥条件下易受腐蚀。

(4) 为求美观在钢铁设备上铆接铜质螺帽或螺栓的方法不可取。

24*. 钢铁发蓝和磷化的作用是什么？试述发蓝工艺的条件和发蓝液的成分。

25. 在下列空格中填入尽可能多的正确答案：

(1) ＿＿＿＿＿＿＿＿＿＿是轻金属；＿＿＿＿＿＿＿＿＿＿是重金属。

(2) ＿＿＿＿＿＿＿＿＿＿是低熔点金属；＿＿＿＿＿＿＿＿＿＿是高熔点金属。

(3) 金属＿＿＿＿＿＿＿＿＿＿硬度最大；金属＿＿＿＿＿＿＿＿＿＿的导电、传热性能优良。

(4) ＿＿＿＿＿＿＿＿＿＿元素可提高钢的耐腐蚀性；＿＿＿＿＿＿＿＿＿＿可提高钢的机械强度。

(5) 金属＿＿＿＿＿＿＿＿＿＿不溶于浓硫酸，却溶于稀硫酸和盐酸。

(6) 金属＿＿＿＿＿＿＿＿＿＿具有铁磁性。

(7) ＿＿＿＿＿＿＿＿＿＿可作为保护铁的镀层金属。

26*. 烧过菜的铁锅未洗净（残液中含有 NaCl），第二天出现红棕色锈斑（该锈斑为 $Fe(OH)_3$ 失水的产物）。试写出有关的电极反应式。

27*. 观察与铜质水龙头接头处的铁管是否比别处锈蚀得快？解释原因。

28*. 妥善封存的干电池，时间久了为什么会变软甚至报废？

29*. 有 A、B、C、D 四种金属，如果 A 和 B 用导线相连浸入稀硫酸中，A 有气泡产生；如果把 D 放入 B 的硝酸盐溶液中，D 的表面被 B 覆盖；如在含相同浓度的 A、C 两种离子的盐溶液中进行电解，阴极上有 C 析出。根据以上现象判断四种金属的还原性递减顺序。

第七章　有机化合物

○ 什么是有机化合物？它们有哪些重要的类别？
○ 有机化合物在人类生产和生活中有哪些应用？

第一节　有机化合物概述

一般把含有碳元素的一类化合物称为有机化合物，简称有机物。有机物在人类的衣、食、住、行、医疗保健、工农业生产、能源、材料和科学技术等领域起着重要作用。

一、有机物的特征

在有机物分子中，碳原子不仅可以与其它元素的原子以共价键结合，而且碳原子彼此之间也能以共价键结合，形成链或环，这些链和环还可以带有各种支链。此外，碳原子间的共价键可以是单键，也可以是双键或三键。所以，有机物与无机物相比具有以下特征：绝大部分是非电解质；受热容易分解，易燃烧；熔点、沸点低，挥发性大；难溶于水；反应速率缓慢，而且副反应多；组成元素少，但结构繁杂、数目庞大（约有3000万种，无机物只有20余万种）。

二、有机物的分类

有机物数目庞大，科学的分类能更好地认识和研究有机物。有机物的分类方法有多种，可按官能团（分子中比较活泼易发生化学反应的原子或原子团）分类，也可按碳架结构分类。通常的分类见图7-1。

第二节　饱和烃——烷

只含碳和氢两种元素的化合物称为碳氢化合物，简称烃。甲烷是最简单的烃。

一、甲烷

1. 分子结构　甲烷的分子式为 CH_4，电子式和结构式分别表示为

- 有机化合物
  - 烃
    - 链烃
      - 饱和链烃——烷烃
      - 不饱和链烃
        - 烯烃
        - 炔烃
    - 环烃
      - 脂环烃——环烷、环烯、环炔
      - 芳香烃——苯及苯的同系物、多环、稠环芳烃
  - 烃的衍生物
    - 卤代烃
    - 醇
    - 酚
    - 醚
    - 醛
    - 酮
    - 羧酸
    - 酯
  - 糖类
    - 单糖——葡萄糖、果糖等
    - 二糖——蔗糖、麦芽糖等
    - 多糖——淀粉、纤维素等
  - 有机高分子化合物
    - 天然高分子化合物——蛋白质、天然橡胶
    - 合成高分子化合物——塑料、纤维、橡胶

图 7-1　有机物的分类

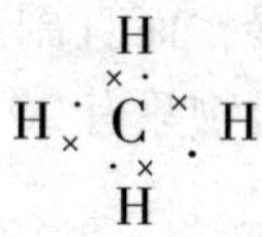

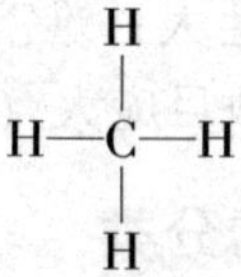

甲烷分子中的碳、氢原子并不在一个平面上，而是构成一个正四面体（见图 7-2）。

2. 性质和用途　甲烷是无色、无味的气体。密度比空气小，极难溶于水，易燃烧。

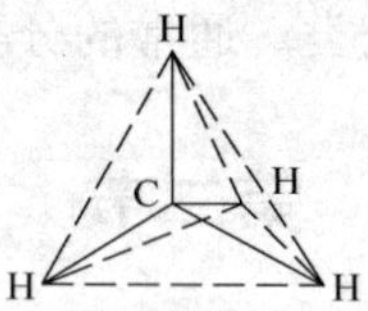

甲烷的正四面体结构

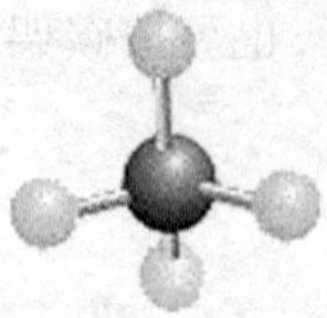

甲烷的球棍模型

图 7-2　甲烷的分子结构图

甲烷分子中 C—H 键比较牢固（键能为 $413.5kJ \cdot mol^{-1}$），所以甲烷的化学性质比较稳定，通常情况下难和强酸、强碱、强氧化剂及强还原剂反应，但在一定条件（例如光、热）下也能发生如下反应：

（1）氧化反应　纯净的甲烷能在空气中安静地燃烧，并放出大量的热。

$$CH_4 + 2O_2 \xrightarrow{点燃} CO_2 + 2H_2O\ (l)\ + 889.9kJ$$

甲烷是一种良好的气体燃料。天然气、沼气的主要成分是甲烷，其开发利用见第八章。点燃甲烷和空气的混合物容易发生爆炸，甲烷在空气中的爆炸极限是4%～16%（体积分数））。因此在煤矿的矿井里，必须采取安全措施如通风、严禁烟火等，以防止瓦斯爆炸事故发生。

（2）分解反应　在隔绝空气的条件下，加热到1000℃以上甲烷分解成炭黑和氢气。

$$CH_4 \xrightarrow{\text{高温}} C + 2H_2$$

炭黑在橡胶工业中用作填充剂，以增强橡胶的耐磨性；也用于制作颜料、油墨等。

甲烷在1500℃电弧高温下可分解为乙炔和氢气。

$$2CH_4 \xrightarrow{\text{电弧}} C_2H_2 + 3H_2$$

（3）取代反应　甲烷在光照或加热条件下能与卤素发生反应。

$$CH_4 + Cl_2 \xrightarrow{\text{光}} HCl + CH_3Cl \text{（一氯甲烷）}$$

$$CH_3Cl + Cl_2 \xrightarrow{\text{光}} HCl + CH_2Cl_2 \text{（二氯甲烷）}$$

$$CH_2Cl_2 + Cl_2 \xrightarrow{\text{光}} HCl + CHCl_3 \text{（三氯甲烷）}$$

$$CHCl_3 + Cl_2 \xrightarrow{\text{光}} HCl + CCl_4 \text{（四氯甲烷或四氯化碳）}$$

有机物分子里的某些原子或原子团，被其它原子或原子团所替代的反应叫做取代反应。取代反应的生成物叫做该有机物的衍生物。上面四种取代物都是甲烷的卤代衍生物。在常温下，一氯甲烷是气体，其它三种是液体。它们都是有机合成工业的原料。$CHCl_3$ 和 CCl_4 是重要溶剂，可粘合有机玻璃。CCl_4 可清洗油漆渍和粘合橡胶，还可做灭火剂（因其产生有毒的光气，实际上已不再用）。

二、烷烃

研究表明，自然界存在一系列与甲烷化学性质相似的碳氢化合物，它们分子中的碳原子彼此以共价单键连接，碳的其余价键完全被氢原子所饱和。具有这种结构特征的烃叫做饱和烃，又称烷烃。

1. 同系物　考察下列三种物质的结构式和结构简式

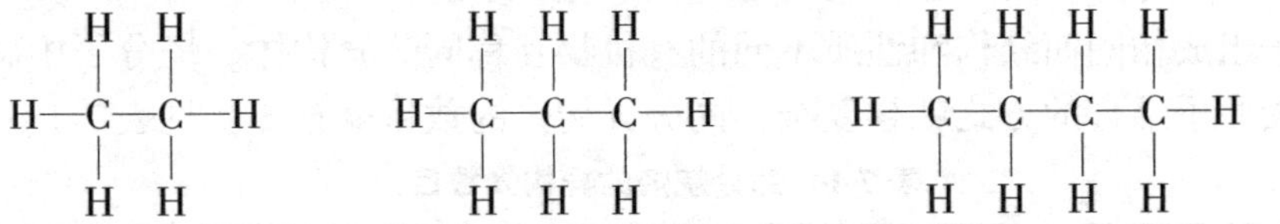

$CH_3—CH_3$	$CH_3—CH_2—CH_3$	$CH_3—CH_2—CH_2—CH_3$
乙烷	丙烷	丁烷

不难看出，上列烃的分子中，碳原子全部以单键结合成链状，组成上相差一个或几个 CH_2 原子团。这些结构相似而在组成上相差一个或若干个原子团的一系列物质，互称同系物。随着分子中碳原子数的递增，同系物的物理性质呈现规律性变化。如熔点、沸点逐渐增高；密度逐渐增大。链状烷烃在常温常压下，含碳原子 1 ~ 4 个的是气态；5 ~ 16 个的是液态；17 个以上的是固态。

同系物由于分子结构相似，化学性质也接近。例如，烷烃都具有与甲烷相似的化学性质；在一般情况下稳定；点燃时能够燃烧；光照下与卤素发生取代反应；隔绝空气加热能分解。

根据温度高低，烷烃的热分解可分为裂化（500 ~ 600℃）和裂解（700℃以上）。它们是石油加工过程中的重要步骤。通过裂化，长碳链的烷烃发生 C—C 键或 C—H 键断裂，生成低级烃，即由重质油转变成轻质油，例如裂化汽油可由重油、石蜡在 500℃时裂化来生产。裂解又称深度裂化，在此过程中，烷烃通过复杂的化学反应，转变为乙烯、丙烯、丁二烯、乙炔等基本有机合成原料。

2. 通式 如果把链状烷烃分子中的碳原子数定为 n，氢原子数就是 $2n+2$。链状烷烃的分子式就可以用一个通式 C_nH_{2n+2} 表示。

烃分子中去掉一个氢原子后剩余的原子团叫做烃基。烃基一般用“R—”表示。烷基是烃基的一种，其名称随相应的烷而定。如：

$—CH_3$　　　　$—CH_2—CH_3$

甲基　　　　乙基

烷基的通式为 $—C_nH_{2n+1}$。

3. 同分异构体 有机化合物中，许多物质的分子组成相同但结构却不同。例如，分子式为 C_4H_{10} 的丁烷有两种不同的结构，其结构简式和沸点、熔点分别为

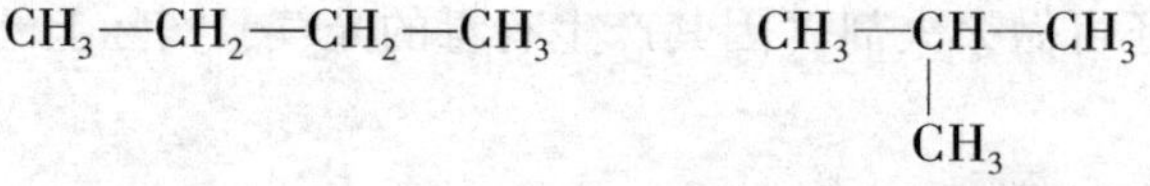

正丁烷　　　　异丁烷

沸点 -0.5℃　　　　沸点 -11.7℃

熔点 -138.4℃　　　　熔点 -150.6℃

正丁烷的碳原子连成一条直链，异丁烷是直链上连有支链。结构上的不同导致其性质上的差异，所以它们是两种不同的化合物。

分子组成相同而结构和性质不同的有机物互称同分异构体。烃分子中碳原子越多，碳原子结合的方式就越复杂，同分异构体的数目就越多，见表 7-1。

表 7-1　部分烷烃的异构体数目

碳原子数	1	2	3	4	5	6	7	8	9	10	15	20
异构体数	1	1	1	2	3	5	9	18	35	75	4347	366319

【练习思考 7-1】 判断同系物和同分异构体的依据各是什么？在下列物质中分别指出戊烷的同系物和同分异构体。

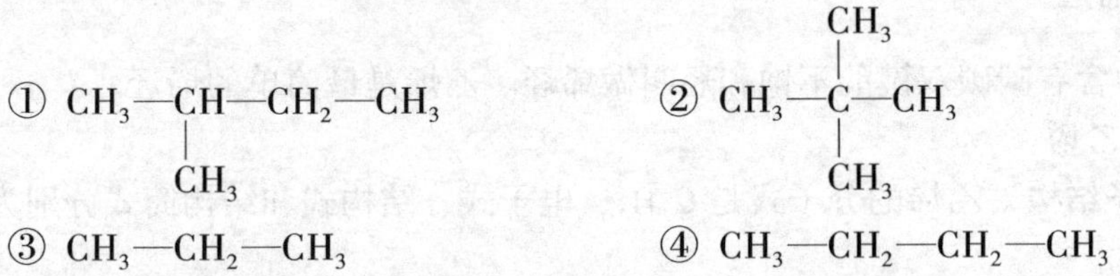

4. 烷烃的系统命名法 直链烷烃按分子中所含碳原子数目命名为某烷。碳原子数在 10 以内的依次称作甲、乙、丙、丁、戊、己、庚、辛、壬、癸烷；碳原子数在 10 个以上的用中文数字来表示，例如 $C_{17}H_{36}$称作十七烷。

带支链的烷烃其名称包括取代基和母体两部分，命名步骤如下：

1）选主链。选取最长的碳链作为主链，将支链看作取代基。主链的命名原则与直链烷烃相同。

2）编号。从距支链最近的一端开始，用阿拉伯数字 1、2、3 等给主链上的碳原子编号，以确定取代基在主链上的位置。

3）命名。名称格式为：取代基位置号 + 短线 + 取代基名称 + 主链名称。如

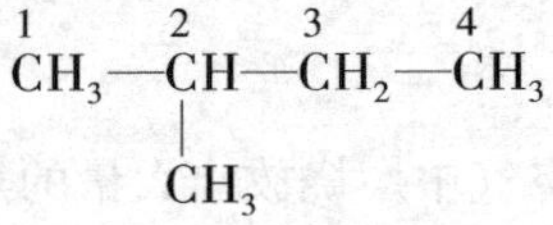

2－甲基丁烷

4）如果含有几个相同的取代基，则在取代基名称前用中文数字二、三、四等表明它的数目，同时还要在短线前分别用阿拉伯数字表明它们所在的碳位，碳位数字间用逗号隔开；如果几个取代基不同，则简单的写在前面，复杂的写在后面。例如

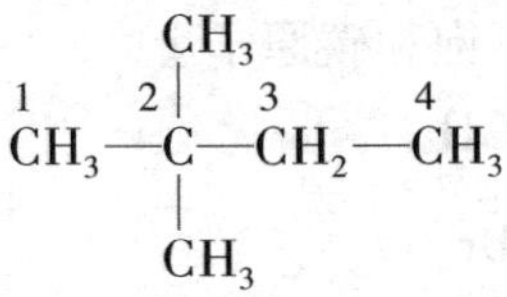

2，2－二甲基丁烷

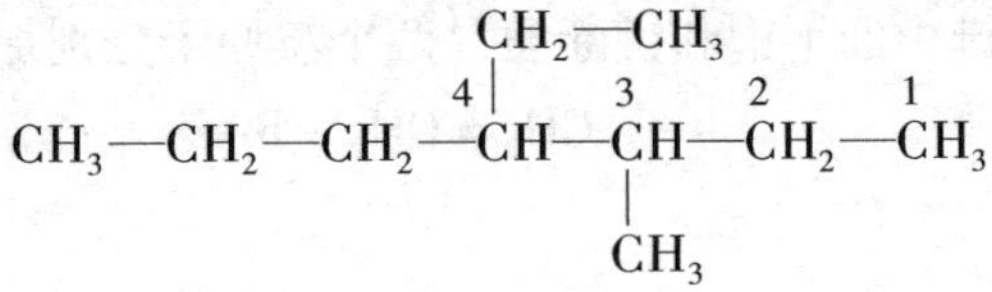

3－甲基－4 乙基庚烷

【练习思考 7-2】 写出几种带有支链烷烃的结构简式，并用系统命名法命名。

第三节　不饱和烃——烯和炔

烯烃和炔烃分子中分别含有碳碳双键（C＝C）和叁键（C≡C），所含氢原

子数少于碳原子数相同的烷烃，因而称作不饱和烃。

一、烯烃

分子中含有碳碳双键的不饱和烃叫做烯烃。乙烯是最简单的烯烃。

（一）乙烯

1. 分子结构 乙烯的分子式是 C_2H_4，电子式、结构式和结构简式分别为

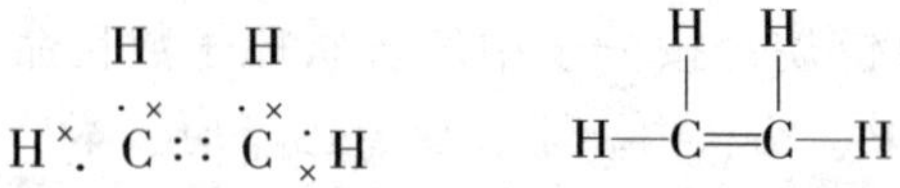

$CH_2=CH_2$

工业上乙烯主要通过石油裂解而获得，实验室可用无水酒精和浓硫酸加热到170℃脱水而获得

$$CH_3-CH_2-OH \xrightarrow[170℃]{浓硫酸} CH_2=CH_2\uparrow + H_2O$$

2. 性质和用途 乙烯是无色、微甜、难溶于水的可燃性气体，密度比空气小。乙烯分子中 C＝C 双键的键能（$598kJ\cdot mol^{-1}$）小于 C—C 单键键能（$347kJ\cdot mol^{-1}$）的两倍，表明双键中的一个键不稳定，易断裂，因此烯烃的化学性质比烷烃活泼。

乙烯可发生以下化学反应：

（1）氧化反应 乙烯在空气中燃烧放出大量的热。

$$CH_2=CH_2+3O_2 \xrightarrow{点燃} 2CO_2+2H_2O\ (l)\ \ +1411kJ$$

乙烯的爆炸极限为2.75%～34%（体积分数），使用时应注意安全。

乙烯还能被其它氧化剂氧化，例如，能与酸性高锰酸钾溶液作用而使之褪色，利用这一性质可鉴别饱和烃与不饱和烃。

（2）加成反应 将乙烯通入溴水中，溴水的红棕色就会消失。在这一反应中双键中的不饱和键断裂，两个溴原子分别加到两个不饱和碳原子上

$$CH_2=CH_2+Br_2 \longrightarrow \underset{\underset{Br}{|}}{CH_2}-\underset{\underset{Br}{|}}{CH_2}$$

1，2－二溴乙烷

分子中不饱和键断开而与其它原子或原子团直接结合，生成新化合物的反应叫加成反应。利用与溴水的加成反应也可鉴别饱和烃与不饱和烃。

在一定条件下，乙烯还能与 H_2、HX、H_2O 等起加成反应

$$CH_2=CH_2+HCl \xrightarrow[加压]{催化剂} CH_3-CH_2Cl\ （一氯乙烷）$$

$$CH_2=CH_2+H_2O \xrightarrow[加热、加压]{催化剂} CH_3-CH_2OH\ （乙醇）$$

(3) 聚合反应　在一定条件下（如加热、催化剂、紫外光照射等），乙烯分子中的一个键断开后，互相结合成长链，形成聚乙烯。

$$nCH_2=CH_2 \xrightarrow[>100℃,\ 100MPa]{\text{过氧化物}} \left[CH_2—CH_2 \right]_n$$

由相对分子质量较小的化合物合成相对分子质量较大的化合物的反应叫做聚合反应。聚合反应是人工合成高分子化合物的重要反应。

【练习思考 7-3】　试总结叙述乙烯的主要用途。

(二) 烯烃

(1) 烯烃的通式为 C_nH_{2n}。丙烯、丁烯等都是乙烯的同系物。

(2) 烯烃的熔点和沸点随着相对分子质量的增大而升高。常温常压下含 2～4 个碳原子的烯烃是气体；5～18 个的是液体；19 个以上的是固体。

(3) 所有烯烃的化学性质都与乙烯相似，能发生氧化、加成、聚合反应。

(4) 烯烃的同分异构现象比烷烃复杂，不仅有碳链异构，还有双键的位置异构。烯烃的命名法与烷烃相似，所不同的是主链应包括双键；编号从靠近双键的一端开始，并在母体名称前注明双键的位置。例如

$$\overset{5}{C}H_3—\underset{\displaystyle CH_3}{\underset{|}{\overset{4}{C}H}}—\overset{3}{C}H=\overset{2}{C}H—\overset{1}{C}H_3$$

4－甲基－2－戊烯

分子中含有两个碳碳双键的不饱和烃叫二烯烃。其中以共轭二烯烃（两个双键之间相隔一个单键）最为重要。如 $CH_2=CH—CH=CH_2$，称作 1，3－丁二烯，它是合成橡胶的原料。

【练习思考 7-4】　以 2－丁烯为例，分别写出其与 H_2、Br_2（溴水）、HX、H_2O 发生加成反应的化学方程式；分别写出以丙烯和 1，3－丁二烯为原料制取聚丙烯和聚丁二烯（顺丁橡胶）的化学反应方程式。

二、炔烃

分子中含有碳碳叁键的不饱和烃叫炔烃。下面介绍最简单的炔烃——乙炔。

1. 分子结构　乙炔俗称“电石气”，分子式为 C_2H_2，电子式、结构式和结构简式分别为

$$H\overset{\times}{\cdot}C\vdots\vdots C\overset{\times}{\cdot}H、H—C\equiv C—H、HC\equiv CH$$

2. 性质和用途　纯净的乙炔是无色、无嗅的气体，密度 $1.16g \cdot dm^{-3}$，比空气略小；微溶于水，易溶于有机溶剂。市售成品乙炔就是利用它溶于丙酮的原理装入钢瓶出售的。

乙炔的化学性质类似于乙烯。

（1）氧化反应　乙炔在空气中燃烧时，发出明亮的火焰，并带有浓烟。

$$2HC\equiv CH+5O_2\xrightarrow{\text{点燃}}4CO_2+2H_2O\ (l)\ \ +2609.0kJ$$

乙炔在纯氧中燃烧产生的氧炔焰温度高达3000℃以上，工业上广泛利用它来焊接和切割金属，当空气中混有2.5%～80%（体积分数）的乙炔时，遇火会发生爆炸，所以使用乙炔时要注意安全。

乙炔还可被氧化剂氧化，如使高锰酸钾溶液褪色。

（2）加成反应　乙炔能与卤素、氢气、卤化氢等发生加成反应。例如

$$HC\equiv CH+HCl\xrightarrow[150\sim160℃]{HgCl_2}\underset{\text{氯乙烯}}{H_2C=CHCl}$$

氯乙烯是合成聚氯乙烯的原料。

（3）聚合反应　乙炔在一定条件下能聚合成乙烯基乙炔

$$HC\equiv CH+HC\equiv CH\xrightarrow[84\sim96℃]{\text{催化剂}}H_2C=CH—C\equiv CH$$

乙烯基乙炔是制造氯丁橡胶的原料。

炔烃的同系物、同分异构现象、系统命名都与烯烃类似；同系物的熔点和沸点也随着相对分子质量的加大而升高；化学性质与乙炔类似。

第四节　芳　香　烃

含有苯环的碳氢化合物叫芳香烃。芳香烃中最简单和最重要的物质是苯。

一、苯

1. 分子结构　苯的分子式是C_6H_6。从其组成的碳氢比来看，苯是远没有达到饱和的烃。但其性质却与不饱和烃差异很大，反映了其结构的特殊性。

演示7-1　取两支试管，其中之一加入1滴酸性高锰酸钾溶液；另一支加入2滴溴水，然后向两试管中各加入5滴苯，震荡，观察高锰酸钾和溴水颜色的变化；通过实验现象思考苯的结构。

实验结果表明，苯既不能被高锰酸钾氧化，又不能与溴水发生加成反应。说明其结构不同于一般不饱和烃。研究证实：苯分子中的六个碳原子互相连接成平面正六边形，六个碳碳键的键角、键能均相等；其键长都是144pm，比C－C单键短，比C=C双键长，是一种介于饱和键和不饱和键之间的特殊键。苯的结构式和结构简式表示为

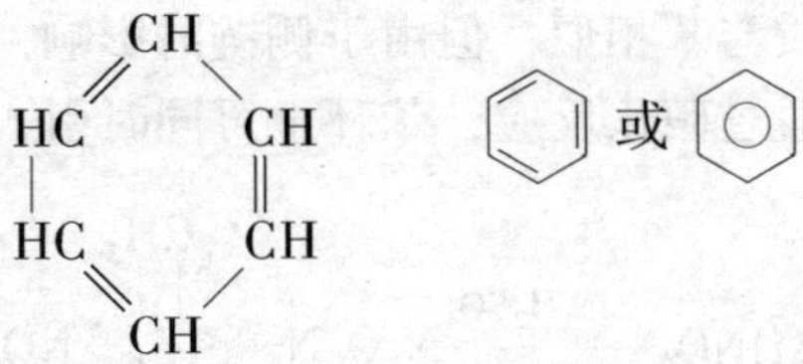

这种特殊结构叫做苯环。

2. 苯的性质 苯在常温下是无色、易挥发、易燃的液体，有特殊气味，密度比水小，熔点是5.5℃，沸点是80.1℃，难溶于水，易溶于有机溶剂。苯有毒，长期接触可破坏人的造血功能。

苯的独特结构决定了它的化学活泼性介于烷烃和烯烃之间。

（1）取代反应 苯环上的氢原子能被其它原子或原子团取代。这一性质类似饱和烃，且比饱和烃取代容易。根据取代基的不同，可分为卤化、硝化、磺化、烷基化等。如

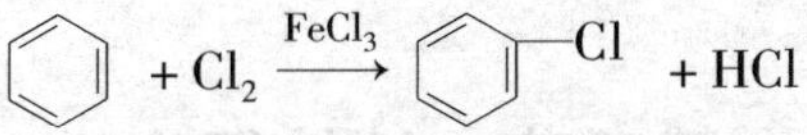

氯苯

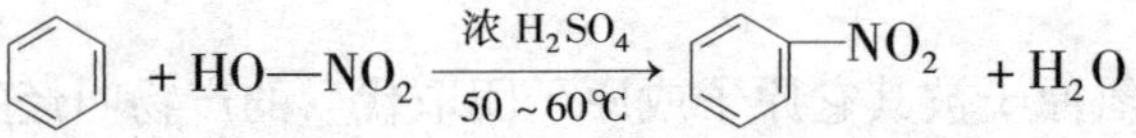

硝基苯

硝基苯是一种无色油状液体，有苦杏仁味，不溶于水，可溶于乙醇、乙醚，用于制造染料和医药。

在有机分子中加入硝基（$—NO_2$）的反应称为硝化反应。

苯与浓硫酸反应时，苯环上的氢原子就会被磺酸基（$—SO_3H$）取代，生成苯磺酸。这种引入磺酸基的反应称为磺化反应。

（2）加成反应 苯能发生加成反应，这一性质类似不饱和烃，但比不饱和烃加成困难，只有在特殊条件下才能进行。例如

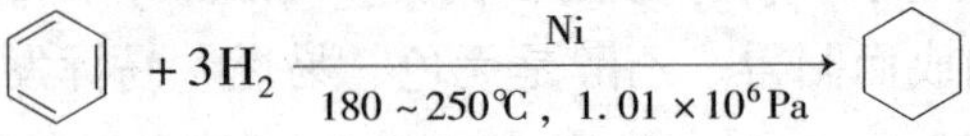

生成物环己烷是无色液体，易挥发、易燃，是合成锦纶纤维的重要原料。

二、苯的同系物

苯的同系物可以看作是苯分子中的一个或几个氢原子被其它烷基取代的产物。例如

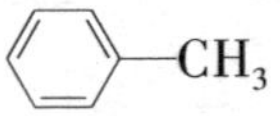

甲苯

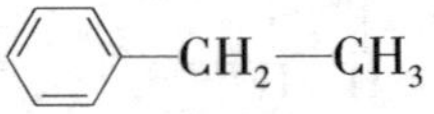

乙苯

这些同系物可用通式表示：C_nH_{2n-6}（$n \geqslant 6$）

苯的同系物化学性质与苯相似，但由于侧链的影响，使苯环上的氢原子更容易被取代。例如，甲苯通过硝化反应，苯环上可同时引入 3 个硝基

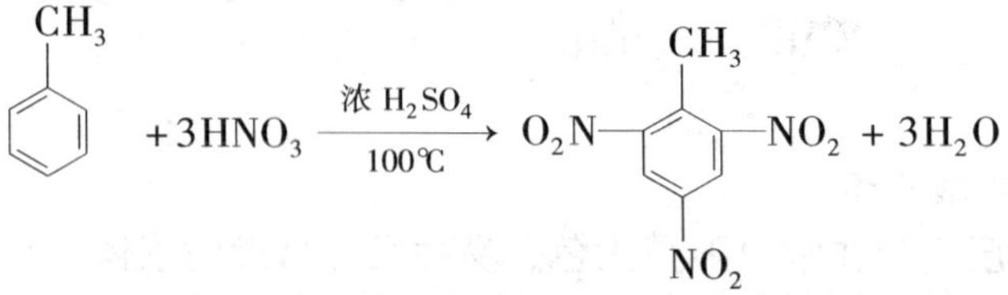

生成的三硝基甲苯（又称 TNT）为淡黄色针状晶体，是一种烈性炸药。不仅爆炸力强，而且使用较安全（在 240℃爆炸）。

由于苯环的影响，侧链上烷基能被氧化剂氧化。例如，酸性高锰酸钾溶液能将甲苯氧化为苯甲酸，同时它自身褪去颜色。

【练习思考 7-5】 比较苯与甲苯的化学性质，分析甲基对苯环的影响和苯环对甲基的影响。

第五节 烃的衍生物

烃分子中的氢原子被其它原子或原子团取代后的产物叫烃的衍生物。取代氢原子的原子或原子团决定了各类衍生物的特性，称之为官能团。烃的衍生物是按官能团分类的，本书只介绍醇、酚、醛、酮和羧酸等几种烃的重要衍生物。

一、醇

链烃基与羟基（—OH）结合而成的化合物叫醇。醇的通式为 R—OH，官能团为—OH。分子里含有一个羟基的醇叫一元醇，含有两个羟基的醇叫二元醇，含有两个以上羟基的醇叫多元醇。

1. 乙醇 乙醇俗称酒精，一般用含糖类（如淀粉）的原料经发酵酿造而成，也可通过乙烯与水加成而制得。乙醇是无色、易燃、易挥发的液体，具有特殊香气和辣味。密度 0.789g · cm^{-3}，沸点 78.5℃。能与水以任意比例互溶。工业用乙醇（工业酒精）约含乙醇 96%（体积分数，后同），99.5% 以上的乙醇叫做无水乙醇。乙醇的分子式是 C_2H_6O，结构式、结构简式分别为

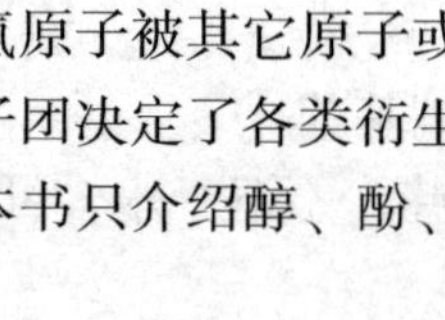

CH_3CH_2OH 或 C_2H_5OH

羟基比较活泼，它决定着乙醇的主要化学性质。

(1) 氧化反应　乙醇能在空气中燃烧并产生大量的热，故可作燃料

$$C_2H_5OH + 3O_2 \xrightarrow{\text{点燃}} 2CO_2\uparrow + 3H_2O\ (l)\quad + 1366.2kJ$$

乙醇汽油—用变性燃料乙醇（无水乙醇经过专用的均质混配器变性处理后，即成为车用变性燃料乙醇）以一定比例与汽油混配（我国采用的混配比例是8%）就形成了乙醇汽油。乙醇汽油的优点是辛烷值（汽油标号）比普通汽油高，缺点是热值比普通汽油低（因含氧缘故）。

我国从2001年开始推广使用车用乙醇汽油，这是一项战略性举措。一方面缓解石油紧缺的矛盾，为国家节省大量外汇（约15亿美元/年）；另一方面解决粮食严重库存问题，促进农业生产的良性循环；同时可降低汽车尾气污染，改善环境质量。

乙醇在高温下通过催化剂（如Cu、Ag）可被氧化成乙醛，这是工业上生产乙醛的方法之一。

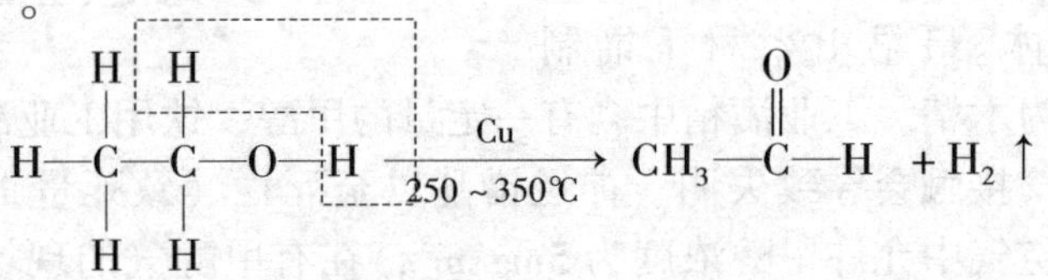

在有机反应中脱氢或加氧都称为氧化，反之则为还原。

（2）脱水反应　乙醇与浓硫酸共热时发生脱水反应，脱水产物因反应温度不同而不同。

在170℃左右，乙醇发生分子内脱水生成乙烯

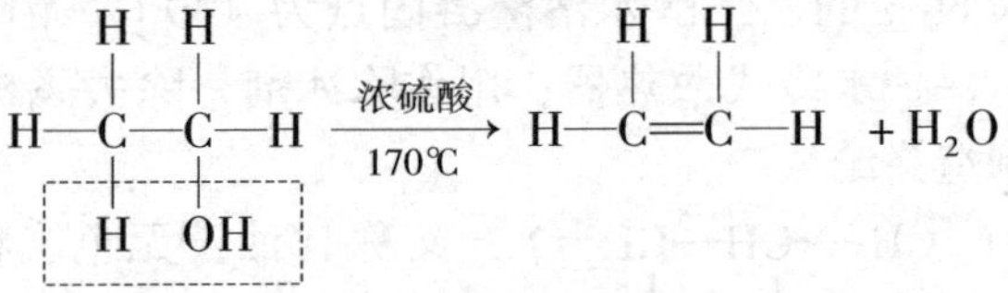

从分子中相邻的两个碳原子上脱去一个小分子（如水、卤化氢等），生成不饱和化合物的反应叫做消去反应。

在140℃左右，乙醇发生分子间脱水生成乙醚。这是工业上制取乙醚的重要方法。

$$CH_3CH_2—OH + HO—CH_2CH_3 \xrightarrow[140℃]{\text{浓硫酸}} CH_3CH_2—O—CH_2CH_3 + H_2O$$

乙醇的用途广泛。它是一种良好的溶剂和液体燃料；用于制取医药和香精；75%（体积分数）的乙醇在医疗上用作消毒剂；经粮食酿造的酒精是饮用酒的重要成分，如啤酒、黄酒、白酒都含一定量的酒精。应当注意，酒精可抑制人的大脑功能，损害肝脏，所以过度饮酒是十分有害的。

判断酒后驾车的方法

新的《道路交通安全法》用暂扣驾照、罚款、拘留三种处罚，加大了对饮

酒、醉酒后驾车的法律处罚力度。检测司机是否为酒后驾车的方法既科学又简便：使驾车人呼出的气体通过呼吸分析仪（装有经过硫酸酸化处理的强氧化剂 $K_2Cr_2O_7$ 的硅胶），如果呼出的气体中含有乙醇蒸气，乙醇会被氧化成乙醛，同时氧化剂被还原为绿色的硫酸铬。硅胶颜色变为绿色，即可知驾车人喝了酒，见图 7-3。

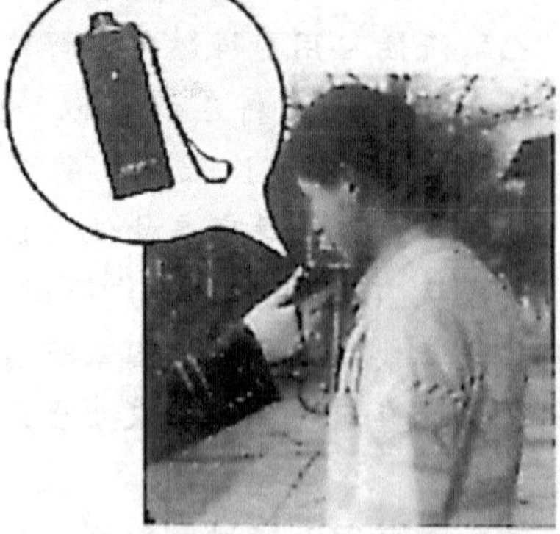

图 7-3　驾驶员正在接受检测

2. 重要的醇

（1）甲醇（CH_3OH）　无色、有毒、易燃的液体。最早由木材干馏制得，所以又称为木精。工业酒精中含有一定量的甲醇，饮用工业酒精配制的酒或长期与甲醇蒸气接触会导致失明、神经错乱以至死亡（致死量 10mL）。我国有关部门规定，空气中允许甲醇浓度为 $5mg/m^3$，在有甲醇气的现场工作须戴防毒面具，废水要处理后才能排放。

甲醇主要用于制备甲醛，还可作汽车或喷气式飞机的燃料。

（2）乙二醇（$HO—CH_2—CH_2—OH$）　乙二醇又叫甘醇，是无色透明、略带甜味的粘稠液体。甘醇熔点低（$-11.5℃$）、加入水中可使水溶液的凝固点降低。如质量分数为 60% 的乙二醇水溶液凝固点为 $-49℃$。因此，乙二醇常用作内燃机的防冻剂，保护水冷式散热器；用作除冰剂，除去飞机、汽车上的冰霜；工业上用乙二醇制造涤纶。

（3）丙三醇（$\underset{OH}{\underset{|}{CH_2}}—\underset{OH}{\underset{|}{CH}}—\underset{OH}{\underset{|}{CH_2}}$）　又称甘油，无色、粘稠、有甜味的液体，能与水以任意比例互溶。甘油吸湿性很强，日常生活中常用以滋润皮肤；在化妆品、牙膏、印泥等制造和烟草、皮革、食品等加工中用作吸湿剂；还用于制造消化甘油；作润滑剂、防冻剂等。

二、酚

【练习思考 7-6】　比较下列物质的结构有何不同？

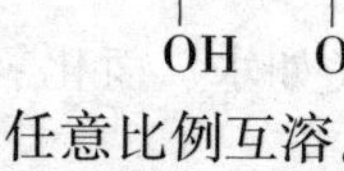

苯甲醇

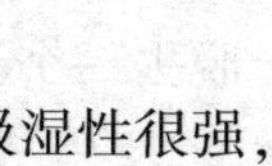

苯酚

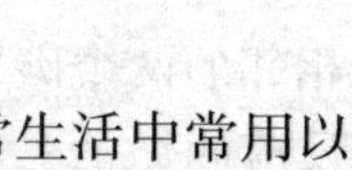

萘酚

苯环直接与羟基相连的化合物叫做酚。苯酚是最简单、最重要的酚。

纯净的苯酚在通常情况下是无色晶体，在空气中或见光后发生氧化而显粉红色。苯酚在冷水中微溶，在70℃以上则可与水互溶。苯酚有毒，具有特殊气味，其浓溶液对皮肤有强烈的腐蚀性，如溅到皮肤上应立即用酒精清洗。

酚和醇的官能团都是羟基，所以它们的化学性质有某些类似。但由于链烃基和芳香烃基对羟基的影响不同，酚的性质与醇又有明显差异。

（1）弱酸性　苯酚中的羟基能部分电离出 H^+，从而显弱酸性（因此苯酚又称石炭酸），这是与醇的根本区别。

苯酚的酸性极弱（$K_a = 1.3 \times 10^{-10}$），甚至不能用指示剂来检验。

（2）苯环上的取代反应　由于羟基对苯环的影响，苯酚很容易发生取代反应。

演示7-2　向盛有苯酚溶液的试管中加入溴水，观察有何现象发生。

苯酚与溴水反应产生了不溶于水的三溴苯酚白色沉淀。

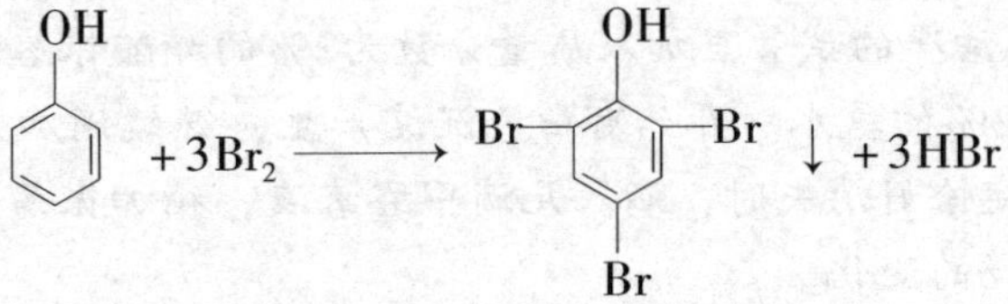

该反应很灵敏，利用它可进行苯酚的检验和定量分析。

苯酚能发生硝化和磺化反应。例如

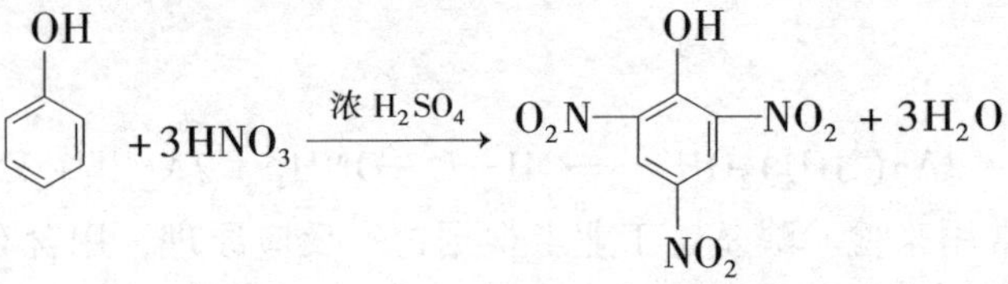

生成物2，4，6－三硝基苯酚，俗称苦味酸，淡黄色晶体，味极苦，有毒，军事上称为“黄色炸药”。

苯酚是重要的化工原料，可以用来制造酚醛树脂（俗名电木）、合成纤维（如绵纶）、染料、炸药、农药等，还可以作防腐剂和杀虫剂。

三、醛和酮

醛和酮是含有羰基（$>C=O$）的化合物，羰基碳原子与两个烃基相连的（$R-\overset{\displaystyle O}{\overset{\|}{C}}-R'$）叫酮；羰基碳原子至少连有一个氢原子［$(H)R-\overset{\displaystyle O}{\overset{/\!/}{C}}-H$］的叫做醛。

醛和酮可以根据分子中所含碳原子数来命名，如

甲醛 $H-\overset{\overset{\displaystyle O}{\|}}{C}-H$ 、乙醛 $CH_3-\overset{\overset{\displaystyle O}{\|}}{C}-H$ 、丙酮 $CH_3-\overset{\overset{\displaystyle O}{\|}}{C}-CH_3$

室温下除甲醛是气体外，分子中含 12 个碳以下的醛和酮是液体，高级醛和酮是固体。

1. 甲醛 无色而有特殊刺激性气味的有毒气体，沸点 -21.36℃，易溶于水，有凝固蛋白质的作用，因而有杀菌防腐能力。常用作消毒剂（房屋、种子的消毒）和配制存放动物标本的溶液，如福尔马林是质量分数为 37% ~40% 的甲醛溶液。甲醛有致癌作用，所以决不可用于食品的消毒和防腐。

甲醛的化学性质比较活泼。

（1）氧化反应 甲醛是强还原剂，能被很弱的氧化剂氧化。

演示 7-3 在洁净的试管里加入质量分数为2%的硝酸银溶液 2mL，然后逐滴加入质量分数为 2% 的氨水。开始有白色沉淀产生，继续滴加则变成棕色氧化银沉淀，再加到沉淀恰好消失时，滴入几滴甲醛溶液，稍加振荡，把试管静置于热水中，观察试管壁的变化。

可以看到试管壁上附着一层光亮如镜的金属银。在这个反应里，甲醛被氧化为甲酸铵，银离子被还原，沉积在试管壁上形成光亮的银镜。所以该反应称为银镜反应。

$$H-\overset{\overset{\displaystyle O}{\|}}{C}-H + 2Ag(NH_3)_2OH \longrightarrow H-\overset{\overset{\displaystyle O}{\|}}{C}-ONH_4 + 2Ag\downarrow + 3NH_3 + H_2O$$

银镜反应常用来检验醛基。工业上根据这一反应原理，用含有醛基的葡萄糖作还原剂来制作保温瓶胆和镜子。

乙醛能和另一种弱氧化剂——费林试剂（由硫酸铜溶液和酒石酸钾钠的氢氧化钠溶液混合配制而成）反应。乙醛与费林试剂加热到沸腾时，乙醛被氧化成乙酸，而二价铜离子被还原成红色的氧化亚铜沉淀。这也是检验醛基的一种方法。在医学上常用此反应诊断糖尿病。

（2）加成反应 甲醛分子中的羰基能发生加成反应。例如，加氢后被还原为甲醇

$$H-\overset{\overset{\displaystyle O}{\|}}{C}-H + H_2 \xrightarrow[\triangle]{\text{催化剂}} H-\underset{\underset{\displaystyle H}{|}}{\overset{\overset{\displaystyle H}{|}}{C}}-OH$$

（3）聚合反应 甲醛和苯酚可聚合为酚醛树脂（见本章第六节），也可通过自身聚合生成聚甲醛。聚甲醛是一种性能优异的工程塑料，强度高，可代替铜和钢等金属制造机械、汽车、飞机等零件。

醛类分子中都含有醛基，其化学性质类似甲醛。低级醛带有刺激性气味，含 8～18 个碳原子的醛（如香草醛 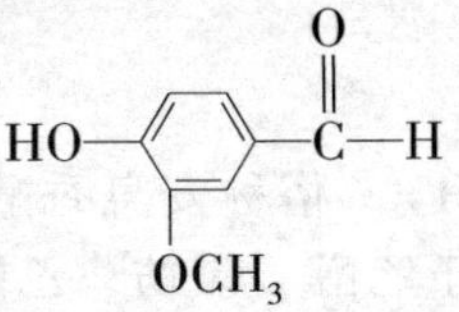 ）则带有果香味，常用于香料工业。

2. 丙酮 无色有微香的液体。沸点 56.2℃，密度 0.792g · cm^{-3}，易燃、易挥发。可与水、乙醇、乙醚、油类等互溶，是重要的有机溶剂。丙酮广泛用作油脂、树脂、蜡、化学纤维、赛璐珞等的溶剂，是合成药物、环氧树脂（万能胶）、有机玻璃、橡胶等的重要原料。

酮不能发生银镜反应，但可以发生加成反应和聚合反应，例如，羰基上加氢可还原成醇；丙酮和苯酚可缩合生成二酚基丙烷（双酚 A）

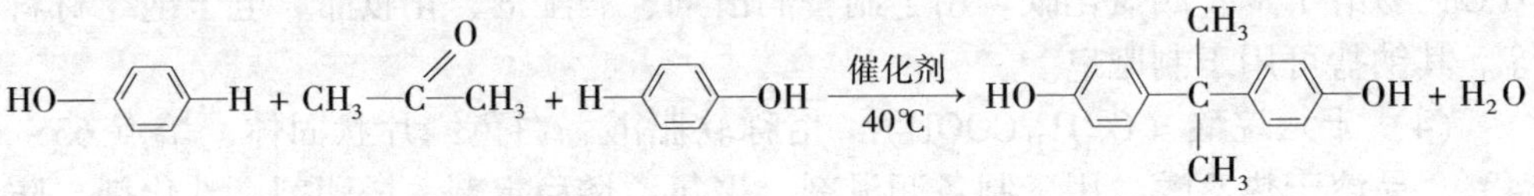

双酚 A 是制取环氧树脂的重要原料。

【练习思考 7-7】 试总结甲醛和丙酮的用途。

四、羧酸

烃基和羧基（—COOH）直接相连的有机物叫做羧酸，通式是 $R-\overset{\overset{O}{\|}}{C}-OH$ ，简写为 R—COOH。

1. 乙酸 俗称醋酸，是食醋（约含 3%～5% 的乙酸）的主要成分。乙酸是无色而有强烈刺激性气味的液体，易溶于水和乙醇，沸点 113℃，熔点 16.7℃。无水乙酸在低于熔点时为冰状固体，所以无水乙酸又称冰醋酸。

乙酸的主要化学性质：

（1）酸性 乙酸在水溶液中能部分电离，具有酸的一切通性。

$$CH_3COOH \rightleftharpoons H^+ + CH_3COO^- \qquad K_a = 1.76 \times 10^{-5}\ (25℃)$$

（2）酯化反应 在浓硫酸催化并加热的条件下，乙酸能与乙醇反应生成乙酸乙酯。

$$CH_3\overset{\overset{O}{\|}}{C}-\boxed{OH + H}O-C_2H_5 \underset{\triangle}{\overset{浓硫酸}{\rightleftharpoons}} CH_3-\overset{\overset{O}{\|}}{C}-O-C_2H_5 + H_2O$$

酸（有机酸或无机酸）与醇作用生成酯的反应叫做酯化反应。

乙酸是重要的化工原料，用途极广，主要用于生产醋酸纤维、维尼纶、增塑剂、香料、染料、医药等。

2. 其它重要的羧酸

(1) 苯甲酸（C_6H_5COOH） 俗称安息香酸，白色片状晶体，微溶于冷水，溶于热水、四氯化碳，易溶于乙醇、氯坊、乙醚、苯。有抑制微生物生长的作用，广泛用作食品防腐剂（苯甲酸在人体内不积蓄，因而无害）。苯甲酸与其它营养成分配合可制成鲜花保鲜液，与水杨酸配合可用于治疗脚癣、皮肤癣等病。苯甲酸还是制备染料、香料和医药的原料。

(2) 乙二酸（HOOC—COOH） 俗称草酸，无色晶体，有毒，易溶于水和乙醇。可用作分析试剂、还原剂和漂白剂。日常生活中可用草酸除去衣服上的铁锈和墨水渍。

(3) 十八烷酸（$C_{17}H_{35}COOH$） 俗称硬脂酸，白色片状固体，熔点69～70℃，易溶于苯、四氯化碳。用于制备润滑剂、润湿剂、化妆品、电子绝缘材料等。其钠盐可用于制肥皂。

(4) 十六烷酸（$C_{15}H_{31}COOH$） 俗称软脂酸，白色鳞片状固体，熔点63～64℃，易溶于热乙醇。用于制备润滑剂、聚氯乙烯稳定剂、增塑剂、乳化剂、防冻剂、肥皂等。

第六节　合成高分子材料

烃及其衍生物的相对分子质量一般小于500，属于低分子物质。与人类生产生活关系密切的还有一类有机物，相对分子量可高达数万、数十万甚至数百万，这类有机物称作高分子化合物，简称高分子或高聚物。

一、高分子的基本概念

1. 高分子的组成及合成反应　高分子的相对分子质量虽然很大，但化学组成一般比较简单。它是由成千上万个结构单元（又称链节）以共价键重复连接而成的。例如，聚乙烯的结构简式可表示为$\left[CH_2—CH_2 \right]_n$，其中“$—CH_2—CH_2—$”是链节，$n$为链节数。对一般高分子而言，链节数也称聚合度。形成高聚物的低分子化合物叫做单体，如乙烯、甲醛、苯酚等，它们是合成高分子的原料。合成高分子的反应类型一般分为加聚反应和缩聚反应。

(1) 加聚反应　由相同或不同的单体通过加成反应相互聚合成高分子的过程叫做加聚反应。例如，氯乙烯在加热和紫外光照射下生成聚氯乙烯。

$$nCH_2=CHCl \xrightarrow[\text{紫外光}]{\triangle} \left[CH_2—\underset{\displaystyle Cl}{\underset{|}{CH}} \right]_n$$

又如，在一定条件下丁二烯与苯乙烯合成丁苯橡胶。

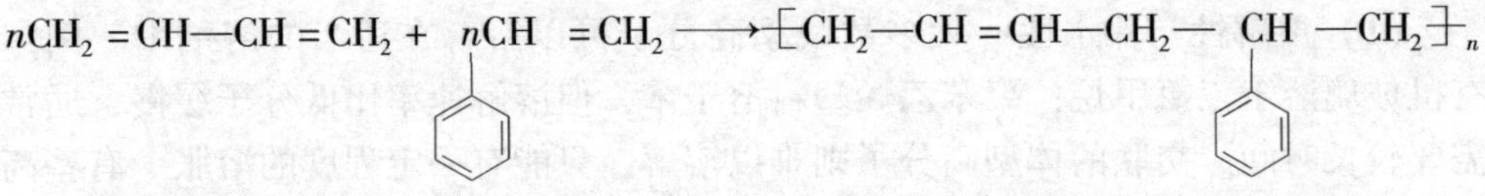

参与加聚的单体一般含有不饱和键，生成的高分子与单体的成分相同。

工业上利用加聚反应生产的高分子约占合成高聚物总量的80%。

(2) 缩聚反应　由相同或不同的单体通过分子间的官能团互相缩合成高分子的过程叫做缩聚反应。例如苯酚和甲醛聚合成酚醛树脂的反应

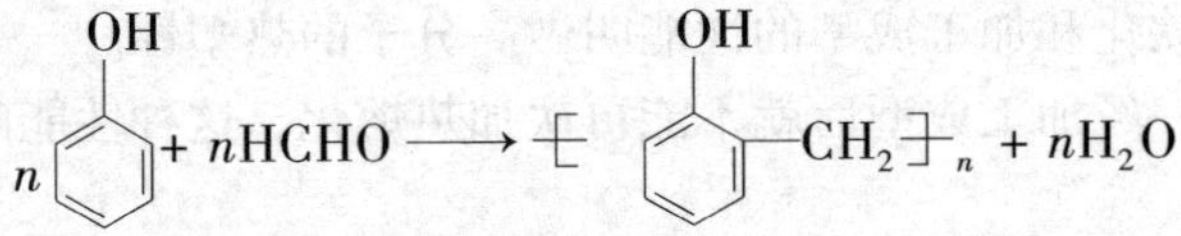

又如，对苯二甲酸与乙二醇在酸催化条件下生成聚对苯二甲酸乙二醇酯(涤纶纤维原料)的反应

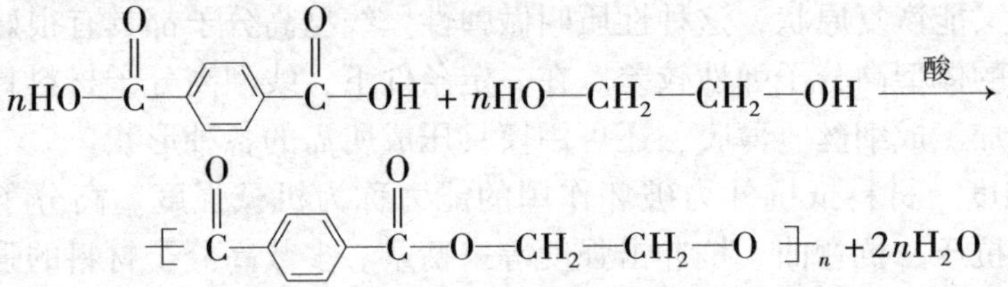

缩聚反应的单体含有两个或两个以上的官能团，反应结果还有其它低分子物质(如水、氨等)生成，故缩聚反应生成的高分子与单体的成分不相同。

2. 高分子化合物的分类　高分子化合物的种类很多，而且不断增加，若按来源分类，可分为天然高分子(如淀粉、纤维素、天然橡胶、丝、毛及人体中的蛋白质、核酸等)和合成高分子；若按性能和用途分类可分为塑料、纤维、橡胶、涂料、粘合剂和功能高分子；若按功能分类可分为通用高分子、工程材料高分子、功能高分子、仿生高分子。

3. 高分子的结构及一般性质　单体进行聚合时先形成由成千上万个链节连接的长链，有的长链上还带有支链，我们称之为线型高分子。在一定条件下，线型高分子链之间发生交联，转变为体型网状高分子。因此，根据长链连接的几何形状，高分子可分为体型和线型两种结构形态(见图7-4)。

高分子的性质是多方面的，这里只介绍与结构关系明显、与用途关系密切

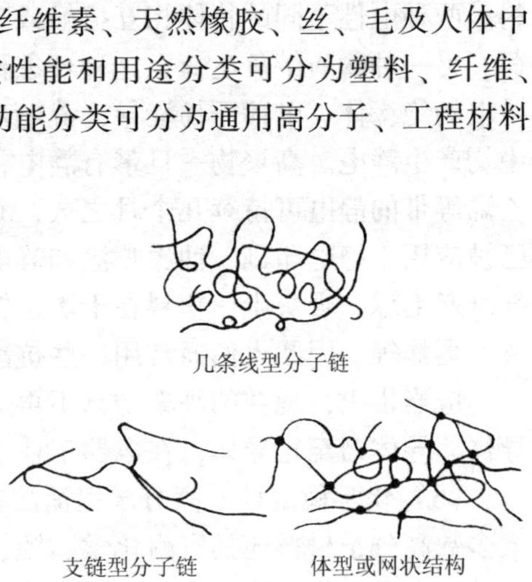

图7-4　聚合物分子结构示意图

的一些性质。

（1）溶解性与保水性　大多数线型高分子可以溶解在适当的溶剂中。例如有机玻璃溶于三氯甲烷；聚苯乙烯塑料溶于苯，但溶解速率比低分子缓慢，通常需要较长时间。交联的体型高分子则难以溶解，只能有一定程度的溶胀。有些高聚物，分子内含的羟基等强亲水基团，有惊人的吸水能力。吸水后成凝胶状，在加压下，水分也不易被挤出来，这些高聚物称高吸水性树脂（见专题7-9）。

（2）热塑性和热固性　线型高分子没有确定的熔点，受热到一定程度便开始软化，直到熔化为流动的液体。冷却后可固化成型，再次加热可重新熔化。这种可以反复加热软化和加工成型的性能叫做高分子的热塑性。

体型高分子一经加工成型后就不能再次加热熔化，这种性能叫做高分子的热固性。

【练习思考7-8】　分别举出几种具有热塑性或热固性的高分子材料名称。

（3）弹性和塑性　高分子长链通常处于卷曲状态，当受到外力时会发生变形，除去外力后又能恢复原状，这种性质叫做弹性。线型高分子都具有很好的弹性，交联程度大的体型高分子弹性较差。在一定条件下，线型高分子材料具有良好的塑性，能被加工成细丝、薄膜，还可用模具压成所需的各种形状。

（4）机械强度　材料抵抗外力破坏作用的能力称为机械强度。高分子的强度通常用抗拉、抗压、抗弯曲、抗冲击强度等来衡量。多数高分子材料的强度较大，还具有耐磨性。

（5）电绝缘性和抗静电性　组成高分子化合物的化学键大多数是共价键，内部一般不存在自由电子和离子，因此它们通常是很好的绝缘体，可作绝缘材料。两种电性不同的物体相互接触或摩擦时，会有电子转移而使一种物质带正电荷，另一种物质带负电荷，这种现象称为静电现象。对于高聚物材料，一般是不导电的绝缘体，电荷不易漏导，静电现象极普遍。无论是加工过程还是使用过程中均产生静电。高聚物一旦带有静电，消除很慢，如聚四氟乙烯、聚乙烯、聚苯乙烯等带的静电可持续几个月之久，有的电压可达到上千伏或上万伏。这种现象已被应用于静电印刷、油漆喷涂和静电分离等，但静电往往是有害的，例如腈纶纤维起毛球、吸灰尘；粉料在干燥运转中会结块；某些干燥场合，静电会引起火灾、爆炸等。因此人们通常用一些抗静电剂来消除静电。

应当指出，现在的高聚物已不再局限作绝缘体或电介质，有些高聚物也是半导体、导体乃至超导体，在电器工业上得到应用。

（6）化学稳定性　高分子里活泼基团较少，化学性质通常是稳定的。此外，大多数高分子材料还具有耐化学腐蚀、耐磨、不透气、不透水等特点。高分子材料的缺点是一般不耐高温、易燃、易老化。

所谓老化是指高分子材料受到光、热、空气、潮湿等综合因素的影响，逐步发生物理性质和化学性质变化，如发硬、发粘、变脆、变色等，从而失去了原有的优良性能，以致丧失使用价值。为延缓高分子材料的老化，可加入各种稳定剂（防老剂），如烷基酚、芳香胺。

二、高分子材料简介

高分子材料与无机材料和金属材料相比，具有密度小，比强度高、耐腐蚀、绝缘性好，易于加工成型等特点；而且高分子材料品种多，功能齐全、能适应多种需要，原料来源丰富易得、价格便宜。所以，高分子材料已成为我们日常生活中必不可少的重要材料。据统计，人们对材料的需求中，高分子占60%。

通常使用的合成高分子材料，按其性能、状态及用途可分为塑料、合成橡胶、合成纤维，即“三大有机合成材料”。此外，还有胶粘剂、离子交换树脂、有机硅聚合物、涂料、高分子复合材料和人工智能材料等。同一种高分子，采用不同的合成方法和成型工艺可制成用途不同的材料。如聚氯乙烯是典型的塑料，又可制成纤维（称氯纶）；再如聚氨酯，既可制成泡沫塑料又可制成弹性橡胶。

1. 塑料　是一类在加热、加压下塑制成型，而在常温、常压下能保持固定形状的高分子材料。塑料的主要成分是合成树脂，一般还含有增塑剂、防老剂、着色剂、润滑剂等。少数塑料（如有机玻璃）仅由树脂合成。

根据受热和冷却条件下具有的特性，塑料可分为热塑性塑料和热固性塑料。按照应用又可分为通用塑料、工程塑料、耐高温塑料和特种塑料。

从广义上讲，凡可作为工程结构材料的塑料都称为工程塑料，例如ABS塑料（主体是丙烯腈、丁二烯和苯乙烯的三元共聚物），是一种坚韧而有刚性的热塑性塑料，具有良好的抗冲击强度和表面硬度，尺寸稳定，耐化学腐蚀，电绝缘性好且易于电镀，可代替金属用于机械、电子等工业。再如“塑料王”聚四氟乙烯，耐热、耐寒性能好，可在-180～300℃范围内使用；化学稳定性超过一般塑料，除熔融金属钠和氟外，能耐包括沸腾的王水和氢氟酸在内的一切化学药品的腐蚀；机械强度高；电绝缘性好；摩擦因数低，形成的表面膜极其光滑，利用这一特点可涂于锅的内壁制成“不粘锅”。

塑料制品在国防、工业、农业、交通、建筑、医药卫生等方面应用日趋增多。从20世纪30年代起，塑料生产以每5年翻一番的速度猛增。在三大合成材料中塑料占总产量的70%。在满足人类生产、生活需要的同时，塑料也带来了环境问题。塑料在自然条件下降解需数百年。因此，塑料废弃物已成为环境污染源之一，寻求易于降解的塑料或其代用品是当前一项重大的科学命题。

塑料的品种很多，几种常见塑料的性能和用途列于表7-2。

表 7-2 几种常见塑料的性能与用途

名称	主要性能	主要用途	燃烧时的特点
聚乙烯	透明、稍带乳白色，有蜡一样油腻感。耐寒、耐化学腐蚀，无毒，电绝缘性好；耐热性差，易老化。溶于苯、四氯化碳	食品、医药的包装材料；电线、电缆的包覆料；涂料；绝缘材料，用于雷达、电视，也可制成管道和电容器的薄膜介质	燃烧，熔化成滴。火焰呈黄色，根端淡蓝色，有石蜡燃烧的气味，离火后继续燃烧
聚氯乙烯	耐酸碱，力学性能和电绝缘性良好；耐热性差。溶于环己酮、硝基乙烷、苯、甲苯等	电线、电缆的包皮；绝缘涂料；建筑用管道、板材、壁纸；可制成人造革、氯纶	不太易燃烧，火焰上端黄色，根部蓝绿色，熔融能拉丝，有氯化氢气味，离火后继续燃烧
聚苯乙烯	耐水，电绝缘性好，透明度高，易染色。室温下硬而脆。溶于甲苯醋酸甲酯、二氯乙烷、三氯乙烯、二硫化碳	绝缘材料；电容器薄膜介质；汽车、飞机零件；医疗卫生工具；日常用品；离子交换树酯等	易燃，火焰橙黄色，冒浓黑烟，有芳香烃气味，离火后继续燃烧
聚甲基丙烯酸甲酯（有机玻璃）	透气性好，质轻，电绝缘性好，耐酸碱，易加工，不易破碎。不耐热，140℃软化，不耐磨。溶于氯仿、甲酸、冰醋酸等	汽车、飞机用玻璃，光学仪器，大型建筑物的天窗，电子设备的装饰透镜，仪器仪表部件，电器绝缘材料等	能燃烧，火焰黄而明亮，边缘蓝色、顶端白色。软化起泡，有强烈的水果腐烂气味，离火后继续燃烧
聚碳酸酯	透光近 90%，有“透明金属之称，韧而刚，尺寸稳定，耐高低温，电绝缘性好。不耐酸碱。溶于芳香烃和卤代烃	高级电绝缘性材料；光学玻璃；可用来制造机械、飞机零件，汽车外壳，防弹玻璃，仪表、医疗器械、光盘等。	缓慢燃烧，黄色火焰带黑烟，熔融起泡，有花果腐臭味，离火后熄灭
聚砜	透明，琥珀色，耐高低温，耐酸碱，机械强度高，耐摩擦，易电镀，电绝缘性好；加工性能差，不耐溶剂。溶于甲苯，甲乙酮、二甲基甲酰胺	代替有色、黑色金属作高温工程材料，用于汽车，电气和电子工业，制造电视机、电脑的集成电路板	难燃烧，黄褐色烟，熔融，烧焦橡胶味，离火后熄灭
聚四氟乙烯（塑料王）	优异的耐高低温性能，优异的耐化学腐蚀性能，介电性好，摩擦因数小。刚性差，强度低。不溶于有机溶剂	高低温环境中工作的化工设备零件；电机、电容器、变压器的绝缘材料；轴承；原子能、航天工业的特殊材料及防火涂层	不燃烧
酚醛树脂（俗称电木）	耐热、耐腐蚀，有较高的机械强度和优良的电性能	用于电器、仪表、无线电、汽车、航空、船舶等	难燃烧，火焰黄色，有火星膨胀起裂，药皂焦木味，离火后熄灭

2. 合成橡胶　在使用温度范围内，具有高弹性的高分子材料为橡胶。橡胶在外力作用下，能产生很大变形，外力除去又能迅速恢复原状。

橡胶分为天然和合成两大类。天然橡胶主要来源于橡胶树、橡胶草的乳胶，其主要成分是聚异戊二烯。合成橡胶是以石油、天然气等为原料，生产烯烃、二烯烃，再以此为单体聚合而成。

典型的合成橡胶有丁苯、顺丁、丁腈、氯丁橡胶等。其中丁苯橡胶占合成橡胶总产量的60%，其次是顺丁橡胶。

未经加工的天然橡胶和合成橡胶称作生胶，性能不佳。例如，在温度较低时变脆；温度高时变软变粘，甚至分解。而且生胶分子里有不稳定的双键，在空气中易受氧化作用而老化。为改善生胶的性能，工业上常将它进行硫化处理，在此过程中，线型的橡胶分子交联成体型结构，并使橡胶分子的不饱和程度大大降低。这样橡胶就具有更高的机械强度和良好的弹性、韧性、化学稳定性以及耐磨性。

【练习思考7-9】　*在使用橡胶制品时应怎样加以保护？*

橡胶是重要的战略物资，在工农业生产、国防建设及交通运输方面都有着广泛的应用。橡胶是常用的弹性材料、密封材料、减振和传动材料。一些能够满足特殊工作条件需要的特种橡胶品种（如硅橡胶和含氟橡胶），近年来也相继问世。

3. 合成纤维　长度大于本身直径100倍以上，而又具有一定强度的线条或丝状高分子材料叫做纤维。纤维分类如下

- 纤维
  - 天然纤维
    - 植物纤维：棉、麻等
    - 动物纤维：毛、丝等
    - 矿物纤维：石棉
  - 化学纤维
    - 人造纤维：粘胶纤维、醋酸纤维等
    - 合成纤维：涤纶、锦纶等

人造纤维是用天然纤维（短棉线、木材、甘蔗渣）为原料，经化学处理再生制得的。其吸湿性和染色性好，宜作服装纤维，但缩水率大。

合成纤维是利用石油、天然气、煤等为原料制成单体，经聚合制得树脂，再经纺织而成。合成纤维比天然纤维及人造纤维有更优越的性能。如强度高、弹性好、耐磨、耐化学腐蚀、不怕虫蛀、不缩水等。但合成纤维吸湿性和透气性差，穿着时使人感到闷气。又因其绝缘，摩擦时会产生静电，所以化纤衣服容易吸附灰尘。

在普通纤维分子长链中接上羟基、磺酸基等亲水基团或接上吸水性盐类就可制得高吸湿纤维（详见专题7-9）。此外，由两根熔点和热缩率不同的纤维合并，经假捻变形和高温处理使之互相缠绕，即制得仿麻纤维。用它制作的织物手感光滑，弹性好，薄爽透气，穿着舒适。

合成纤维品种很多，重点是“六大纶”——锦纶、涤纶、腈纶、维纶、丙纶、氯纶。其中锦纶、涤纶、腈纶三个品种的产量占全部合成纤维总量的90%以上。

专题7-1* 有机硅化合物

硅和碳元素位于同一主族，它们具有相似的化学性质。硅也能生成类似碳化合物结构的有机物。如

SiH_4	$SiH_3—SiH_3$	SiH_3OH	$SiH_3—O—SiH_3$
甲硅烷	乙硅烷	甲硅醇	二甲硅醚

由于硅原子的半径比碳原子大、非金属性比碳弱，因此有机硅的结构与碳有机物也有许多不同。如碳原子彼此可通过单键、双键和叁键连成高分子长链（几千个碳原子相连），而硅原子间因键能较低，使纯硅链不能很长。目前所知纯硅链最长的化合物是已硅烷（Si_6H_{14}）。但当硅烷分子中的氢原子被有机基团等取代后，却可以形成相对分子质量达4×10^5的聚合物。此外，Si与O、C等原子不易形成双键和叁键，但能以稳定的单键相结合。因而形成了一类含有Si、O、C和H元素的有机硅高聚物。有机硅高聚物性能独特，品种繁多，应用广泛，已成为新材料的佼佼者。其中最有价值的是聚硅氧烷。它的主链由Si和O重复交替组成，侧链上含有各种有机基团。直链聚硅氧烷可表示为

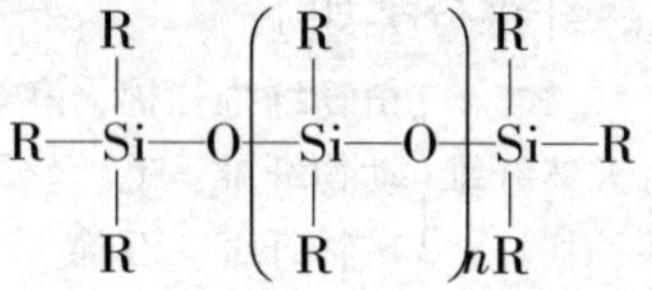

R通常是烷基或芳基等。根据形态和用途，有机硅高聚物分为三大类：硅油、硅树脂、硅橡胶。

1. 硅油 线型低分子量的聚硅氧烷为油状液体，品种很多。其中最主要的是甲基硅油，结构式为

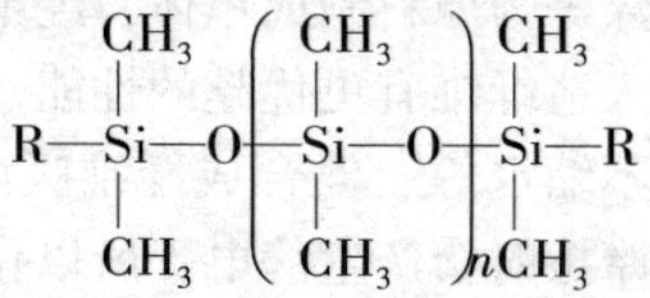

($n\leqslant10$)

硅油是无色、透明的油状液体，无毒、无味、不易燃、耐高低温；抗氧化性和电绝缘性好；闪点高、粘温系数小（即粘度随温度变化很小）、疏水性高、挥发性低、表面张力小；溶于非极性溶剂。

基于上述优点，硅油用途很广。例如，可作润滑剂（使用温度−60～250℃），用于润滑在高低温条件下工作的机械、炉内传送带的轴承、飞机油压

系统真空泵以及压缩机和精密仪器等。在金属冶炼、铸造生产中用作脱模剂和金属表面处理（制防水、防锈、防霜冻的涂层）。在电子、电气工业中用作半导体晶体管、电容器、变压器、电器连接处及无线电设备等的绝缘、耐热、防湿、防腐等的密封填充材料。

2. 硅树脂 网状结构的聚硅氧烷，通常以树脂粉、树脂漆两种形式使用。甲基硅树脂的结构式为

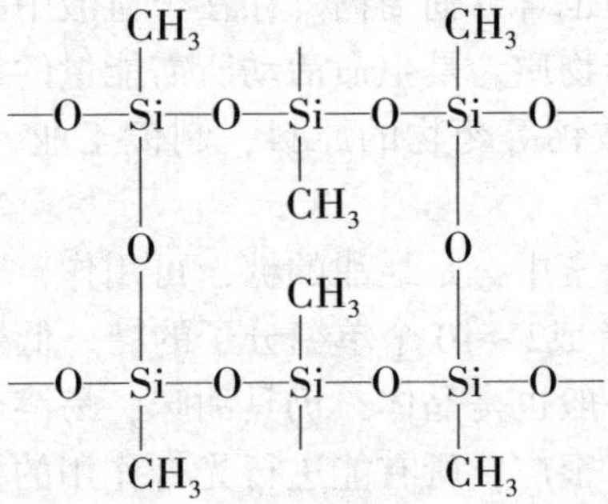

硅树脂具有良好的电绝缘性，而且随温度的升高而提高。耐热、耐寒性比其它有机树脂优越得多，力学性能、抗霉菌侵蚀、耐化学腐蚀性均好；但耐溶剂性较差。硅树脂主要用于制耐热性优良的电绝缘漆和耐高温的有机硅涂料。用来浸渍电机、电气装置中的线圈，作金属制件的耐热、防腐涂层及脱模、防潮材料。也可制成有机硅胶粘剂，粘接云母片及浸渍玻璃纤维。还可制成有机硅塑料及复合材料，用于半导体的封装，机械、电子、电气及建筑工业中的绝热、电绝缘材料。

3. 硅橡胶 线型高分子量的聚硅氧烷，平均分子量一般在40～80万。耐高低温（－60～250℃）、抗臭氧、紫外线及防老化性、电绝缘性好。主要用于制飞机的门窗及密封垫圈、火箭航天飞机发动机喷口处的烧蚀材料。还可用作医用高分子材料，制作人工心脏的瓣膜、人工胆管等。

专题7-2* 碳水化合物 蛋白质 核酸

碳水化合物、蛋白质和核酸是生物体的三大基本要素。蛋白质和碳水化合物既是构成植物机体的重要物质，又参与生命活动；核酸中储存着生命体的全部遗传信息，决定了生物的遗传特性。

一、碳水化合物

碳水化合物亦称糖类，简称糖，由C、H、O三种元素组成。许多碳水化合物的分子式可以用通式 $C_x(H_2O)_y$ 来表示。形式上它好像是由碳和水组成的，

其实不然，它是多羟基醛或多羟基酮的化合物。例如，葡萄糖是链状五羟基己醛；果糖是链状五羟基－2－己酮。

碳水化合物可分成单糖、低聚糖、多糖三类。

1. 单糖 指不能发生水解的糖。单糖中较为重要的是葡萄糖和果糖，它们都是白色晶体，易溶于水，有甜味。

葡萄糖广泛存在于葡萄汁和其它水果汁以及植物的根、茎、叶、花等部位，在人体与动物身体组织中也含有葡萄糖。存在于血液中的葡萄糖在医学上称为血糖。它是人体必需的营养物质，是生命活动所需能量的重要来源之一，也是制取维生素 C、B_2 和葡萄糖酸钙等药物的原料；制镜工业、热水瓶胆镀银时用作还原剂。

果糖存在于水果和蜂蜜中，是最甜的糖，可用作营养剂、防腐剂等。

2. 低聚糖 指能水解成2～10 个单糖分子的糖。低聚糖中二糖最为重要，如蔗糖和麦芽糖。低聚糖一般也是晶体，仍具甜味，易溶于水。

蔗糖在自然界中分布很广，所有能进行光合作用的植物中都存在，甘蔗和甜菜中含量最多。蔗糖水解生成一分子葡萄糖和一分子果糖。

麦芽糖主要存在于麦芽中。麦芽糖水解生成两分子葡萄糖。

3. 多糖 指能水解成10个以上单糖分子的糖。一般由 100～300 个单糖单元构成，如纤维素、淀粉。

多糖大多是非晶体，无甜味，一般难溶于水。

纤维素存在于一切植物体内，是植物支撑组织的物质基础，在棉花、亚麻和木材中含量都很高，蔬菜中也含有较多的纤维素。纤维素可直接用于纺织、造纸等工业，也可变成某些衍生物加以利用。如棉花与浓硫酸和浓硝酸作用可制得火棉，进而制无烟火药。再如，纤维素在烧碱溶液中与氯乙酸作用，生成羧甲基纤维素钠盐。它是白色粉状物，能在水中形成透明粘性胶状物质，对热和光相当稳定，在纺织印染工业中可代替淀粉用以上浆；此外还用于造纸、橡胶、医药工业。

淀粉主要存在于植物的种子或块根中，分直链和支链两种。直链淀粉可溶，支链淀粉部分水解可产生糊精。糊精主要用作食品填加剂、制胶水和浆糊，并用于造纸和纺织工业。

二、蛋白质

1. 组成和结构 蛋白质由 C、H、O、N 等元素组成，有些还含有 S、P、Fe、I 等元素。蛋白质结构非常复杂，基本上是由多种氨基酸按一定顺序和空间结合而成。

氨基酸是分子中含羧基和氨基（—NH_2）的化合物。根据氨基和羧基的相对位置可分为α－氨基酸（又称甘氨酸）和β－氨基酸等。氨基酸分子中的羧基和氨基结合在相邻的碳原子上（$NH_2—CH_2COOH$），它的存在最广。

研究蛋白质的组成和结构，进一步探索生命现象，是科学研究的重要课题。1965 年我国科学家在世界上首次人工合成蛋白质——结晶牛胰岛素。1971 年又完成对猪胰岛素的测定工作，这些标志着我国在生命科学方面已处于世界先进水平。

2. 性质 多数蛋白质可溶于水和其它极性溶剂，其水溶液具有胶体溶液的性质：不能透过半透膜，受热或紫外光照射或加入酸碱盐等即发生凝聚，从而失去生理活性（服用生鸡蛋、牛奶或豆浆能解重金属中毒；用酒精、紫外线消毒；腌制松花蛋等就是此性质的具体应用）。蛋白质为两性，能与酸碱反应；易水解，在酸碱或酶作用下水解为各种氨基酸。

3. 功能和用途 蛋白质是生物体的主要结构物质。如肌肉、皮肤、毛发、酶、抗体、血红蛋白、激素等都是蛋白质。蛋白质是生命活动的物质基础，起生物调节作用。如，酶对生物化学反应起催化作用；胰岛素（一种激素）调节葡萄糖代谢等。蛋白质也是食物营养的重要成分，如酪蛋白、卵蛋白。大豆球蛋白等含有人体全部必需的氨基酸。

生物分泌的蛋白质如蚕丝以及皮革等都是重要的轻工业原料。

三、核酸

核酸是链状高分子化合物，相对分子质量可达几百万甚至数亿。核酸主要和蛋白质结合为核蛋白存在于一切生物中。

核酸能水解。如果完全水解，生成戊糖、杂环碱和磷酸。按水解后得到的戊糖的不同，核酸可分为核糖核酸（RNA）和脱氧核糖核酸（DNA）。

DNA 主要存在于细胞核内。每个 DNA 分子有很多基因。基因是生物遗传的基本单元，它携带了能够辨别应该由哪些氨基酸来制造蛋白质以及它们在蛋白质中顺序的密码。因此，生物体内的酶和其它蛋白质是在基因的指导下合成的。据研究，人体细胞内约有 10 万个基因。它们为创造人体各种蛋白质提供了“模板”和指挥复制的命令。

RNA 主要存在于细胞质中，它是以 DNA 提供的模板而形成的，并直接参与蛋白质的生物合成。也就是说，储存于 DNA 分子中的遗传密码通过 RNA 传递给蛋白质，从而决定了不同生物的性状，经过蛋白质的复制，生物得以发育成长，并将基因遗传给下一代。

总之，核酸不仅是生命活动的物质基础，而且对遗传信息的储存、传递起着决定性的作用。现代科学家可以利用 DNA 的重组或嫁接实现转基因动植物的产生和培育。这就是通常所说的基因工程或遗传工程。

专题 7-3* 有 机 溶 剂

有机溶剂是一类脂溶性液态有机物质，在生产、生活中应用十分广泛。例如，在半导体材料和电子元器件生产以及机械加工过程中，经常接触松香、石蜡、润滑油、防锈油等；光刻工艺中，器件上总有残存的光刻胶。这些杂质如不及时清除，会直接影响材料的纯度和器件的性能。清除上述有机杂质常用有机溶剂。再如，机械设备、机车、桥梁、管道、船舶等的防腐保护及装饰须使用涂料，涂料中的挥发成分（稀释剂）就是有机溶剂。此外，胶粘剂配制中的非活性稀释剂也常用有机溶剂。

丙酮、苯、甲苯、乙醇、乙二醇、异戊醇、乙醚、氯仿、四氯化碳等有机溶剂已在前面作了介绍，还有几种常用的有机溶剂列于表 7-3。

表 7-3 几种有机溶剂的溶解性

溶剂名称	结构简式	可溶解的物质
环己醇	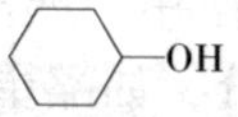	橡胶、硝化纤维、聚氯乙烯
环己酮	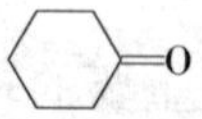	醋酸纤维、天然或合成树脂
乙酸乙酯	$CH_3C(=O)-O-C_2H_5$	油脂、蜡、硝化纤维、清漆
二硫化碳	$S=C=S$	硫、黄磷、溴、碘、樟脑、脂肪、树脂、橡胶
吡啶	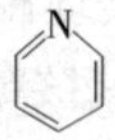	许多有机物和无机盐类（如 $CuCl_2$、$AgNO_3$）

有机溶剂可单组分使用，也可几种混合起来使用。它们大多数易燃、易爆、有一定毒性，因此在使用时应注意防火、保持工作环境空气流通。

专题 7-4* 润 滑 剂

机械在运动中接触面之间不可避免会产生摩擦，这不仅使机械零件发热、磨损，还浪费动力。使用润滑剂可起到降低摩擦阻力、减少磨损以及冷却防锈的作用。所以，润滑对机械的工作能力、使用寿命以及能源消耗都有重大影响。

一、润滑油

润滑油是最常用的液体润滑剂，由含 C_{16} ~ C_{20} 的各种烃及它们含氧、硫、氮的衍生物组成。润滑油种类很多，按用途可分为机械油、内燃机油、气缸油、冷冻机油、齿轮油、变压器油等。

润滑油的主要性能指标有：粘度、粘温性、闪点、抗氧化稳定性、抗乳化性、酸值等。

粘度是液体受外力作用而流动时分子间产生的内摩擦阻力的表现。我国一般按粘度确定润滑油的牌号（现称粘度等级），一些润滑油的粘度等级、特点及用途列于表7-4。

表7-4 部分润滑油的特点及用途

名　称	牌　号	特　点	用　途
内燃机油	N32、N46、N68、N100、N150	粘度小、润滑性好、抗氧化、防锈	润滑汽油机和柴油机（如汽车、拖拉机）
机械油	N5、N7、N10、N15、N22、N32、N46、N68、N100、N150	粘度小或中等	润滑各类机床和机械，还可作一般液压系统的液压油和淬火油
齿轮油	N68、N100、N150、N220、N320、N460、N680	抗磨性、抗氧化性、抗乳化性及防锈性良好	润滑中负荷系统，如变速箱、传动箱、减速器
冷冻机油	N15、N22、N32、N46、N68、N100	有很低的凝点和足够高的闪点，化学稳定性好	润滑各种制冷压缩机
导轨油	N68、N100、N150、N220	有良好的粘滑性	润滑机床导轨
轴承油	N100、N150、N220、N320	抗氧化、防锈	润滑轴承、离合器
变压器油	N15、N46、N68	粘度小、闪点高、有良好的电绝缘性	冷却变压器

粘温性是指粘度随温度而变化的特性，一般用粘度比来衡量。例如，粘度比v_{50}/v_{100}是指同种润滑剂在50℃和100℃时的粘度比值。粘度比值越小，则粘温性越好，润滑剂使用温度范围就越宽。

油蒸气与空气混合，在有明火接触时产生短暂闪火的最低温度叫做闪点。润滑油的闪点一般为130～325℃。闪点越高安全性能越好。

润滑油在贮存和使用中会逐渐氧化变质。氧化生成的酸会腐蚀金属，生成的胶质或油泥会堵塞油路。因此，优良的润滑油应具有抗氧化变质的能力，这种能力称为抗氧化稳定性。

两种互不相溶的液体均匀混合为乳状液的过程叫做乳化，抗乳化性好则油水容易分离。

润滑油的酸值是以中和1g润滑油中的游离酸所需KOH的量（mg）来表示的。酸值高则润滑油的品质差。

以上性能与组分中烃的种类有关，例如，烷烃的粘度最小，芳香烃的较大，环烃的最大，且支链越多、越长，粘度越大。又如，芳烃的抗氧化稳定性最好，环烷烃次之，烷烃在高温时最差。

二、合成润滑剂

通常的石油类润滑油，其性能难以满足苛刻工作条件下的要求。例如在120℃以上易氧化变质；在 -20℃以下易析出石蜡而凝固。现代精密机械工业、核能工业以及航空航天技术的发展，需要性能更优良的润滑剂。因此，合成润滑剂在近年来得到迅速发展和应用。目前常见的合成润滑剂包括酯类、卤代烃、硅油等。

合成双酯润滑油具有很高的粘度指数、低挥发性和极低的凝固点，可用于润滑喷气飞机的发动机。有机磷酸酯具有抗燃性能，常用作液压流体。卤代烃具有很好的抗氧化性、热稳定性、阻燃性和抗水解稳定性，常用于极度抗氧化的工作条件，例如制备和贮存液氧、过氧化氢的设备。在所有的润滑剂中，硅油的粘度随温度变化最小，广泛用于耐热、耐寒、抗燃的润滑系统。

三、润滑脂和固体润滑剂

润滑脂呈粘稠膏状，俗称黄油。它的基本组成是润滑油（统称基础油）、稠化剂和填加剂。三者的质量分数分别为75% ~90%、10% ~20%、0.5% ~5%。润滑脂往往也起密封作用。

在特殊苛刻的工作条件下（如高温1000℃以上、低温、高压、高真空、强辐射），一般润滑油或润滑脂都满足不了要求，则可采用固体润滑剂，如石墨、球碳、金属硫化物（MoS_2、WS_2 等）。它们都是层状晶体结构，容易产生滑动。固体润滑剂的优点是无污染和滴漏，无需油路系统，防锈能力强。其缺点是寿命较短，导入性差，不易即刻补充到摩擦表面。

专题7-5* 表面活性剂和洗涤剂

一、表面活性剂

物体不同相（固、液、气）之间的接触面称为表面。发生在表面上的物理、化学现象称为表面现象。表面现象在自然界中普遍存在，也是工程技术上常遇到的问题之一。如镀锌时，阴极表面产生的氢气以气泡形式滞留在镀件表面，如不加以消除，将影响镀层质量。

落在荷叶上的水滴呈圆珠状；放在同一烧杯中的油和水互不混溶，即使加以搅拌，静止后仍会分成两层。这些现象说明，在两相（水 - 气或水 - 油）的接触面上存在着互相排斥和各自尽量缩小表面积的两种作用力。我们将作用于液体表面单位长度上、使表面收缩的力称为表面张力。在一定温度下，不同液体的表面张力大小是不一样的。

如果在盛放油和水的烧杯中，加入少量脂肪酸钠，油和水的界面状态就会发生很大变化：油均匀地分散在水中，成为乳状分散液。可见脂肪酸钠对水具有表面活性，能降低水的表面张力。我们把能使某种溶剂表面张力降低的物质称为该溶剂的表面活性剂。

许多有机物质都可作为水的表面活性剂。从结构看，其分子是由极性的亲水基和非极性的亲油基（又称疏水基）两部分组成。例如，脂肪酸钠 $C_nH_{2n+1}COONa$

$$\underbrace{CH_3—CH_2}_{\text{亲油基}}—\cdots\underbrace{CH_2—COONa}_{\text{亲水基}}$$

当向水中加入表面活性剂时，亲水基溶于水，亲油基背向水面。这种“两亲分子”覆盖在液体表面上，构成一层薄分子膜，使液体表面张力降低，从而增强了液体的润湿、乳化、分散、去污等能力。

表面活性剂一般按能否电离而分为离子型和非离子型两种。离子型表面活性剂又可分为阴离子型、阳离子型和两性电解质型。

非离子型活性剂（如脂肪醇聚氧乙烯醚）在水溶液中不电离。它们一般无毒，在强电解质溶液中稳定性好，可与其它类型活性剂混合使用。

阴离子表面活性剂（如十二烷基苯磺酸钠）电离后亲水基带负电性。它们一般毒性较低，润湿性好，去污力强，但不宜与阳离子型活性剂混合使用。阳离子型活性剂（如十六烷基－N－三甲基溴化铵）的亲水基带正电性，一般毒性较大、洗涤能力差、杀菌力强。两性表面活性剂（如氨基酸、甜菜碱）在碱性溶液中可形成阴离子；在酸性溶液中可形成阳离子，一般毒性轻微，有良好的润湿、去污等性能和杀菌力，能与多种活性剂配合使用。

二、洗涤剂

在日常生活和工业生产中，洗涤剂得到广泛应用。例如，机械、电子生产中，无论是电镀、发蓝，还是零件加工、装配、封存防锈都离不开清洗，否则工件表面上的附着物（如油污、切削磨料）就会影响下道工序的进行，并会加快金属的磨损和腐蚀。

常用的清洗液有石油溶剂（如汽油）、卤代烃（如三氯乙烯）及合成洗涤剂。

石油清洗液靠溶解达到去污目的，对非极性的矿物油脂作用明显，但对动植物油脂的洗涤作用不理想，对不溶性的无机盐类无效；且易挥发、易燃，使用不安全，又浪费能源。卤代烃清洗液有毒，污染环境。合成洗涤剂去污能力强，使用安全，但其产生的大量泡沫流入江河，影响生物对水的净化作用。

合成洗涤剂的主要成分是表面活性剂，还可根据需要加入其它辅助剂，如碳酸钠、羧甲基纤维素、荧光增白剂等。在60~80℃时，下列洗涤剂可用于多种金属的清洗。

成分	含量 w（%）	成分	含量 w（%）
十二烷基苯磺酸钠	1.0	聚醚2070	10
聚醚2040	0.5	碳酸钠	0.2
硅酸钠	0.1	水	余量

专题7-6* 胶 粘 剂

胶接与焊接、铆接相比具有许多优点。如：接头光滑、质量轻、成本低等。胶粘剂是一类有优良粘合性能，可使两种材料紧密粘结在一起的物质。骨胶、虫胶、糊精等是天然胶粘剂。近数十年来，随着科学技术的发展，以合成高分子为基料的各种合成胶粘剂相继问世，使胶接工艺在机械、电子、建筑、航空航天领域及日常生活中的应用越来越广泛。

一、胶粘剂的组成

作为合成胶粘剂，首先应能润湿被胶结物体的界面，而后在适当条件下固化。因此，胶粘剂的基本成分（即粘料）应是在胶接条件下容易聚合的液态单体，或是在应用时具有活性基团的线型结构的液态低聚物（粘接固化后能够变成体型结构的聚合物）。此外还含有固化剂（如胺类、咪唑、聚酰胺）、填料、增韧剂（如邻苯二甲酸二丁酯）、稀释剂、防老剂（如N－苯基－α－萘胺）等。

合成胶粘剂的品种极多，下面介绍其中几种。

1. 环氧胶粘剂 以环氧树脂为粘料的胶粘剂。环氧胶粘剂对金属、陶瓷、玻璃、木材等各种材料具有很强的粘结能力，有“万能胶”之称，可按下列成分配制：

A组分 环氧树脂（基料）100

B组分 邻苯二甲酸二丁酯（增塑剂）5~20 丙酮（稀释剂）适量

聚酚胺（固化剂T－31）28~30 石英粉（填料）适量

使用时，A、B组分混合，粘接后室温固化24h。

2. 改性酚醛树脂胶粘剂 例如用丁腈橡胶改性酚醛树脂为粘料配制的复合胶，固化后兼有酚醛树脂和丁腈橡胶的优点。胶接强度高，韧性好，使用温度范围宽（－60~180℃），抗震、耐冲击、耐油、耐溶剂性好，是航空及其它工业部门中最重要的一种结构胶。一般配方比例为：

酚醛树脂50~100 丁腈橡胶100 氧化锌5 硫磺1.5 促进剂DM1.5

硬脂酸1.5　　　丁酮适量

3. 聚氨酯胶粘剂　此类胶最突出的特点是具有优良的超低温性，可用于-196℃低温下的金属胶接。配方之一为：

己二酸、乙二醇、甘油为主聚合的聚氨酯100，乙二醇和2，4-T. D. I. 30

二、胶接工艺

在涂布胶粘剂之前，应将被胶材料用机械或化学的方法进行处理，使其表面无灰、无油、干燥，并有一定粗糙度。化学处理液的配方见表7-5。涂布胶粘剂后，须等溶剂挥发将干时，再把被胶接材料贴紧、加压、在室温或一定温度下烘干固化。

表7-5　材料胶接前的化学处理

被胶材料	处理剂配方（质量比）	处理方法
铝及铝合金	浓硅酸钠（工业）27.3 重铬酸钠7.5 蒸馏水65.2	60~65℃浸30min，水洗， 在60℃左右烘干
碳钢	硅酸钠30 烷基苯磺酸钠3 蒸馏水96.7	60~65℃处理10min，水洗， 在100~105℃下烘干
不锈钢	$w=40\%$ 甲醛30 $w=30\%$ 双氧水2 蒸馏水8	60℃处理10min，水洗，干燥
聚四氟乙烯	熔融的醋酸钾	295℃处理10min，水洗，干燥
聚乙烯或聚丙烯	浓硫酸100 重铬酸钾5 蒸馏水8	
玻璃	CrO_3（$w=25\%$）水溶液	室温处理15~20min，水洗，干燥
陶瓷	重铬酸钠溶液（$w=50\%$）3.5 浓硫酸100	室温处理15~20min，水洗，干燥

专题7-7*　涂　　料

涂料是一种以树脂（天然或合成）为主体的胶体溶液。涂于物体表面能形成完整而坚韧的保护膜，取得保护、美化物体及其它预期效果。

涂料一般由不挥发的组分（成膜物质）和挥发组分（溶剂）所组成。成膜物质又分为主要成膜物质（油料、树脂）、次要成膜物质（颜料）及辅助成膜物质（助剂）。挥发组分一般有苯、甲苯、松节油、醋酸乙酯、丙酮、乙醇等。涂料涂于物体表面后，挥发组分挥发离去，不挥发组分干结成膜。

涂料的品种很多，目前我国市场上销售的涂料已达数千种，它们的性能与用途各异，使用时应根据需要选择。表7-6介绍了几种常用涂料。

表7-6 几种涂料的性质和用途

类别	性能	用途
酚醛树脂类（酚醛漆）F	涂膜具有一定的硬度和光泽，干得快，耐水，耐酸碱，电绝缘性好，涂膜较脆，易粉化，耐候性比醇酸类差	木器、机械设备、机车、船舶、电器的防腐、防潮或绝缘
沥青涂料（沥青漆）L	涂膜光亮平滑，耐水性强，耐化学腐蚀，有较好的电绝缘性。色泽单调，对日光不稳定	防腐、金属底漆、船舶防污及电绝缘
氨基树脂类（聚胺酯）A	涂膜坚硬、耐磨、耐水、耐热、耐酸碱性好；附着力强，光泽好，不易泛黄；电绝缘性好	用于交通工具、仪器仪表、五金零件和家具等防护和装饰
丙烯酸酯类 B	涂膜光亮坚硬，附着力强，具有良好的保色、保光性能；耐热、耐化学腐蚀；防霉性突出。耐溶剂性差	有清漆和磁漆两种。适于温热地区车辆、机器、仪表、家电、家具以及建筑内外墙等的保护性涂饰
醇酸树脂类 C	涂膜坚韧、附着力强，光泽较好，耐油、耐水、耐磨；耐酸碱性差，干燥较慢	机械、汽车、船舶、电器、仪表的涂饰
环氧树脂类 H	涂膜坚韧、附着力特强，稳定，电绝缘性好。户外耐候性差，与其它涂料不易结合	化工、机械设备及船舶、管道等的涂装，家具打底涂饰、电工器材的绝缘涂覆

专题7-8* 复合材料

随着原子能、航空航天、电子、通信、机械、建筑及化学等工业或技术的日益发展，对材料的要求越来越高。除要求材料具有高强度、耐高温、低密度外；还对材料的韧性、耐磨、耐腐蚀、电性能提出种种特殊的要求，有些制品对材料性能的要求是相互矛盾的，如导电而绝热；质轻且强度高；既有刚度又有韧性等。单一材料是难以满足这些要求的。金属、无机非金属和高分子材料各有其长处，又各有其缺点。例如；金属易腐蚀；陶瓷易碎裂；合成高分子易老化、不耐高温。如果将不同的材料经过加工组合成新的复合材料，就能使原来的材料取长补短。复合材料正是在金属、非金属及高分子的基础上发展起来的新型材料。若按基体分类，复合材料可分为树脂基复合材料、金属基复合材料、陶瓷基复合材料。下面简要介绍几种。

一、纤维增强树脂基复合材料

1. 玻璃钢 这是由玻璃纤维与聚酯类树脂（或尼龙、聚乙烯、环氧、酚醛和有机硅树脂等）复合而成的材料。玻璃本来是易碎的脆性材料，但如果将其熔化并以极快的速度拉成细丝，就可得到异常柔软而且强度比天然纤维或化学纤维高出 5～30 倍的玻璃纤维。将这种纤维加到树脂中就成为玻璃钢。玻璃钢具有强度高、质量轻、耐腐蚀、抗冲击、绝缘性好等特点，广泛用于飞机、汽车、船舶制造和建筑（如苏格兰的悬索桥）、家具行业。

2. 碳纤维增强塑料 将聚丙烯腈在200～300℃的空气中加热，然后在1000～1500℃的惰性气体中碳化，即可得到强度很高的碳纤维。

碳纤维增强塑料可根据使用温度的不同选择不同的树脂基体（如环氧树脂的使用温度为150～200℃，聚酰亚胺在300℃以上）。这类热固性树脂的碳纤维复合材料机械强度高，耐热性能特别好，相对密度小，多用于制造航天飞行器（如飞机）的外壳、人造卫星的太阳能电池板等；在机械工业中制轴承、齿轮和刹车片等；新一代运动器材如羽毛球拍、网球拍、高尔夫球杆、滑雪杖、滑雪板、撑杆等都采用碳纤维增强塑料制做。

二、纤维增强金属基复合材料

金属基复合材料一般都是在高温下成型，因此要求作为增强材料的纤维必须有良好的耐热性，如硼纤维、碳纤维、碳化硅纤维等都可使用。基体金属多为 Al、Mg、Ti 及某些合金。

碳纤维增强铝具有耐高温、耐热疲劳、耐紫外光和耐潮湿等性能，适用于航空航天领域作飞机的结构材料。碳化纤维增强铝比铝轻 10%，刚性高 1 倍，具有更好的化学稳定性、耐热性和高温抗氧化性，主要用于汽车和飞机制造业。

三、纤维增强陶瓷基复合材料

基体陶瓷大体有 Al_2O_3、$MgO \cdot Al_2O_3$、SiO_2、SiC 等。增强材料有碳纤维、碳化硅纤维等。纤维增强陶瓷可以增强陶瓷的韧性，用它做成的陶瓷瓦片粘贴在航天飞机机身上，可使航天飞机安全地穿越大气层。

专题 7-9* 新型高分子材料

一、功能高分子材料

100 多年来，高分子材料得到迅速发展和广泛应用。当前其发展有两个引人注目的新动向。一是向生物现象靠拢，研究高分子与探索生命的奥秘相互结合起来；二是更加精密化。高分子已不只是用作以力学特性为主的结构材料，而是正努力研制成各种各样的功能材料。

功能高分子是在合成高分子的主链或支链上引入带有显示某种功能的官能团，使高分子具有特殊的性能，满足光、电、磁、化学、生物、医学等方面的功能要求。

已知功能高分子的品种和分类有：光敏高分子——感光树脂、光导电高分子等；导电高分子——半导体高分子、导体高分子、超导高分子等；交换型高分子——离子交换树脂、电子交换树脂等；生物医药高分子——高分子药物、医用高分子、仿生高分子等以及微生物降解高分子、高分子催化剂、高分子吸附剂等。

下面简要介绍其中几种。

1. 导电高分子 一般高分子具有电绝缘性。20 世纪 70 年代，人类合成了聚乙炔，这是一种双键、单键间隔连接的线型高分子，可以导电。若在其中掺入碘会大幅度提高导电率。随后又发现了聚吡咯、聚噻吩等都具有导电性。用导电塑料做成的硬币大小的塑料电池，可多次充电使用，工作寿命长。它的一个电极是金属锂，另一个电极是聚苯胺导电塑料。

2. 医用高分子 由于某些高分子与人体器官组织有着极相似的化学结构和物理性能，因此用高分子做成的人工器官（如心脏、血管、皮肤等）具有很好的生物相容性。目前已知可用于制作人造器官的高分子材料有尼龙、环氧树脂、聚乙烯、聚乙烯醇、聚四氟乙烯、聚醋酸乙烯酯、聚氨酯、硅橡胶等。

3. 高吸水性高分子 此类高分子材料可用淀粉、纤维素等天然高分子与丙烯酸、苯乙烯磺酸进行枝接共聚或用聚乙烯酸与聚丙烯酸盐交联而得到。它有惊人的高吸水性能：用它做成的纸张可吸入大量的水依然滴水不漏、干爽通气；有的可吸收超过自重几百倍甚至上千倍的水但却挤不出水来。因此，这是一类很好的保鲜包装材料，也适宜做人造皮肤，工业上可作油水分离剂；农业生产中，用作土壤改良剂、保水剂、苗木处理剂等；日常生活中用作吸水性抹布、餐巾、鞋垫、一次性尿布、卫生巾等。

二、智能材料

智能材料是 20 世纪末在新型材料领域中形成的一个分支。它是把高技术传感器或敏感元件与传统结构材料和功能材料结合在一起而赋予材料崭新的性能，使无生命的材料变得似乎有“感觉”，使被动的功能材料向具有主动功能的机敏材料发展，使之具有自我诊断和自我愈合等功能。例如，在高性能的复合材料中嵌入细小的光纤维，用于机翼制造。由于复合材料中布满了纵横交错的光纤，它们能像“神经”那样感受飞机机翼上的不同压力。遇到极端严重的情况，光纤会断裂，导致光传输中断，于是就能向飞行员发出事故警告。再如，在混凝土中埋入装有粘结修补剂的空心纤维，当混凝土发生开裂时，空心纤维就释放出修补剂，使裂纹得以修复。

三、仿生材料

人类往往从动植物的特异功能受到启发，创造出性能优异的新材料。例如，贝壳虽然很薄，但很硬，且不易破碎，研究发现，它是由许多层状的碳酸钙组成，每层间夹着有机质。当一层碳酸钙开裂时，因有机质的阻挡，裂纹不会扩展。受此启发，英国的 Crick · W 博士制造出一种不易破碎的陶瓷。他在碳化硅薄片上涂上石墨层，再将其层层叠起来加热、挤压，使坚硬的碳化硅粘结在石墨层上。实验证明，折断这种陶瓷所用的力要比折断无石墨层的陶瓷高 100 倍。

智能材料或仿生智能材料已成为材料科学的一个重要研究领域，科学家正在此领域作不懈的探索。例如，蜘蛛丝是一种天然高分子。美国杜邦公司的科学家将仿制的蜘蛛产丝的基因移植到酵母或细菌中，生长出一种球状的蛋白质，将它溶解，再利用类似蜘蛛吐丝的纺织技术制成纤维，其强度、弹性和耐磨性超过尼龙及其它纤维。应用于航空航天领域制造飞机、人造卫星。加拿大还用这种材料制成“生物钢”，用来建造超轻的悬索桥和永不生锈的车辆等；人们研究鲸和海豚的尾鳍以及鸟翼，希望能制出像尾鳍和鸟翼那样既柔软又结实的材料；研究竹子的结构，试图将竹子抗弯抗裂的特性用于飞机、火箭的制造中。

本 章 小 结

一、有机化合物

1. 有机物指含碳元素的化合物。从组成上也可以看作是烃及其衍生物。

2. 有机物大都为共价型化合物，键是非极性或极性很弱的共价键；难电离，一般不导电；难溶于水而易溶于有机溶剂；熔、沸点较低；反应速率慢，常伴有副反应发生。

二、重要的有机反应

1. 取代反应　有机物分子里的某些原子或原子团被其它原子或原子团所代换的反应。如，乙醇分子间脱水生成醚、酯化、卤化、硝化、磺化等。

2. 加成反应　不饱和键断开直接与其它原子或原子团结合生成新物质的反应。

3. 消去反应　有机物分子相邻的碳原子上脱去原子或原子团，生成不饱和化合物的反应。

4. 聚合反应　低分子化合物（单体）彼此结合成为高分子化合物的反应。根据单体和生成物的不同可分为加聚和缩聚。

三、烃

1. 烃是碳氢化合物的简称，可看作是有机物的母体。各类烃的主要性质见

表 7-7。

表 7-7 各类烃的性质

	饱和烃		不饱和链烃			芳香烃	
	饱和链烃	环烷烃	烯烃	二烯烃	炔烃	苯	苯的同系物
通式	$C_nH_{2n+2}(n\geq1)$	$C_nH_{2n}(n\geq3)$	$C_nH_{2n}(n\geq2)$	$C_nH_{2n-2}(n\geq3)$	$C_nH_{2n-2}(n\geq2)$	$C_nH_{2n-6}(n\geq6)$	
结构特征	链状 C—C	环状 C—C	链状 C＝C	2 个 C＝C	链状 C≡C	环状 	
可燃性	√		√			√	
酸性高锰酸钾溶液	—		褪色			—	褪色
溴水	—		褪色			—	
取代反应	√		—			√	
加成反应	—		√			√	
聚合反应	—		√			—	

2. 烃分子去掉一个氢原子后剩余的原子团叫烃基。

3. 结构相似，分子组成相差一个或若干个原子团的有机物互称同系物。同系物可用一个通式表示。

4. 分子组成相同而分子结构不同的化合物互称同分异构体。可分为碳链异构、官能团异构和位置异构。

四、烃的衍生物

烃的衍生物在组成上可以看作是烃分子中的氢原子被其它原子或原子团所取代的产物。这些原子或原子团决定衍生物的性质，称为官能团。

烃的衍生物的类别及性质见表 7-8。

表 7-8 烃的衍生物的类别及性质

类别	通式	官能团	代表物	主要化学性质
醇	ROH	—OH	乙醇	1. 氧化反应，生成醛或酮 2. 分子内或分子间脱水生成烯或醚
酚	Ar—OH	—OH	苯酚	1. 具有弱酸性 2. 取代反应
醛	$\mathrm{R-\underset{\underset{\displaystyle O}{\|}}{C}-H}$	$\mathrm{-\underset{\underset{\displaystyle O}{\|}}{C}-H}$	甲醛	1. 加成反应 2. 还原反应，如银镜反应 3. 聚合反应
酮	$\mathrm{R-\underset{\underset{\displaystyle O}{\|}}{C}-R}$	$\mathrm{-\underset{\underset{\displaystyle O}{\|}}{C}-}$	丙酮	1. 难氧化 2. 加成反应
羧酸	$\mathrm{R-\underset{\underset{\displaystyle O}{\|}}{C}-OH}$	$\mathrm{-\underset{\underset{\displaystyle O}{\|}}{C}-OH}$	乙酸	1. 具有酸的通性 2. 酯化反应

五、烃与烃的衍生物之间的关系

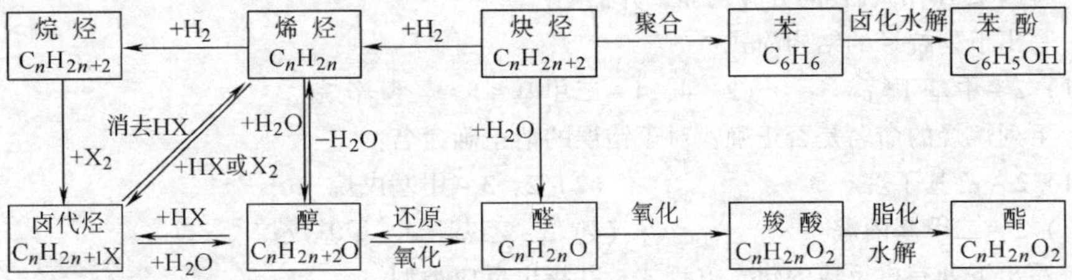

六、高分子的组成、结构和性质

1. 高分子与低分子的主要区别在于相对分子质量的悬殊。高分子的相对分子质量很大，分子链也很长。

2. 高分子链中的重复结构单元叫做链节；用来聚合成高分子的低分子化合物叫做单体。

3. 根据高分子链的几何形状，高分子分为线型结构和体型结构。前者能溶解在适当的溶剂中，后者不能溶解；前者受热熔化，而后者不能。

4. 高分子材料具有高强度，良好的塑性、电绝缘性、弹性及耐腐蚀性。

5. 塑料、橡胶、纤维是三大合成材料，它们之间并无严格界限，主要区别在于它们的性能、形状和用途。

七*、生物体三大基本要素

1. 碳水化合物又称糖类，是多羟基醛或多羟基酮的化合物及其衍生物。可分为单糖、低聚糖、多糖。它们与生命活动关系密切，在生产、生活中应用广泛。

2. 蛋白质是由氨基酸按一定顺序和空间结构连接而成的生物高分子化合物，是生物体的主要组成物质，也是生命活动的物质基础。

3. 核酸是生命活动和贮存遗传信息的重要物质基础。

习　　题

1. 选择题

(1) 下列化合物中属于有机物的是(　　)

a) CH_3COONa　　b) $NaHCO_3$　　c) C_2H_2　　d) CaC_2

(2) 下列不属于烷烃性质的是(　　)

a) 燃烧只生成 CO_2 和 H_2O　　b) 溶于水

c) 与卤素起加成反应　　d) 通常状况下不与酸、碱及氧化剂反应。

2. 甲烷和氯气在光作用下所发生的反应是________反应；4 种生成物都称为甲烷的__________；其中__________可用作灭火剂；__________是氯仿。

3. 写出下列有机物的分子式，并说明哪些是同系物：

（1）壬烷　（2）含12个碳原子的烷烃　（3）含36个氢原子的烷烃　（4）三十六烷

4. 写出C_6H_{14}的各种同分异构体，并命名。

5. 写出下列烷烃的结构简式：

（1）2－甲基丁烷　　（2）4，4－二甲基－5－乙基辛烷

6. 下列烷烃的命名是否正确？对于错误的请正确命名：

（1）2－乙基丁烷　　（2）2，3－甲基戊烷

（3）2－二甲基丙烷　　（4）3－乙基－4－甲基戊烷

7. 写出下列有机反应的化学方程式，并指出反应类型：

（1）乙烯通入溴水　（2）乙烯和溴化氢反应　（3）乙烯与水反应　（4）乙烯聚合

8. 乙烯与________反应生成氯乙烷；乙烯与________反应生成1，2－二氯乙烷。

9. 下列烃中，哪些互为同系物？哪些互为同分异构体？

（1）1，3－丁二烯　（2）2－戊烯　（3）丁烷　（4）2－丁烯　（5）1－丁烯

10. 下列分子式各代表哪类直链烃？

（1）C_8H_{16}　（2）C_9H_{16}　（3）$C_{15}H_{32}$　（4）C_3H_8　（5）$C_{17}H_{34}$　（6）C_7H_{12}

11. 写出下列有机物的结构简式：

（1）3－甲基－2－戊烯　　（2）2－甲基－1，3－丁二烯

（3）4－甲基－1－戊炔　　（4）1，5－已二炔

12. 1mol某烃与2molBr_2起加成反应，这种烃是（　　）

a）乙烷　b）乙烯　c）乙炔　d）2－丁烯

13. 写出实现下列变化的化学方程式：

氯乙烯 ←①— 乙炔 —②→ 乙烯 —③→ 乙烷 —④→ 氯乙烷；乙烯 —⑤→ 氯乙烷

14. 苯与饱和烃及不饱和烃相比，化学性质有哪些不同？从苯的性质可以推断苯环上6个碳碳键应是(　　)

a）C—C　b）C＝C　c）单、双键都有　d）介于单、双键之间

15. 下列物质中属于芳香烃的是(　　)；互为同系物的是(　　)；互为同分异构体的是(　　)

a） 　b） 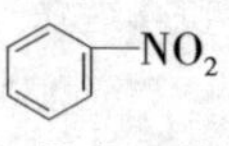　c） 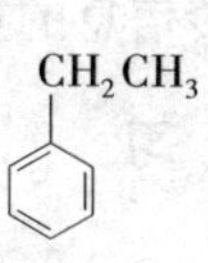　d） 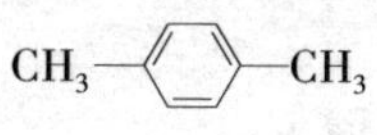

16. 完成下列反应方程式，并指出反应类型：

（1） 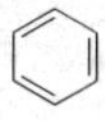 $+ HNO_3 \xrightarrow[50\sim60℃]{浓H_2SO_4}$　（2） 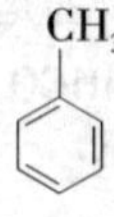 $+ HNO_3 \xrightarrow[100℃]{浓H_2SO_4}$

（3）  $+ H_2 \xrightarrow[180\sim250℃加压]{Ni}$　（4） 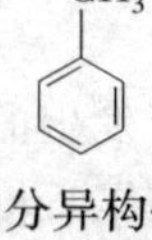 $+ H_2 \xrightarrow[180\sim250℃]{Ni}$

17. 下列物质中，哪些互为同系物？哪些互为同分异构体？

（1）丁炔　（2）甲醚　（3）2－甲基－1－丁烯　（4）丁二烯　（5）乙醇

(6) 1－戊醇　(7) 2－甲基－1，3－丁二烯　(8) 乙二醇　(9) 丙三醇

18. 下列物质中既能发生酯化反应又能起消去反应的物质是(　　)

a) CH_3OH　b) C_2H_5OH　c) CH_3COOH　d) CH_2O

19. 下列物质只能发生银镜反应的是(　　)

a) 丙酮　b) 甲醛　c) 乙醇　d) 甲酸　e) 苯酚

20. 写出下列物质的结构简式：

(1) 甲酸　(2) 草酸　(3) 硬酯酸　(4) 软酯酸　(5) 油酸

21. 叙述下列名词的含义：

(1) 单体、链节、聚合度　(2) 高分子的热塑性及热固性　(3) 树脂

22. 填空：

(1) $\{CH_2—CH_2\}_n$ 名称是__________，其中—CH_2—CH_2—是__________，n 是__________。

(2) 聚四氟乙烯的结构式是______________，链节为__________，单体为__________，如果它的相对分子质量为 33000，则每克聚四氟乙烯中含有__________个分子。

(3) 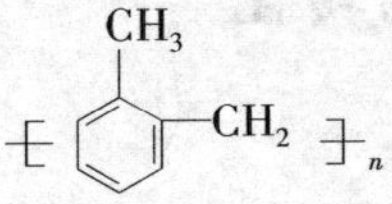 名称是__________，链节是__________，单体是__________。

23. 高分子化合物有哪些显著特征？

24. 线型高分子和体型高分子在结构、性质上有哪些区别？各举一例说明。

25. 有人将液化石油气的残液倒入下水管中，试分析这种做法的危害性。

26. 印刷油墨中含有多氯联苯、铅、砷等有毒物质。请谈一谈用废旧印刷品包装食物有什么危害？

27. 汽油是分子中含 7～9 个碳原子的低级烃，它是由天然石油经分馏或裂化而获得的。为保护环境，可将废塑料等有机垃圾转化为汽油。试分析这种做法的科学依据。你认为应在什么条件下进行？

28. 蚂蚁和蜂的分泌液中都含有甲酸。当我们被这些昆虫叮咬后，涂一点稀碳酸钠的溶液就可止痒止痛。这是什么原因？用稀氨水或小苏打溶液能不能起到同样的作用？

29. 铜、汞、铅等重金属对人畜有害，误服重金属盐后可饮用大量牛乳、蛋清或豆浆解毒，解释原因。

第八章　能　　源

○当前人类使用能源的状况及存在的问题

○新能源的开发和利用

能源、材料和信息一起构成世界经济发展的三大支柱，能源的发展水平在一定程度上反映了一个国家的经济发展水平。认识能源及其变化规律，合理使用现有能源，积极开发新能源，防止环境污染，是人类面临的重大课题。

第一节　能源的分类和能量的转化

一、能源的分类

能源是指可以提供能量的自然资源。通常将能源分为一次能源和二次能源两大类。存在于自然界，可直接取用而无须改变其形态和性质的能源称为一次能源，亦称天然能源。如煤、石油、天然气、风能、水能、太阳能等。由一次能源经加工、转换或改质而得到的另一种形态的能源产物称为二次能源。如电能、机械能、氢能、汽油、煤油、柴油、沼气等。

在一次能源中，人们已经大规模生产并广泛开发利用的煤炭、石油等化石能源及水力能、植物燃料等又称为常规能源；以新技术为基础正在研究、开发、推广的太阳能、氢能、风能、地热能、海水温差能等称为新能源。其中风能、水能、太阳能、地热能、生物能等不会随着人们的使用而减少，称之为可再生能源。而矿物能源如煤炭、石油、核燃料等称为非再生能源。能源分类见表 8-1。

表 8-1　能源的分类及实例

能源	一次能源	常规能源	可再生能源	水能、生物能
			非再生能源	煤炭、石油、天然气、核能
		新能源	可再生能源	太阳能、海洋能、风能、地热能、潮汐能
			非再生能源	核能
	二次能源	电能、氢能、沼气、煤炭制品、石油制品等		

根据消费后是否造成环境污染，人们也将能源分为污染型能源和清洁型能源。如煤、石油属于污染型能源；水能、风能、太阳能等属于清洁型能源。

二、能量转化与节能

各种形式的能量可以互相转化，能源的开发和利用就是能量转化的过程。如水利发电，是将水流能转化为电能；火力发电包括的能量转化是：煤（燃料）的化学能→热能→水的内能→机械能→电能。能量在转化过程中虽然以不同的形式表现，但其总和是保持不变的。这就是能量守恒定律。

虽然能量的转化遵守能量守恒定律，但最终被利用的仅是其中的一部分。因为能量总是沿着从集中到分散，从能量高到能量低的方向传递的，在传递过程中总会有一部分成为不能再利用的无效能而逸散。例如，太阳在向地球辐射时，进入大气层的太阳能中有30%被反射回去，有20%被大气吸收，只有50%到达地面。由此可见，能量在传递过程中“有效能”总是趋于减少的。

目前使用的常规能源煤、石油、天然气在不远的将来会被耗尽，人类正面临着能源危机。摆在我们面前的是如何节约和利用现有能源，并不断开发新的能源来替代这些不可再生的能源。

【练习思考8-1】 如何在生产、生活中节约能源？

第二节 矿物能源

煤、石油、天然气是当今世界三大矿物能源。它们既是生产和生活中不可缺少的燃料，又是重要的化工原料。若仅仅把它们作为燃料烧掉，既污染环境又浪费资源，只有综合利用才是最好的办法。

一、煤炭及其综合利用

1. 煤的形成 煤是地球上储量最多的化石燃料，有“黑色金子”之称。煤的形成过程非常复杂，起重要作用的是细菌、温度和压力。煤的形成过程用化学式可大致表示为：

$$\underset{\text{植物}}{C_{17}H_{24}O_{10}} \xrightarrow[-CO_2]{-3H_2O} \underset{\text{炭泥}}{C_{16}H_{18}O_5} \xrightarrow{-2H_2O} \underset{\text{褐煤}}{C_{16}H_{14}O_3} \xrightarrow{-CO_2} \underset{\text{烟煤}}{C_{15}H_{14}O} \xrightarrow[-H_2O]{-2CO_2} \underset{\text{无烟煤}}{C_{13}H_4}$$

可见，随着煤转化程度的提高，碳氢比依次增高，因此其热值也依次递增。煤是由有机物和无机物组成的复杂混合物，其主要元素是碳，此外还含有一定量的氢和少量的氧、氮、硫、磷及微量的硅、铝、钙、铁元素。各种煤的碳含量见表8-2。

2. 煤的综合利用 煤通常作为一次能源直接燃烧利用。世界总发电量的47%来自燃煤的火力发电。我国是一个富煤缺油的国家，煤在能源结构中的比例约占75%。直接燃煤不仅热能利用率低，而且对大气环境造成严重的污染。为了解决这些问题，人们研究出许多综合利用煤炭资源的方法。

表 8-2　各种煤的碳含量

名称	泥煤	褐煤	烟煤	无烟煤
w（%）	50	50~70	70~85	85~95

（1）煤的汽化　煤的汽化是在发生炉中进行的。将汽化剂（如 H_2O、CO_2 等）有控制地通入高温煤炭（焦炭层或煤层），发生有机物的部分氧化，从而获得含有 H_2、CO 等可燃气体的煤气。这些气体可作为燃料，也可作为化工原料。

根据所用汽化剂和所得产物的不同，煤气大致可分为：空气煤气、混合煤气、水煤气和半水煤气。各种煤气的组成见表 8-3。

表 8-3　煤气的组成（体积百分比）

名称	汽化剂	组成（%）						热值/（kJ/m³）	主要用途
		H_2	CO	CO_2	N_2	CH_4	O_2		
空气煤气	空气	2.6	10	14.7	72.0	0.5	0.2	3800~4600	燃料
混合煤气	空气水蒸气	13.5	27.5	5.5	52.8	0.5	0.2	5000~5200	燃料
水煤气	水蒸气	48.4	28.5	6.0	6.4	0.5	0.2	10000~11300	燃料
半水煤气	水蒸气空气	40.0	30.7	8.0	14.6	0.5	0.2	8000~9600	合成氨原料气

（2）煤的干馏　把煤隔绝空气加强热，使煤中有机物逐渐分解的过程叫煤的干馏，工业上叫炼焦。煤经过干馏，得到气态的焦炉气、液态的煤焦油和固态的焦炭。

按照加热温度的不同，干馏方法分为低温干馏（500~600℃）、中温干馏（750~800℃）和高温干馏（1000~1100℃）。低温干馏主要用褐煤和部分烟煤，也可用炭泥。因此干馏使煤粉和劣质煤得到了合理利用，创造了可贵的经济效益。工业上应用最广、产品最多的是高温干馏，详见表 8-4。

表 8-4　低温干馏和高温干馏产品收率

干馏方法	低温干馏					高温干馏				
使用原料	褐煤为主，部分烟煤或炭泥					烟煤为主				
产品收率	焦炭（%）	粗苯（%）	焦油（%）	焦炉气/（m³/t）	$(NH_4)_2SO_4$/（kg/t）	焦炭（%）	粗苯（%）	焦油（%）	焦炉气/（m³/t）	$(NH_4)_2SO_4$/（kg/t）
	70~80	—	6~12	150~250	4~5	~70	1.1~1.4	4~5	300~330	8~10

焦炭主要用于冶金工业，其中又以炼铁为主。此外，焦炭还用于化工生产，如与水蒸气和空气作用制取合成氨原料半水煤气，还可与石灰石高温反应制取电石，少量焦炭以沥青配合制造碳精电极等。

焦油是黑色粘稠的油状流体，约含500多种物质，其中有苯、酚、萘、蒽、菲等含芳香环的化合物和吡啶、喹啉、噻吩等含杂环的化合物，它们是医药、农药、染料、炸药、助剂、合成材料等工业的重要原料。

焦炉气约占焦化产品的20%，其中的H_2、CH_4、CO等可燃气体热值高，燃烧方便，多用作冶金工业燃料或城市煤气，与直接燃煤相比，环境效益极高。H_2、CH_4、C_2H_4等还可用于合成氨、甲醇、塑料、纤维等。

(3) 煤的液化　直接液化法是先将煤加热裂解，使大分子变成小分子，然后催化加氢（450~480℃，12~30MPa），这样可以得到许多燃料油。此法原理简单，实际工艺复杂，涉及裂解、缩合、加氢、脱氧、脱氮、脱硫、异构化等多种化学反应。

间接液化法是先将煤汽化，得到CO、H_2等气体小分子，然后在一定温度和压力及催化剂作用下，合成烷烃、烯烃、乙醇和乙醛等。这种方法至今已有60多年的历史，目前少数缺油富煤的国家仍采用这种方法。

(4) 水煤浆　水煤浆由洗选后的精煤粉、水和化学添加剂混合而成，含灰、硫等有害物质远低于常规动力煤和其它工业用煤。其性能与燃油接近，燃烧效率高、负荷调节范围大、污染物排放低、储存输送方便安全、成本低，是一种新型代油煤基液体燃料。

我国水煤浆技术已趋于成熟，并逐步进入工业应用阶段。水煤浆代替重油、渣油和气能源使用于锅炉，节约了优质动力煤，改善了环境，合理利用了能源，增加了经济效益和社会效益。

【练习思考8-2】　煤的综合利用有哪些好处？

二、石油

石油素有“工业的血液”之称，是当今世界最主要的能源。

石油是由植物和低等生物残骸在地下经过漫长而复杂的物理化学变化而形成的棕黑色粘稠液态混合物。其沸点范围从室温到500℃以上，主要成分是C和H，此外还含有O、N、S等。与煤相比，石油的含氢量较高，含氧量较低。石油必须经过多步炼制才能使用。主要炼制过程有分馏、裂化、重整、精炼。

1. 分馏　在分馏塔中利用石油中各组分沸点的不同加热蒸馏，即可得到不同沸点范围的产物。

沸点最低的组分含C_1~C_4，有饱和烃和不饱和烃。不饱和烃如乙烯、丙烯、丁烯是重要的化工原料，分离出去后，剩余的饱和烃以丁烷为主，它的沸点为-0.5℃，稍加压即可液化，储于高压钢瓶中供城乡居民使用。液化过程会带入少量的戊烷和已烷，这些杂质沸点较高（36~39℃），室温下不能汽化，而以液态沉积于钢瓶底部。

在40～180℃沸点范围内可以回收C_6～C_{10}的馏分，这便是汽油。按各种烃的组成不同，可分为航空汽油、车用汽油、溶剂汽油等。

提高蒸馏温度，依次还可以得到煤油（C_{10}～C_{16}）和柴油（C_{17}～C_{20}）。蒸馏温度在350℃以下所得各馏分都属于轻油；高于350℃的馏分属于重油（C_{18}～C_{40}），如润滑油、凡士林、石蜡、沥青等。

直接分离出来的汽油通常叫直馏汽油，在使用时爆燃性很强，会发出很大的噪声，浪费能量，损坏发动机。人们把抗爆性能作为衡量汽油质量高低的一种标准，通常用“辛烷值”来表示。辛烷值越大，汽油的质量越好。异辛烷（2，2，4－三甲基戊烷）的爆燃性最弱，将其辛烷值定为100；正庚烷的爆燃性最强，规定其辛烷值为0。若汽油的辛烷值为70，即表示其爆燃性能与70%的异辛烷和30%的正庚烷的混合物相当。

在直馏汽油中加入少量的“抗爆剂”可提高汽油的辛烷值。四乙基铅就是一种常用的“抗爆剂”，它是具有香味的无色液体，有毒。1L汽油中加入1mL四乙基铅，可提高10～12个标号，但汽油燃烧后放出含微量铅的尾气会污染空气，成为公害。自20世纪70年代起，许多国家开始使用被誉为汽车“绿色食品”的无铅汽油。无铅汽油一般是加入甲基叔丁基醚［$CH_3OC(CH_3)_3$］来提高辛烷值的。这种组分沸点较低，可以改善汽车的起动和加速、减少发动机磨损和耗油量。

现在，高辛烷值的汽油主要是通过催化重整来获得。

我国非常重视无铅汽油的推广和使用，并开发了提高汽油辛烷值的催化裂化剂。

【练习思考8-3】 *石油分馏的产品有哪些？试说出几种产品的用途。*

2. 裂化 用蒸馏方法所得轻油的产量仅占原油的1/3～1/4，为了提高轻油（特别是汽油）的产量，石油工业常采用催化裂化法，将碳原子数多的烃裂解为碳原子数较少的烃，如

$$C_{16}H_{34} \longrightarrow C_8H_{18} + C_8H_{16}$$

我国原油成分中重油比例较大，经过30多年的研究和实践，已开发出适用于我国原油的一系列铝硅酸盐分子筛型催化剂。经催化裂化能从重油中获得更多较好的汽油和乙烯、丙烯、丁烯等化工原料。

3. 催化重整 在一定温度和压力下，汽油中的直链烃在催化剂表面进行结构“重新调整”，转化为带支链的烷烃异构体，这能有效地提高汽油的辛烷值，同时还可以得到一部分芳香烃。现在用的催化剂有贵金属铂、铱、铼等（以多孔性的氧化铝或二氧化硅为载体在其表面浸渍0.1%的贵金属），汽油在催化剂表面只需要20s就能完成重整反应。

4. 加氢精炼 由蒸馏和裂解所得汽油、煤油、柴油中含有少量氮或硫的杂

环化合物，燃烧时产生 NO_x 及 SO_2 等污染空气。除去 N、S 的现行办法是在催化剂（以 Al_2O_3 为载体，活性组分有 Co－Mo、Ni－Mo、Ni－W 等体系）作用下，使氢和这些杂环化合物反应生成 NH_3、H_2S 而分离出去。

【练习思考 8-4】 石油的炼制主要包括哪些过程？

三、天然气

天然气是一种高效、清洁的气体燃料，与石油伴生，有的也存在于石油和煤田的附近。天然气的主要成分是甲烷，还有少量的乙烷、丙烷、丁烷、戊烷等。天然气燃烧时发热量高，热值可达 35378～39774$kJ \cdot m^{-3}$。一般在－160℃和相应的压力下可被液化。液化天然气的热值比航空煤油高 15%，能作汽车、快艇、飞机燃料。天然气的管道输送费用比其它能源低，容易管理，输送距离可达数千千米。

众所周知，汽车尾气是流动性很强的严重大气污染源，在城市大气污染中占 60% 以上，目前仍呈上升趋势。发达国家正在竞相研究开发对环境污染较小的机动车辆，如电动、太阳能、氢能汽车。此外用酒精、甲醇、液化石油气等为燃料的汽车也已出现，但以天然气为燃料的发动机仍是科技工作者的首选目标。以天然气为燃料的发动机冷起动性能好，运行平稳，燃料和维修费用低，发动机不易积炭，寿命比汽油和柴油发动机长 2～3 倍。试验表明，燃气汽车比燃油汽车一氧化碳污染减少 89.73%，碳氢化合物污染减少 70%，燃气汽车的运行成本仅为燃油汽车的 60%。所以天然气汽车是当今世界公认的低污染、节能又经济安全的“绿色环保车”。

天然气还是居家做饭、住宅取暖的首选能源，是发电厂发电燃料和重要的化工原料。在德国有 39% 的住宅采用天然气取暖，在法国政府要求本国能源部门用天然气发电以取代成本日益上升的核电。在化学工业中，用天然气作原料可以合成氨和甲醇，制取乙烯、乙炔、氢氰酸、二硫化碳、炭黑、甲醛等。从世界能源结构的变化趋势来看，天然气将是 21 世纪最有发展前景的能源之一。

目前世界天然气总储量估计达到 $4.04 \times 10^{14} m^3$，专家认为其中 $1.46 \times 10^{14} m^3$ 是可以开采的，它约相当全球年能源消耗量的 200 倍，至少可供今后 70 年的需要。我国天然气储量丰富，资源总量在 $4.01 \times 10^{13} m^3$，已探明的可采天然气储量居世界第 16 位。当前，从总体看我国天然气开发程度还比较低，生产规模比较小，油、气产量远远低于世界平均水平。近几年由于国家的高度重视，加大了对天然气生产的投入，现已形成重庆、陕甘宁、新疆三个陆地新气区，并具备了快速发展天然气的基础。1997 年 9 月 10 日陕京天然气输气管道全线竣工，全长 860km，是我国目前陆地上第一条大口径、长距离、全自动的输气管线。截至 2001 年 12 月 31 日，该管线的年输气量达到 16.12 亿 m^3；陕京二线输气管道干线全长851km，年输气能力120亿m^3，是实现北京2008年绿色奥运承诺的信誉工程；西气东输工程（新疆塔里木－上海长江三角洲），管道全长4200km，途径新疆、甘肃、宁夏、陕西、山西、河南、安徽、江苏、上海9个省区，年输气能力$1.2\times10^{10}m^3$。天然气作为燃料替代汽油和煤，大大促进了能源结构的调整，改善了大气环境。

第三节　核　　能

相对于煤、石油、天然气等传统能源而言，核能是一种新型能源。核能能源有核裂变能源、核聚变能源。核能发电是目前核能和平利用的最主要的方式。

一、核反应与核能

核能来自核反应。重原子核分裂（裂变）或轻原子核聚合（聚变）都能释放出巨大的能量，例如，lkgU－235裂变所释放的能量相当于2.4×10^6kg标准煤燃烧所释放的能量；1kg氘聚变所释放的能量相当于3×10^{10}kg煤燃烧所释放的能量。认识核反应和研究核能的利用是开发能源的一个重要方面。

核裂变反应　U－235原子核受到高能中子的轰击时，能分裂出质量相差不多的两种核素，同时又产生几个中子，并释放出巨大能量。裂变产物复杂，它们的原子序数在30～65之间。例如

$$
{}^{235}_{92}U + {}^{ln}_{0}n \rightarrow
\begin{cases}
{}^{144}_{56}Ba + {}^{89}_{36}Kr + 3{}^{1}_{0}n \\
{}^{140}_{54}Xe + {}^{94}_{38}Sr + 2{}^{1}_{0}n \\
{}^{133}_{51}Sb + {}^{99}_{41}Nb + 4{}^{1}_{0}n
\end{cases}
$$

U－235裂变过程中每消耗1个中子能产生几个中子，它们又能轰击其它U－235，使其裂变……，这就是链式反应。

链式反应若迅速进行，可在瞬间引发巨大爆炸，这是制造原子弹的原理。若人工控制链式反应以适当的速率进行，产生的能量用来加热水产生蒸汽，推动汽轮机发电，这是核能变电能的原理。

核聚变反应　它是由两个或多个轻原子聚合成一个较重原子的过程，也称热核聚变反应。如

$$ {}^{2}_{1}H + {}^{6}_{3}Li = 2{}^{4}_{2}He $$

$$ {}^{2}_{1}H + {}^{2}_{1}H = {}^{4}_{2}He $$

据计算，后一反应每克氘（${}^{2}_{1}H$）聚变可以得到7×10^8J的能量。根据海水中的氘、氚储量推算，它们可供人类使用几亿年，因此，如果能将可控聚变反应用于发电，那么人类将不再为能源问题所困扰。

二、反应堆的安全性与风险

核电站的中心是反应堆，它包括：稀释的裂变物质、控制裂变速率的中子减速剂、控制温度的冷却剂、限制辐射的屏蔽装置。减速剂是能吸收中子的材料，如镉、硼、铪等。利用它们能够吸收中子的特性控制链式反应进行的速率，实现核能与热能平稳的转换。

在反应堆中发生核裂变时，产生大量的中子，其中一部分被核裂变物质和反应堆内件吸收，另一部分中子逃逸到堆外成为幸存中子。如果幸存中子平均不到1，链式反应就越来越弱，称为“收敛”；如果幸存中子平均大于1，则链式反应就越来越强，称为“发散”，最后可能达到无法控制的地步。在核反应堆中，通过控制棒可使幸存中子平均恰好为1，使链式反应可以经久不息地进行下去。在设计核反应堆时，大多采用低浓度裂变物质作燃料，而且这些核燃料在反应堆芯被合理地分散隔开，同时反应堆内还装有控制铀裂变速率的减速剂，由此保证了反应堆在任何情况下都不会发生像原子弹那样的核爆炸。另外，为了防止核辐射外泄，核电站一般都设有3道安全屏障，所以核电的生产和核电站的运行是安全的。

三、核能开发利用的前景

核电事业获得长足发展，已成为世界重要能源之一（目前，核电站发电量占世界总发电量的16.75%）。促使核电迅速发展的主要原因是：

（1）人类对能源的需求急剧增加，能源工业成为各国发展国民经济的先行行业。

（2）与燃煤、燃油的火电站相比，核电站虽然建站投资大，但核电成本比火电成本低1/3 ~1/2。

（3）核电站对环境污染小，废气中所含放射性物质也比燃煤火电厂少得多。

（4）核电站的运行安全可靠，当代核电站的安全技术与管理已达到相当完善可靠的程度。

目前世界上实际应用的核反应堆都属于热中子反应堆（热中子较易使U－235原子核分裂）。压水堆、沸水堆、重水堆、石墨堆都属于热中子反应堆。热中子反应堆的主要缺点是核燃料的利用率低。在精炼的铀中，包含0.0055% U－234、0.72% U－235、99.2745% U－238 三种同位素，其中只有U－235才能在热中子堆内裂变产生核能，其它都将作为贫铀积压起来。

现代技术已开创了将U－238转变为Pu－239的技术，其核反应为

$$^{238}_{92}U + ^{1}_{0}n \longrightarrow ^{239}_{94}Pu + 2\ ^{0}_{-1}e$$

Pu－239能进行核裂变反应。也就是说，在反应堆里，每个U－235或Pu－239

裂变时放出的中子，除维持裂变反应外，还有少量可以使难裂变的 U－238 转变为易裂变的 Pu－239。这种反应堆称为快中子增殖堆，简称快堆。快堆在消耗裂变燃料以产生核能的同时，还能生成相当于消耗量 1.2～1.6 倍的裂变燃料。因此，快堆的最大优点是可以充分利用 U－238，在今后几十年中克服了工艺上的困难以及提高经济效益之后，快堆会逐渐取代热堆，成为 21 世纪核能利用的主力堆型。

目前，我国已经运行的核电站有浙江秦山核电站和广东大亚湾核电站。它们均采用世界上流行的压水堆，近年来我国正致力于 600MW 压水堆核电机组国产化、标准化和批量生产，GW 级先进压水堆和快中子增殖反应堆及高温气冷反应堆正处于研制阶段。

第四节 化 学 电 源

将化学能直接转化变为电能的装置叫做化学电源。化学电源分为原电池、蓄电池和燃料电池三大类。

一、原电池

原电池是一种放电后不能再充电使其复活的一次性电池。常用的原电池有锌锰干电池、锌汞（钮扣）电池、银锂（钮扣）电池等。

收音机、手电筒里使用的都是锌锰干电池，其电动势一般为 1.5V，电容量随体积大小而异（分 1 号、2 号、4 号、5 号、7 号等）。锌锰干电池的负极是锌筒；正极是石墨棒（裹了一层由 MnO_2、炭黑及 NH_4Cl 溶液混合压紧的团块）；两极间的电解质是由 NH_4Cl、$ZnCl_2$、淀粉制成的糊状混合物。锌锰干电池的结构见图 8-1。电池可用符号表示为

（－）Zn｜NH_4Cl、$ZnCl_2$｜MnO_2，C（＋）

式中（＋）、（－）表示两个电极符号，习惯上把负极写在左边，正极写在右边。Zn 和 C（C 只是导体，实际上正极反应的是 MnO_2）分别表示两个电极，NH_4Cl、$ZnCl_2$ 表示电解质溶液。“｜”表示电极与电解质溶液间的接触界面。

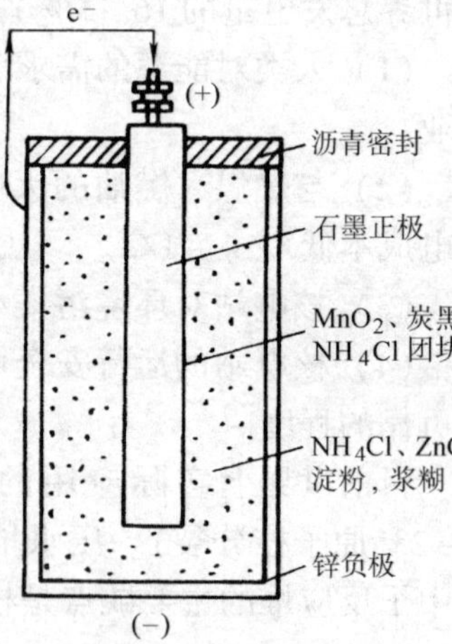

图 8-1 锌锰干电池结构

在使用过程中，电子由锌极流向锰极（电流方向相反），锌皮不断消耗，MnO_2 不断还原，电压慢慢降低，最后电池失效。干电池不宜长时间连续使用。忌暴晒、防潮湿，较长时间不用要从电池匣中取出。

二、蓄电池

蓄电池在使用前应充电，即利用外接直流电使其内部发生化学反应，把电能转变为化学能储存起来。在使用时，化学能又转变为电能。这一过程叫做放电。蓄电池可反复充电和放电，因此更受人们欢迎。

1. 铅蓄电池 世界上第一个可充式酸性铅蓄电池是 Plante 于 1860 年发明的。在铅蓄电池中，两组铅锑合金的栅格板作为电极导电材料，其中一组的栅孔填充 PbO_2 作为正极；另一组的栅孔填充海绵状金属铅作为负极；质量分数为 30% 的稀硫酸作为电解质溶液。铅蓄电池的结构见图 8-2。

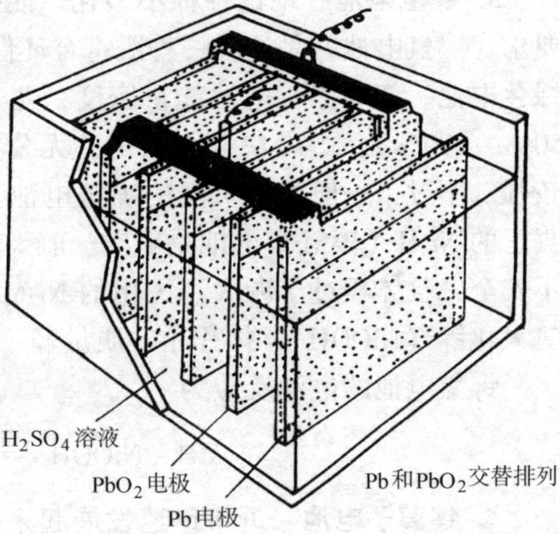

图 8-2 铅蓄电池

铅蓄电池在充电时，相当于一个电解池。两极反应为

阴极 $PbSO_4 + 2e^- = Pb + SO_4^{2-}$

阳极 $PbSO_4 + 2H_2O - 2e^- = PbO_2 + 4H^+ + SO_4^{2-}$

总反应 $2PbSO_4 + 2H_2O \xlongequal{\text{通电}} PbO_2 + Pb + 2H_2SO_4$

铅蓄电池在放电时，相当于一个原电池。两极反应为

负极 $Pb + SO_4^{2-} - 2e^- = PbSO_4$

正极 $PbO_2 + SO_4^{2-} + 4H^+ + 2e^- = PbSO_4 + 2H_2O$

总反应 $PbO_2 + Pb + 2H_2SO_4 = 2PbSO_4 + 2H_2O$

铅蓄电池充电和放电过程可以合并写为

$$Pb + PbO_2 + 2H_2SO_4 \underset{\text{充电}}{\overset{\text{放电}}{\rightleftharpoons}} 2PbSO_4 + 2H_2O$$

在正常情况下，铅蓄电池每个单元的电动势为 2V 左右，当单元电压降到 1.8V 时，就不能继续使用，必须进行充电。只要按规定及时充电，使用得当，一个蓄电池可以充放电 300 多次，否则使用寿命会大大降低。

铅蓄电池具有电动势高、电压稳定、使用温度范围宽、原料丰富、价格便宜等优点。主要缺点是笨重、防震性差、携带和维护不便。

2. 镍镉电池 电池的体积、电动势都和干电池差不多，携带方便，使用寿命比铅蓄电池长得多，使用得当可以反复充电数万次。

镍镉电池的电池反应为

$$Cd + 2NiO(OH) + 2H_2O \underset{\text{充电}}{\overset{\text{放电}}{\rightleftharpoons}} 2Ni(OH)_2 + Cd(OH)_2$$

镍镉电池容易产生“记忆效应”，因此，在充电时要求先放完再充电，否则会影响电池性能。另外由于这种电池中含有镉汞等毒性物质，因此不得强行拆卸，报废的电池也需妥善处理，以免引起中毒和环境污染。

3. 镍氢电池 现代各种小型化、便携化电器的出现，对电池提出了更高的要求。镍氢电池就是这样一种既符合环保要求又顺应能源与电器发展趋势的新型绿色电池。新型镍氢电池能量密度，尤其是体积能量密度远高于镍镉电池（高50%～100%），可以快速充放电，无公害、无记忆效应，且耐过充、过放能力较强。不过，一般我们所说的镍氢电池其实是Ni-MH（镍-金属氢化物）电池。真正的Ni-H（镍氢）电池是航空、航天用的高压Ni-H电池，其负极为高压氢气不安全，且体积过于庞大。民用的Ni-MH电池的负极是储氢合金，正极是氧基氢氧化镍（NiOOH），体积小、质量轻、安全可靠。

镍氢电池的电池反应为

$$MH + NiOOH \underset{\text{充电}}{\overset{\text{放电}}{\rightleftharpoons}} Ni(OH)_2 + M$$

4. 锂离子电池 近年迅速发展起来的一种新电池，它的储能容量是镍镉电池的2.5～3倍。由于不含镉，既无污染也不会产生“记忆效应”，任何时候都可以充电，该电池使用寿命可达500～1000次。因此，锂离子电池受到广大移动电话、笔记本电脑用户的青睐。

在锂离子电池结构中，正极和负极均采用具有层状构造的物质，可以让Li^+自由进出而不破坏整体结构。在充电时，Li^+的一部分会从正极脱出，进入到负极碳的层间去，形成层间化合物（嵌合物）；在放电时，则进行此反应的逆过程。嵌入和脱嵌是锂离子电池工作的主要原理，故锂离子电池也被称为“摇椅电池”。

三、燃料电池

将氢气、甲烷、乙醇等物质在氧气中燃烧时的化学能直接转化为电能的装置叫燃料电池。与一次、二次电池相比，燃料电池具有连续提供电能的能力，是名符其实地把能源中燃料燃烧反应的化学能连续和直接转化为电能的“能量转化器”。

氢气、甲烷、乙醇等可燃性气体首先在电极催化剂作用下离子化，再与O_2起反应生成CO_2和H_2O。这种电池能量利用率可高达80%～90%（一般柴油发电机只有40%左右）。因此，世界各国非常重视发展燃料电池技术。H_2-O_2燃料电池原理图如图8-3所示。

通常根据所用电解质的不同可以把燃料电池分为：固体聚合物燃料电池、碱性燃料电池、磷酸型燃料电池、熔融碳酸盐燃料电池、固体氧化物燃料电池。前三类燃料电池都以氢为原料，而且前两种的操作温度较低。以固体聚合物燃料电池为例，其电极反应为

负极 $2H_2 - 4e^- = 4H^+$

正极 $O_2 + 4H^+ + 4e^- = 2H_2O$

总反应 $2H_2 + O_2 = 2H_2O$

一种 10～20kW 的碱性 $H_2 - O_2$ 燃料电池已成功地用于航天飞机。在美国、日本还有若干示范性的 $CH_4 - O_2$ 燃料电池发电站，但目前这类电池成本很高，气体净化要求也高，短期内难以普及。

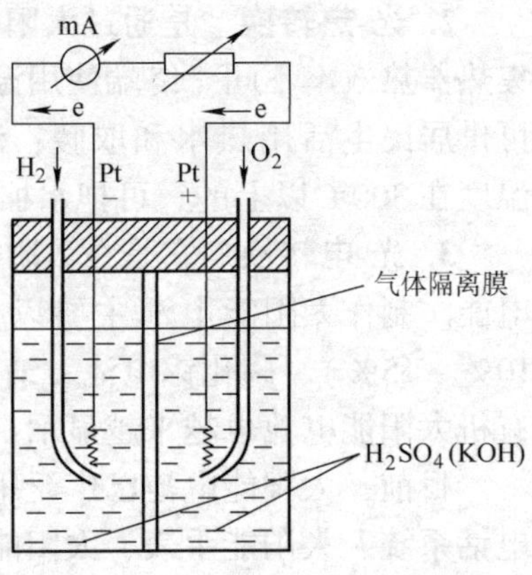

图 8-3 $H_2 - O_2$ 燃料电池原理图

第五节　新能源的开发

当代新能源主要是指太阳能、生物能、风能、地热能和海洋能。它们的特点是：资源丰富，可以再生，没有污染或污染少。

一、太阳能

太阳是一个在高温高压下不断进行热核聚变反应的炽热球体。在太阳球体的核心，氢核聚变为氦核连续释放 $3.865 \times 10^{23} kJ \cdot s^{-1}$ 的能量，到达地球表面的能量约为 $8.1 \times 10^{13} kJ \cdot s^{-1}$。太阳能即指这一部分辐射能。

太阳能与常规能源相比具有如下特点：

（1）太阳能是一个持久、普遍、巨大的能量资源。从地球诞生之日，太阳就向地球提供能量，按太阳的质量估算，它还有60亿年以上的寿命，因此可以说太阳能是人类取之不尽，用之不竭的可再生能源。

（2）太阳能是洁净、无污染的能源。

（3）太阳能无偿地提供给地球的每一角落，可就地取材，不受市场的垄断和操纵。

太阳能的利用也有一些不利因素，例如太阳能到达地面的能量密度低，有间歇性，受昼夜、阴晴、季节、纬度等因素影响较大，能量供应极不稳定。因此太阳能的采集和使用存在许多技术上和经济上的困难。目前，太阳能的收集和利用主要有三种方式：光-化学转换、光-热转换和光-电转换。

1. 光-化学转换　将太阳能直接转换成化学能。如绿色植物的光合作用就是光-化学能的转换过程。

2. 光-热转换 是通过太阳能集热器进行的。不同材料和不同类型的太阳能集热器热效率不同。终端使用温度低于100℃时（如家庭使用的太阳能热水器），可供居民生活用热水和取暖；温度在100～300℃之间的，供烹调、工业用热；温度在300℃以上的，可把水加热成蒸汽再用来发电。

3. 光-电转换 它是在太阳能电池中利用光电效应通过光电池把光能转变为电能。制作太阳能电池主要以半导体材料为基础，如硅电池（光电转化率为10%～15%）、碲化镓电池、纳米晶电池等。以其它材料为基础的太阳能电池如有机太阳能电池也越来越显示出诱人的前景。

目前，太阳能电池已广泛用于空间飞行器、微波中继站、卫星地面站、农村电话系统、太阳能手表、太阳能计算器、太阳能充电器等。其中，光伏打电池具有安全可靠、无噪声、无污染、无需燃料、无需架设输电网、规模可大可小等优点，比较适用于阳光充足的边远地区农牧民或边防部队使用。

二、生物能

生物能是太阳能以化学能形式贮存在生物质中的一种能量形式。生物质是指由绿色植物和光合细菌等自养生物通过光合作用而产生的各种有机体。一般说，绿色植物只吸收了照射到地球表面的辐射能的0.5%～3.5%。即使如此，每年通过光合作用储存在植物中的太阳能，相当于全世界每年消耗能量的10倍。因此生物能是一种极为丰富的能量资源，也是太阳能的最好贮存方式。

按照资源类型，生物能包括古生物化石能源、现代植物能源和生物有机质废弃物。古生物化石能源主要指煤、石油、天然气等。现代植物能源是指新生代以来进化产生的现代能源植物，自人类学会用火以来一直作为能源延用至今。

目前，在我国广大农村仍以稻草、秸杆等农牧业废弃物为主要燃料。这些燃料直接燃烧时热值利用率很低，仅为15%左右，现在使用的节能柴灶热值利用率最高也只有25%左右，并且对环境有较大污染。目前将生物能作为新能源来考虑，并不是再去烧固态柴草，而是将其转化为可燃性的气体或液体，然后再燃烧放热。农牧业废料、高产作物（甘蔗、高粱、甘薯），速生树木等，经过发酵或高温热分解等方法可以制造甲醇、乙醇等清洁的液体燃料。欧共体已建成几座由木屑生产甲醇的工厂。这类生物质在密闭的容器内经过高温干馏也可生成CO、H_2、碳氢化合物等气体燃料。我国山东等地利用秸杆热解制取可燃性气体技术取得较好的效果，产生1m^3这种可燃性气体生产成本只有0.16元。

生物质还能在厌氧条件下生成沼气（主要成分为甲烷）。沼气作为燃料不仅热值高，并且干净。沼渣、沼液是优质的速效肥料，同时又处理了各种垃圾，清洁了环境。我国农村约有500万个小沼气池作为家用能源。投资建设中型、大型沼气池不仅可用于发电，还可处理城市垃圾。

此外，科学家还成功地培养出若干植物新品种，如巴西的香胶树（也称石油树），每株年产50kg左右与石油成分相似的胶质。美国人工种植的黄鼠草，每公顷可年产6000kg石油，美国西海岸的巨型海藻，可用于生产类似柴油的燃料油。

三、氢能

氢能是指以氢及其同位素为主体的反应中或氢状态变化过程中所释放的能量。氢能有许多优点：氢的原料是水，资源丰富；氢燃烧时反应速率快，除核燃料外氢的发热值最高，约是汽油的2.6倍、煤的4.8倍；氢与空气混合时有广泛的可燃范围，燃烧温度可以在200~2000℃之间选择；氢燃烧的产物是水，不会污染环境，是最干净的燃料。另外，氢能的应用范围广，适应性强。所以，氢能是一种理想的、极有前途的二次能源。氢能大规模地商业应用需要解决两个关键问题：一是廉价制氢，二是安全可靠的贮氢和输氢方法。

目前工业上制取氢的方法主要是水煤气法和电解水法。由于这两种方法都要消耗矿物燃料，所以不理想。随着对太阳能开发利用的不断深入，科学家们已开始用阳光分解水来制取氢气。通过光分解水制取氢气的关键技术在于解决催化剂问题。1972年日本研究人员成功通过光电化学电池分解水，但其效率仅为1%。目前，卡罗拉多国立能源再生实验室的 Taurner 和 Kbaselev 创造了一种光致电压-电化学结合的装置，将水分解为氢和氧，效率达到12.4%。人类一旦找到了更有效的催化剂，那么，水中取“火”——通过电解水来制取氢，就将成为日常生活中一件极为平常的事情。

氢气密度小，不易贮存。在15MPa压力下，40L的钢瓶只能装0.5kg的氢气。若将氢气液化，则需耗费很大能量，且容器需绝热，很不安全。于是人们设想：如果能像海绵吸水那样将氢吸收起来并长期贮存，等到需要时再将其释放出来，就可以解决贮氢、输氢问题了。现在科学家已经找到了这种特殊功能的材料即贮氢合金（见第六章专题6-4）。

氢作为燃料首先被应用于汽车。1976年美国研制成功了世界上第一辆以氢气为动力的汽车，我国则于1980年成功地研制出国内第一辆氢能汽车。用氢作汽车燃料，即使在低温条件下也容易发动，不仅干净，而且对发动机的腐蚀作用小，有利于延长发动机的寿命。此外，氢气与空气能均匀混合，可以省去一般汽车上所使用的气化器。实践表明，如果在汽油中加入4%的氢作为汽车燃料，可节油40%，并且无需对汽车发动机作多大改进。液态氢既可以用作汽车、飞机的燃料，也可以用作火箭、导弹的燃料。美国发射的“阿波罗”宇宙飞船以及我国用来发射人造卫星的“长征”运载火箭，都是用液态氢作燃料的。

前面提到的 H_2-O_2 燃料电池则是氢能的另一个重要的发展方向。

四、风能

风能是太阳能的一部分，是可以再生的干净能源。我国东南沿海及西北高原地区有丰富的风力资源，已建成小型发电厂9个，发电装机容量20000kW。风力发电将是电力建设的一个重要方面。

五、地热

地热能是地球内部的能量。地壳深处比其表面温度高得多，地壳上层平均温度梯度为20～30℃/km，在外层10km内储热量达1.26×10^{25}kJ，按10%的转化率计算，相当于50年内的发电量（5.8×10^{6}kJ）。利用地热可以发电，在西藏的发电量中，一半是水利发电，约40%是地热发电，火力发电只占10%。西藏羊八井地热电站的水温150℃左右，台湾清水地热电站水温达226℃。温度较低的地热泉（温泉）遍布全国。地热能与地球共存，潜力不可忽视。

六、海洋能

在地球与太阳、月亮的相互作用下，海水不停地运动，其中蕴藏着潮汐能、波浪能、海流能等，这些能量总和称为海洋能。从20世纪60年代起，法国、前苏联、加拿大，芬兰等国先后建成潮汐电站。我国在东南沿海先后建成7个小型潮汐电站，其中浙江温岭的江厦电站具有代表性，它建成于1980年，至今运行状态良好。

【练习与思考8-5】 为什么说氢能是未来理想的新能源？

本章小结

一、能源的分类和能量的转化

能源指可以提供能量的自然资源。通常将存在于自然界，可直接取用而无需改变其形态和性质的能源称为一次能源；将由一次能源经加工、转换或改质而得到的另一种形态的能源称为二次能源。

能源的生产和利用过程，就是能量的转化过程。能量的转化遵守能量守恒定律。

二、矿物能源及其综合利用

矿物能源有煤、石油、天然气等。这些能源的综合利用既可节约能源，又减少环境污染，还能为工业提供重要的化工原料。煤的综合利用方式主要有煤的汽化、焦化、液化。石油的炼制方法有分馏、裂化、催化重整、加氢精制。

三、核能

核能是伴随着核反应释放的巨大能量。核裂变发电技术已经成熟，而且经济。利用核能发电一要保证安全运行，二要处理好核废料，防止污染环境。

四、化学电源

化学电源分为原电池、蓄电池和燃料电池，其中原电池为一次性电池，蓄电池为二次电池。

五、新能源的开发

新能源是以新技术为基础系统开发利用的能源。主要有太阳能、氢能、生物能、风能、地热、海洋能。氢能是未来理想的新能源。

习　题

1. 举例说明，何为再生能源和非再生能源？

2. 矿物能源将在几十年内消耗殆尽，你对此有何感想？我们是否有为子孙后代节约这些资源的义务？

3. 美国、日本把节约能源列为继煤、石油、自然能（水力、风能、地热、太阳能等）、核能之后的“第五常规能源”，这对我国能源建设有何启示？

4. 国家为什么禁止土法炼焦和土法炼油？

5. 原煤、石油液化气、天然气和柴草都是我国家用能源，试比较它们有何优缺点。

6. 利用核能所遇到的主要问题是什么？

7. 试讲述原电池的反应原理。常用的原电池有哪些？

8. 什么是新能源？当前有实效、有前景的新能源有哪些？

9. 试提出几种从垃圾中获取能量的方法。

第九章　化学与环境

○环境保护对我们有何重要意义？

○在环境保护中化学能做些什么？

一位哲人说过：当人类砍倒天然林中第一颗大树的时候，文明就宣告开始了；当人类砍倒最后一颗大树的时候，文明便宣告结束了。它形象地说明了人类文明与自然环境的关系。环境是什么？环境与化学有何关系？

我国自然保护法规定：环境是指“影响人类生存和发展的各种天然的和经过人工改造的自然因素的总体，包括大气、水、海洋、土地、矿藏、森林、草原、野生生物、自然遗迹、人文遗迹、自然保护区、风景名胜区、城市和乡村等。”人类的进化和发展离不开周围环境的变化。人类与环境间内在的、本质的联系就是化学。因为人体与环境都是由化学元素构成的。化学贯穿于人类活动与环境的相互作用中，与能源、资源、信息和生命紧密相连。人们应用化学知识，利用环境和改造环境，促进了经济的发展，但也引发了各种环境问题。分析环境问题、解决环境问题同样离不开化学知识的运用。

环境问题很多，本章主要介绍大气和水体的污染及控制。

第一节　大气的污染及控制

受地球引力而随地球旋转的气体层总称为大气层，其厚度约为 1000 ~ 1400km。大气层是地球的盔甲，它不仅保护地球上的生物免遭外层空间有害因素（宇宙射线、陨星等）的袭扰，而且以它的热量调节功能为人类提供适宜的温度条件。

一、大气的组成

大气是多种气体的混合物，可分为恒定、可变和不定三种组分。恒定组分主要包括氮、氧和氩，它们占大气总体积的 99.96%，在地球上任何地方的体积分数几乎不变。可变组分是指二氧化碳和水蒸气，其含量往往随季节、地域气象条件和人类活动的状况而变化。不定组分是指煤烟、尘埃、硫氧化物、氮氧化物、碳氢化合物等污染物。它们因地震、火山爆发、森林火灾、焚烧垃圾、工业生产、人类生活等而产生。

二、大气层的结构

大气层中空气的分布是不均匀的，其质量的99%集中在距地面29km以下的大气层中，尤以海平面处的空气密度最大。随着高度的增加，空气密度逐渐减小，在超过1000~1400km的高空，空气已非常稀薄。

根据大气在垂直方向上的温度变化及大气组成情况，自下而上可分为对流层、平流层、中间层、热成层、逸散层，见图9-1。

1. 对流层 对流层在大气的最底层，平均厚度约为12km，对流层集中了大气总质量的75%和水蒸气的90%。对流层的气温随高度的增加而降低。平均而言，每上升100m，气温下降约0.65℃。到对流层顶部，气温可降到-50℃以下。这种上冷下热的温差，使该层气体在垂直方向和水平方向上均有显著的对流运动。

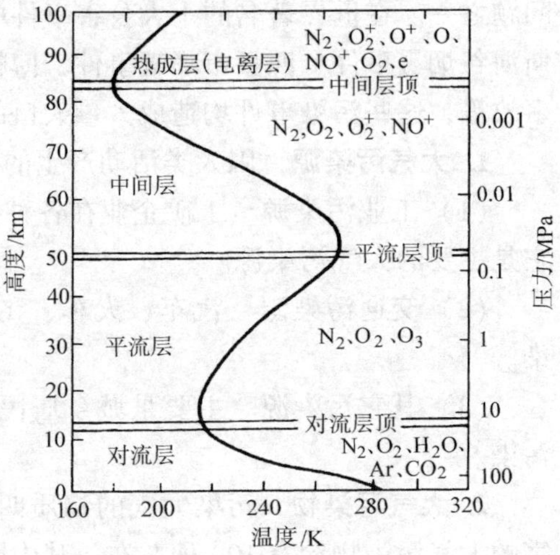

图9-1 大气层结构示意图

大气污染物的产生、迁移与转化主要发生在对流层。由于该层直接与地面接触，尘埃、微生物、水蒸气进入空气形成扬尘、飞沙和雨、雪、云、雾等天气现象。因此，对流层对人类的生产和生活影响最大。

2. 平流层 从对流层顶至50km左右是平流层。由于臭氧层的作用致使该层的气温随高度增加而上升。因为上热下冷、气流垂直运动微弱，只有水平方向的流动。污染物一旦进入该层，就可长时间滞留，且易造成大范围以致全球性的影响。此外，若臭氧层遭到破坏，太阳及宇宙射线可直接穿过“臭氧空洞”，给地球上的生物造成危害。因此，保护臭氧层是当今世界面临的紧迫任务之一。

3. 中间层 从平流层顶至85km高空是中间层（又称中层）。该层气温随高度增加而迅速下降。

4. 热成层（电离层） 从中间层顶到800km高空属于电离层，该层气温随高度的增加而迅速上升。气体分子在射线作用下发生电离，成为原子、离子和自由电子。电离层能反射电磁波，对地球上的无线电通信具有重要意义。

5. 逸散层 800km以上的大气层称为逸散层。此层大气极其稀薄，一些高速运动的粒子能克服地球引力逃逸到太空中去。

三、大气污染

大气污染是指大气中污染物质的浓度达到了有害程度，以致破坏生态系统及人类正常生存和发展的条件，对人和生物造成危害的现象。

大气污染造成危害的区域较广，后果严重，是人类当前面临的严重环境污染问题之一。在世界著名的十大公害事件中，就有七件是由大气污染造成的。如马斯河谷烟雾事件、四日市哮喘事件、博帕尔农药厂泄漏事件和切尔诺贝利核电站事故等，这些污染事件均造成大量人口的中毒与死亡。

1. 大气污染源 因人类活动产生的大气污染源主要有以下三个方面：

（1）工业污染源 工矿企业在各种生产过程中排放大量污染物而引起污染，它是主要的大气污染源。

（2）交通污染源 汽车、火车、飞机、船舶等交通工具排放污染物引起污染。

（3）其它污染源 主要是城乡居民燃烧各种燃料时向大气排放污染物引起污染。

2. 大气污染物 污染大气的物质叫大气污染物。目前对环境和人类产生危害的大气污染物约有100种左右。其中影响范围广、具有普遍性的污染物有颗粒物质、含硫化合物、氮氧化物、碳氧化物、碳氢化合物等。

（1）含硫化合物 大气中的含硫化合物主要有SO_2、SO_3、H_2S、H_2SO_4及其盐等，它们主要来源于煤和石油的燃烧及冶金厂、硫酸厂排放的废气。

SO_2是最重要的大气污染物，全世界每年排放的含硫化合物约4亿t，其中SO_2就有1.5亿t。我国以煤为主要燃料，加之燃烧技术落后，是排放SO_2最多的国家之一。

SO_2具窒息性，对人的呼吸系统有强烈的刺激作用，使患支气管炎、哮喘、肺炎和肺癌的几率明显上升。严重时可引起肺气肿，甚至造成死亡。

SO_2在尘埃中Mn^{2+}、Fe^{2+}等金属离子的催化作用下可转化为SO_3，SO_3在潮湿的空气中形成硫酸酸雾。硫酸酸雾对人体的危害比SO_2高10倍，空气中含量仅8.0×10^{-7}（体积分数）即可严重威胁人的生命。1952年12月5日那场使4000人丧生的“伦敦烟雾事件”，就是由SO_2和酸雾、烟尘相互作用而造成的。

（2）氮氧化物（NO_x） 造成大气污染的氮氧化物主要是NO和NO_2，它们主要来自矿物燃料的高温燃烧（汽车及其它内燃机）、生产或使用硝酸的工厂排放的尾气，金属冶炼厂和氮肥厂等也有NO和NO_2排出。

NO为无色无味气体，具有生理刺激作用，能与血红素结合形成亚硝基血红素，从而破坏血红蛋白的生理功能引起中毒。

NO_2 呈棕黄色，可严重刺激呼吸系统，并使血红素硝化，危害性比 NO 大。NO 和 NO_2 的危害还在于它们能引发光化学烟雾，由此而产生的二次污染对人类危害极大。

（3）一氧化碳（CO） 主要来源于汽车排放的尾气和矿物燃料的不完全燃烧，它是排放量最大的大气污染物。CO 极易与血红蛋白结合（亲和力比 O_2 大 200～300 倍），使其丧失携氧能力。CO 浓度低时可使人慢性中毒，当浓度达到 1%时，人会在 2min 内死亡。

（4）碳氢化合物 主要来自生物的分解、燃料不完全燃烧和有机物的挥发，其中以汽车尾气最为突出。

甲烷能与大气中的羟基、原子氧或氧分子发生光化学反应而转变为 CO；其它碳氢化合物（特别是不饱和烯烃类）会导致危害性更大的光化学烟雾的形成。

（5）光化学烟雾 指大气中的碳氢化合物和氮氧化物在强烈的阳光作用下发生光化学反应而产生的二次污染物。主要成分有臭氧（85%）、过氧化酰硝酸酯、高活性自由基、醛和酮等。它们使动植物和建筑材料受到损害，使人眼睛红肿、流泪、呼吸困难、喉痛、头晕目眩，并诱发其它疾病。1943 年美国洛杉矶发生的光化学烟雾使近 400 人死亡。

（6）颗粒物（尘埃） 主要来自矿物燃料的燃烧、矿石烧结、水泥工业和金属冶炼。根据尘埃在重力作用下的沉降特性，可将其分为降尘和飘尘。降尘（如煤粉尘）的颗粒直径大于 10μm，沉降速度较快；飘尘（如烟雾）颗粒直径小于 10μm，可长期飘浮在空气中。

颗粒物中有许多致癌、致畸、致突变的物质，进入人的呼吸系统后所造成的危害比一般气体污染物要严重得多。此外，颗粒物能散射和吸收阳光，增加大气的混浊度，影响降雨和气候。颗粒物还能与某些气体污染物作用形成危害更大的二次污染，如酸雾。

四、大气环境质量标准

大气污染已给人类和生态环境造成了严重威胁，保护大气环境是全人类所面临的共同问题。当前，世界各国根据本国大气污染的现状、经济技术水平和卫生特点制订各自的大气质量标准。我国于 1982 年颁布了《大气环境质量标准》，将大气环境质量分为三个等级，并规定了各种污染物的限制值（见表 9-1）。

一级标准：为保护自然生态和人群健康，在长期接触情况下，不发生任何危害影响的空气质量要求。

二级标准：为保护人群健康和城市、乡村的动植物在长期和短期接触情况下，不发生伤害的空气质量要求。

三级标准：为保护人群不发生急、慢性中毒和城市一般动植物（敏感者除外）正常生长的空气质量要求。

表 9-1　我国大气环境质量标准

污染物名称	质量浓度限值/mg·m^{-3}			
	取值时间	一级标准	二级标准	三级标准
总悬浮微粒	日平均①	0.15	0.30	0.50
	任何一次②	0.30	1.00	1.50
飘　　尘	日平均	0.05	0.15	0.25
	任何一次	0.15	0.50	0.70
二氧化硫	年日平均③	0.02	0.06	0.10
	日平均	0.05	0.15	0.25
	任何一次	0.15	0.50	0.70
氮氧化物	日平均	0.05	0.10	0.15
	任何一次	0.10	0.15	0.30
一氧化碳	日平均	4.00	4.00	6.00
	任何一次	10.00	10.00	20.00
光化学氧化剂（O_3）	1 小时平均	0.12	0.16	0.20

①“日平均”为任何一日的平均质量浓度不许超过的限值。

②“任何一次”为任何一次采样测定不许超过的质量浓度限值。不同污染物“任何一次”采样的时间见有关规定。

③“年日平均”为任何一年的日平均质量浓度不许超过的限值。

五、全球性大气污染问题

在环境问题上，全球是一个整体，命运相连，休戚与共。目前影响较大的全球性大气污染主要有温室效应、臭氧层破坏和酸雨。

1. 温室效应　大气中 CO_2、CH_4 等气体对来自太阳的短波辐射具有较高的透过性，而对地面反射出来的长波具有高度的吸收性，这些气体吸收地面反射的红外辐射，并截留在大气中，使地球表面变得暖和起来，这就是“温室效应”。

适度的温室效应是地球上生命赖以生存的必要条件。而大气污染中的温室效应是指由于人口激增、人类活动频繁，特别是 19 世纪工业革命以来，化石燃料的大量消耗，森林面积的急剧减少等，导致大气中 CO_2、CH_4 和 N_2O、O_3 等温室气体含量不断增加，使温室效应加剧，气候变暖，并引起一系列环境问题。

温室效应产生的影响有：

(1) 全球性气候变暖　在北半球，冬天变短、变湿；夏季变长、变干燥。

亚热带可能会比现在更干旱，热带则可能变得更湿，海洋产生更多的热量和水分，气流更强，热带风暴的能量比现在大50%，台风和飓风将更加频繁。

（2）海平面上升　气温升高会使两极和高山上的冰川融化，导致海平面上升。全球低洼的沿海城市和海岛将葬身海底。

（3）生态变化　气候的变化，将使农业和自然生态发生难以预料的变化，可能导致物种灭绝和农作物减产。

2. 臭氧层破坏　臭氧主要浓集在平流层中20～25km的高空。臭氧层的主要功能在于吸收来自宇宙的紫外线，保护地球上的万物免受紫外线辐射的危害。因此，臭氧层具有“地球的保护伞”之称。但如今，这一天然屏障已遭到严重破坏。据监测，1978～1987年全球臭氧层浓度平均下降了3.4%～3.6%，南极上空和北极上空都出现了巨大的臭氧空洞。

臭氧层的破坏，主要是制冷剂、喷雾剂、清洗剂中所含氟氯烃引起的。氟氯烃极其稳定，在低空中难以分解，最终升入高空的平流层中。一个氟氯烃分子分解生成的氯离子可以分解近十万个臭氧分子。

科学家们证实：大气中臭氧每减少1%，照射到地面上的紫外线就增加2%，皮肤癌的发病率则增加4%。此外，强烈的紫外线辐射会使白内障发病率增高，人体的抵抗力和免疫力降低，也会对动、植物产生影响，危及生态平衡。因此，保护臭氧层已得到全世界的共识与重视。

3. 酸雨　纯净雨水的pH值约为5.6，pH小于5.6的酸性降水称为酸雨。酸雨可降落在发生源本地，也可随风飘移至几千公里外造成大范围的公害。

一般来说，酸雨中硫酸占60%～70%，硝酸占30%，盐酸占5%，有机酸占2%。所以，人为排放的SO_2和NO_x是形成酸雨的两种主要物质。

酸雨已被人们形象地称为“空中死神”。世界的酸雨区主要集中在欧洲，北美，中国以长沙、南昌为中心的华中地区，和以重庆、贵阳为中心的西南地区。酸雨的主要危害，一是使水质酸化，从而造成水生生物减少甚至绝迹；二是使土壤酸化、贫瘠化；三是造成植物、作物、森林衰亡；四是严重损害建筑材料、金属材料和名胜古迹。

由于酸雨在高空形成，随自然气候转移，没有区域界限限制，给治理带来困难，需要世界各国协调努力，共同解决。

六、大气污染的防治

防治空气污染的关键在于控制污染源，在此基础上采取化学、物理、生物等方法进行综合治理，下面简要介绍几种大气污染物的治理方法。

1. SO_2的净化治理方法

（1）对燃料进行预处理以脱硫　例如，硫在煤中主要以FeS_2及有机硫化物形式存在。将煤粉碎，经过二次浮选就可除掉90%的无机硫化物。有机硫则可通过煤的汽化、液化或排烟脱硫法作进一步的处理。硫在重油中多以结构复杂的环状有机物存在，可用催化加氢的方法，将其转化为 H_2S 气体，再用石灰吸收生成 CaS 沉淀，以达到脱硫的目的。

（2）改善燃烧技术　将燃料产生的 SO_2 气体控制于燃烧过程中，“流化床燃烧技术”就能有效地控制 SO_2。

（3）废气净化后再排出　常用净化方法有石灰乳法、氨法、碱法及吸附法。

1）石灰乳法。此法以含有 $CaCO_3$（5%～10%）的粉末或 $Ca(OH)_2$ 的乳浊液为吸收剂。

$$CaCO_3 + SO_2 = CaSO_3 + CO_2$$

$$Ca(OH)_2 + SO_2 = CaSO_3 + H_2O$$

烟气除硫后再经除雾和加热通过烟囱排放；吸收液经空气氧化可得石膏产品。此法流程简单、成本低廉，除硫率可达90%以上，适用于低浓度废气的除硫。其缺点是吸收器管道容易被析出的晶体堵塞。

2）氨法。此法以氨水为吸收剂，吸收率可达93%～97%，适用于电厂锅炉烟道气或硫酸厂尾气的处理。此法最后产品为高浓度的 SO_2 和硫酸铵。当废气（含体积分数为0.9%的 SO_2）在吸收塔内经氨和亚硫酸铵溶液2次逆流吸收后，SO_2 的浓度可降到0.03%。

$$SO_2 + 2NH_3 + H_2O = (NH_4)_2SO_3$$

$$(NH_4)_2SO_3 + SO_2 + H_2O = 2(NH_4)HSO_3$$

通入氨后发生再生反应

$$(NH_4)HSO_3 + NH_3 = (NH_4)_2SO_3$$

反应后生成的 $(NH_4)_2SO_3$ 一部分返回吸收系统，一部分可用浓硫酸酸化后制得高浓度的 SO_2 气体和硫酸铵肥料。

3）碱法。此法用 NaOH 或 Na_2CO_3 溶液作吸收剂，与 SO_2 反应生成 Na_2SO_3，主要吸收反应为

$$2NaOH + SO_2 = Na_2SO_3 + H_2O$$

$$Na_2CO_3 + SO_2 = Na_2SO_3 + CO_2$$

2. NO_x 废气的净化治理方法

（1）吸收法　常用碱液（NaOH、Na_2CO_3、$NH_3 \cdot H_2O$）、稀硝酸和浓硫酸作吸收剂。

（2）吸附法　常用活性炭与沸石分子筛作吸附剂。

（3）催化还原法　如用甲烷或氢作还原剂，在 Pt 的催化下将烟气中的 NO_x 还原为无害的 N_2，在400～500℃的温度下，其主要反应为

$$CH_4 + 4NO_2 \xrightarrow[Pt]{\triangle} 4NO + CO_2 + 2H_2O$$

$$CH_4 + 4NO \xrightarrow[Pt]{\triangle} 2N_2 + CO_2 + 2H_2O$$

我国采用 Cu—Cr 氧化物系、Fe—Mn 氧化物系代替贵金属，可斯 NO_x 的转化率达 97% 以上。

3. CO 废气净化治理方法 CO 主要来自矿物燃料不完全燃烧和机动车尾气的排放。控制汽车尾气中 CO 排放浓度的方法，一是机内净化，即改进汽车发动机的燃烧方式，使 CO 的产生量减少；二是机外净化，即利用发动机外部的净化设备，对排出的废气进行净化处理。机内净化是解决问题的根本途径，也是发展方向；机外净化主要采用催化净化法。

4. 颗粒污染物的治理 生产中常采用除尘器来净化废气中的颗粒物。常用的除尘方法有机械除尘、洗涤除尘、过滤除尘、静电除尘等。

防治大气污染的其它方法还有改变能源结构，使用清洁能源，改造落后的燃烧方式与燃烧设备，实行集中供热，大面积植树造林等。

第二节　水体的污染及控制

水是生命的源泉。充足的水量和良好的水质是人类生存和发展的必要条件。

水是宝贵的自然资源。就全球而言，水是丰富的。地球表面 71% 被水所覆盖，总贮水量约为 14000 亿 m^3，但与人类生活和生产关系密切的淡水只占总水量的 2.6%，其中能被我们开发利用的河流、湖泊等地表水和部分地下水，仅占淡水总量的 0.34%。因此，人类可利用的淡水资源是十分有限的。

当前，近 20 亿人饮用水供应不足，人类活动对水的污染又加剧了这一危机。我国是一个贫水国家，水资源的人均占有量仅是世界人均占有量的 1/4。全国 600 多个城市中，有 400 多个城市缺水，其中严重缺水的有 108 个。

据我国 1990 年统计的有关资料显示，该年度全国废水排放量为 354 亿 t，其中工业废水排放量为 249 亿 t，生活污水排放量为 105 亿 t，加之农业灌溉、化肥、农药流失等，使我国 82% 的江河湖泊受到不同程度的污染。太湖告急、滇池在呼救、淮河期待治理等重大环保问题迫在眉睫。

一、水体污染的概念

在环境污染的研究中，区分“水”和“水体”的概念十分重要。“水体”与传统意义上的“水”是不同的，水体不仅包括水，还包括水中的悬浮物、底泥及水生物等。

水体污染是指进入水体的污染物含量超过了水体的自净能力，使水体的水质变坏，降低了水体的使用价值和使用功能，危害人体健康或破坏生态环境的现象。

人类活动造成的水体污染源主要有：工业污染源、农业污染源和生活污染源三大部分。

1. 工业污染源 工业废水是主要的水体污染源，具有量大、污染物多、成分复杂、毒性大、不易净化处理等特点。

2. 农业污染源 特点是面广，包括牲畜粪便、农药、化肥等。在农业污水中，有机质、植物营养物及病原微生物含量高，农药、化肥含量高。

3. 生活污染源 主要是城市居民生活中使用的各种洗涤剂和污水、垃圾、粪便等，多为无毒的无机盐类。生活污水中含氮、磷、硫多，致病细菌多。

二、水体中的主要污染物

造成水体的水质、底质、生物质质量恶化的物质称为水体污染物。据世界卫生组织报导，发展中国家居民80% ~90%的疾病和1/3的死亡都与水污染有关。在第一届联合国人类环境会议上，提出的28类环境主要污染物中，有19种属于水体污染物。

水体污染物按化学性质可分为无机污染物和有机污染物；按污染物的毒性，可分为有毒污染物和无毒污染物。根据污染物的性质及其污染特性，水体污染物可分为以下几种类型。

1. 无机无毒物质 主要指排入水体中的酸、碱及一般的无机盐类。这些物质主要来源于矿山、冶金、制酸、农药、人造纤维等工厂的废酸水以及进入水体的酸雨等。它们使水体pH值发生变化，消灭或抑制细菌及微生物的生长，阻碍水体自净作用；造成水生生物的种群发生变化，导致鱼类减少；腐蚀船舶和各种水上建筑等。

2. 无机有毒物质 主要指汞、镉、铅、铬等重金属及砷、硒等非金属，此外还有氰化物等。它们主要来源于冶金、农药生产、电镀等工业废水。这类物质具有强烈的生物毒性和明显的累积性，它们排入水体，会直接影响水中生物，并通过食物链危害人体健康。

3. 有机无毒物质 主要指耗氧有机物及植物营养物。

耗氧有机物来源于生活污水及食品、造纸、印染等工业废水，大量碳氢化合物、蛋白质、脂肪、纤维素等进入水体，会造成水中溶解氧严重不足甚至耗尽，从而恶化水质，影响和危害水中生物的生存。

植物营养物质主要指含氮、磷、钾等营养元素的物质，主要来源于农业废水和城市生活废水。过多的营养物质进入水体后，藻类及其它浮游生物迅速繁殖

(这种现象称为水体的“富营养化”)，水中的溶解氧被大量消耗，导致水中鱼类和其它生物大量死亡和腐烂，使水质恶化。江河湖泊中的“水华”、海洋上的“赤潮”现象就是因水体富营养化，迅速繁殖的浮游生物呈现不同的颜色所致。

4. 有机有毒物质 主要指有机氯农药、多氯联苯、多环芳烃、高分子聚合物、染料等。它们在水中的含量虽不高，但由于大都难以降解，在水中残留时间长，蓄积性强，可造成人体慢性中毒，具有致癌、致畸、致突变等危害。

水中的有机毒物主要来自煤气、焦化、石油化工、有机合成等工业废水及农药的生产与使用。

5. 放射性物质 天然水中的放射性同位素一般放射性微弱，对生物没有什么危害。人工的放射性污染主要来自铀矿开采和精炼、原子能工业、核反应堆设施的废水。

6. 生物污染物质 细菌、病毒、寄生虫等主要来自于生活污水、医院污水和肉类屠宰加工、制革等工业废水。生物污染物能导致各种疾病的传播，发病率和死亡率均很高。

7. 石油污水 石油的开采、炼制、贮运过程中，排出的废油和废水都会造成油污染，河口和近海水域尤为严重。石油进入水体后，油膜覆盖水面，阻碍水生生物从空气中摄取氧气，抑制浮游植物的光合作用，降低水体的溶氧量，从而降低水体的自净能力，危害海洋生物的生长和发育。

8. 热污染 工业冷却水，尤其是热电厂的冷却废水是热污染的主要来源。温热废水直接排入天然水体后，使水体温度升高，造成水中溶解氧减少，加快水中化学和生物反应的反应速率，使水体中某些有毒物质的毒性增强，此外，还危害鱼类等水生动植物的生存，直接影响到环境及生态平衡。

三、水质指标和水质标准

为了正确评价水体的质量、污染状况、污染治理效果，需要有一系列反映水质的指标作为评价依据。根据水的不同用途，国际卫生组织和各国政府都制订了各自的水质标准，表 9-2 是我国于 1988 年颁布的地面水环境质量指标。

四、水体污染的防治

水体污染正从支流向干流延伸，从城市向农村蔓延，从地表向地下渗透，从区域向流域扩散。水体污染的防治势在必行。

1. 污染源控制 水体污染是由于大量工业废水、生活污水和其它含毒废弃物排入环境所引起的。因此，控制废水的有害物质浓度（参见表 9-2）和排放总量，是控制水体污染的基本途径。

表 9-2　地面水环境质量指标和污水排放标准①

序号	分类 / 标准值 / 参数	地面水环境质量标准 /mg·L^{-1}					污染物最高允许排放浓度 /mg·L^{-1}		
		Ⅰ类	Ⅱ类	Ⅲ类	Ⅳ类	Ⅴ类	一级	二级	三级
1	水温/℃	人为造成的水温变化应限制在：夏季周平均最大温升≤1；冬季周平均最大温降≤2							
2	pH 值	6.5~8.5				6~9	6~9		
3	总锰	0.1 以下	0.1	0.1	0.5	1.0	2.0	2.0	5.0
4	总铜	0.01 以下	1.0	1.0	1.0	1.0	0.5	1.0	2.0
5	总锌	0.05	1.0	1.0	2.0	2.0	2.0	5.0	5.0
6	溶解氧	饱和率 90%	6	5	3	2			
7	化学需氧量（COD_{Cr}）	15 以下	15 以下	15	20	25	100	150	500
8	生化需氧量（BODs）	3 以下	3	4	6	10	30	60	300
9	氟化物（以 F 计）	1.0 以下	1.0	1.0	1.5	1.5	10	10	20
10	硫化物						1.0	1.0	2.0
11	悬浮物						70	200	400
12	总氰化物	0.005	0.05	0.2	0.2	0.2	0.5	0.5	1.0
13	非离子氨	0.02	0.02	0.02	0.2	0.2	15	25	—
14	挥发酚	0.002	0.002	0.005	0.01	0.1	0.5	0.5	2.0
15	石油类	0.05	0.05	0.05	0.5	1.0	10	10	30
16	阴离子表面活性剂	0.2 以下	0.2	0.2	0.3	0.3	5.0	10	20
17	苯并（a）芘	0.0025	0.0025	0.0025			0.00003		
18	总大肠菌群/个·L^{-1}			1000			500（医院）	1000（医院）	5000（医院）
19	总磷（以 P 计）	0.02	0.1	0.1	0.2	0.2	0.6	1.3	—
20	有机磷农药（以 P 计）						不得检出	0.5	0.5
21	烷基汞						不得检出		
22	总砷	0.05	0.05	0.05	0.1	0.1	0.5		

（续）

序号	分类 标准值 参数	地面水环境质量标准 /mg·L^-1					污染物最高允许排放浓度 /mg·L^-1		
		Ⅰ类	Ⅱ类	Ⅲ类	Ⅳ类	Ⅴ类	一级	二级	三级
23	总汞	0.00005	0.00005	0.0001	0.001	0.001	0.05		
24	总镉	0.001	0.005	0.005	0.005	0.01	0.1		
25	六价铬	0.01	0.05	0.05	0.05	0.1	0.5		
26	总铅	0.01	0.05	0.05	0.05	0.1	1.0		
27	总银						0.05		
28	四价硒	0.01以下	0.01	0.01	0.02	0.02	0.5		
29	氯化物	250以下	250	250	250	250			
30	溶解性铁	0.3以下	0.3	0.5	0.5	1.0			
31	硝酸盐（以N计）	10以下	10	20	20	25			
32	亚硝酸盐（以N计）	0.06	0.1	0.15	1.0	1.0			
33	硫酸盐（以SO_4^{2-}计）	250以下	250	250	250	250			

① 本表摘自1998年1月1日起实施的GB 8978—1996。1998年1月1日后建成的单位，比表中所列控制项目增加至40项，一些要求（如COD、BOD等）也有所提高。

目前控制水体污染的措施有：

1）采用无污染或少污染的生产工艺。例如，氯碱工业中用隔膜电解法取代汞阴极电解法，消除汞的污染；用无氰、低氰及低铬电镀工艺，控制氰和铬的污染；用无水印染工艺代替有水印染，减少印染废水的排放量。实行生态农业，减少化肥、农药的使用量。

2）节约用水。工业用水尽量重复使用和循环使用，农业用水要改进灌溉方法。

3）充分利用废水中的有用物质，化害为利。在这一方面，南阳酒精厂是一个很好的范例（见专题9-1）

2. 污水处理　污水处理的目的是将污水中所含的污染物质分离出来，或转化为无害物质，达到一定的水质要求后排入水体或重复利用。目前，可采用的污水处理技术和方法已有多种（见表9-3），可针对不同污染物的性质有选择地运用。

污水的处理程度可分为三个等级，其净化率逐级提高。

一级处理由筛滤、重力沉淀、浮选等物理方法串联而成，可除去污水中大部分0.1mm以上的颗粒物质（60%的悬浮物），使BOD下降25%～40%。污水经一级处理后一般还达不到排放标准，故通常作为预处理阶段。

二级处理是采用微生物法和化学絮凝法，除去水中可降解的有机物和部分胶体物质。

表 9-3　污水处理方法分类

基本方法	基本原理	单元技术
物理法	物理或机械的分离过程	过滤、沉淀、离心分离、上浮等
化学法	加入化学物质与污水中的有害物质发生化学反应的转化过程	中和、氧化、还原、分解、混凝、化学沉淀等
物理化学法	物理化学的分离过程	吸附、离子交换、萃取、电渗析、反渗透等
生物法	微生物在污水中对有机物进行氧化、分解的新陈代谢过程	活性泥、生物滤池、生物转盘、氧化塘、厌气消化等

自然界存在大量依靠有机物生存的微生物，它们分解有机物的能力很强。利用它们的代谢作用，可使许多有机污染物降解为无害物质。

化学絮凝法就是向污水中投入凝聚剂（如硫酸亚铁、明矾），使难以自然沉降的胶体颗粒产生聚沉与水分离。经此处理，可除去 90% 的悬浮物、25% ~ 55% 的氮、10% ~30% 的磷，使 BOD 下降 90%，保持水中的溶解氧（DO），一般可达到农灌标准和污水排放标准。

三级处理是为除去某些特定污染物所进行的深度处理，可采用化学法、物理化学法。经此处理，可除去 99% 的悬浮物、50% ~95% 的氮、94% 的磷，使 BOD 下降 99% 以上。

化学处理法就是通过化学反应改变水体中污染物的性质，进而将其除去。按不同的机理，可分为沉淀法、氧化还原法、中和法等。下面简要介绍沉淀法、氧化还原法。

（1）沉淀法　利用某些化学物质作沉淀剂，与水体中的污染物（主要是重金属离子）反应，生成沉淀从污水中分离出去，其工艺流程如图 9-2 所示。

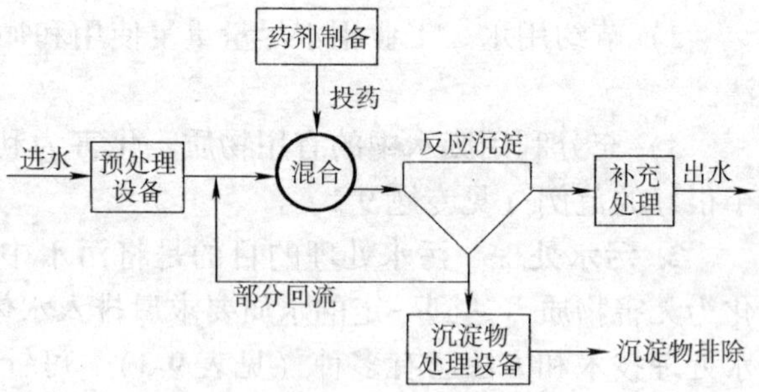

图 9-2　化学沉淀法流程示意图

（2）氧化还原法　化学氧化法常用来处理难以生物降解的有机物，如农药、染料、酚、氰化物以及有色、有臭味的污染物。常用的氧化剂有液态氯、次氯酸钠、漂白粉和空气、臭氧、过氧化氢、高锰酸钾等。

【例 9-1】　含氰污水的处理。

解： 在碱性条件下（pH 为 8.5 ~11），液氯可将氰化物氧化成氰酸盐

$$CN^- + 2OH^- + Cl_2 = CNO^- + 2Cl^- + H_2O$$

氰酸盐的毒性仅为氰化物的1/1000。若投加过量氧化剂，可进一步将氰酸盐氧化为 CO_2 和 Cl_2

$$2CNO^- + 4OH^- + 5Cl_2 = 2CO_2 + N_2 + 6Cl^- + 2H_2O$$

化学还原法主要用来处理含铬、汞等重金属离子的污水。

专题 9-1　南阳酒精厂高浓度有机污水的处理

南阳酒精厂是我国大型酒精厂之一，其生产原料为红薯，处理废渣是一个大问题。该厂曾一度将含废渣的污水直接排入附近的河流，对水体造成严重污染。后来他们建立了几座容积 5000m^3 的发酵装置，并采用先进的生物能搅拌技术(整个搅拌系统无需安装机械设备)，每天利用废渣生产数万立方米沼气，除供化工厂用作生产 $CHCl_3$ 的原料外，还给几万户城市居民提供了洁净、方便的燃料。经消化后的糟液是优质的有机肥料，用于灌溉农田，提高了农作物的产量，形成生态工业和农业的良好结合（如图 9-3 所示）。由于该项目很好地解决了工业废渣污染环境的问题，变废为宝，取得了明显的经济、社会和环境的综合效益，受到世界环境保护界的重视，南阳市也因此被定为“中国 21 世纪议程”示范城市。

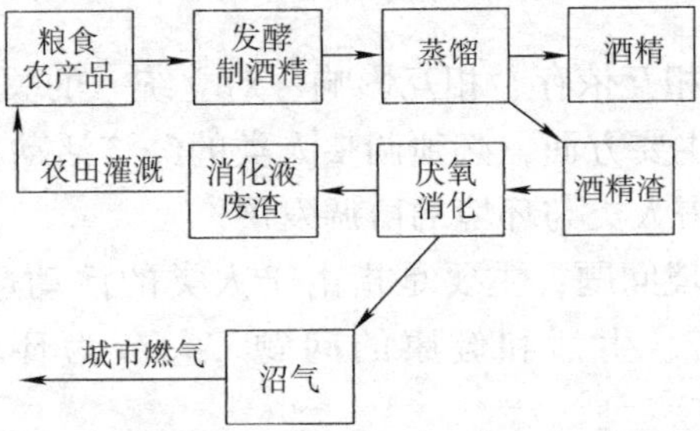

图 9-3　南阳酒精厂生态工业示意图

专题 9-2　保护环境是我国的基本国策

环境恶化是人类自己酿制的一颗苦果，在付出高昂的代价后，人类开始深刻反思传统的发展观、价值观、环保观，逐渐形成可持续发展的战略思想。1972年6月5日，联合国在瑞典的斯德哥尔摩召开了第一次“人类环境会议”，并将每年的6月5日定为“世界环境日”。我国更是把“环境保护”提高到基本国策的战略高度。

我国的环境保护工作从 20 世纪 70 年代初起步，1973 年第一次全国环境保护会议确定了“全面规划、合理布局、综合利用、化害为利、依靠群众、大家动手、保护环境、造福人民”的环境保护32字方针。1983年第二次全国环境保护会议又明确提出“环境保护是我国的一项基本国策”；确定了“经济建设、城乡建设与环境建设同步规划、同步实施、同步发展，实现经济效益、社会效益与环境效益统一”的战备方针；并把强化环境管理作为环境保护的中心环节。1989年第三次全国环境保护会议颁布了《中华人民共和国环境保护法》，使环境保护工作更加制度化、法律化。

保护环境不仅是整个人类面临的重大课题，也是每个公民义不容辞的责任。我们应该强烈意识到：合理开发资源、加强生态和环境保护，是经济可持续发展和社会全面进步的基础。无论在任何时候和任何地方，都不能以牺牲环境为代价去谋取经济增长。让我们从自身做起，从现在做起，树立环保意识，自觉履行保护环境的义务，努力创造一个造福人民、贻惠于后代子孙的美好家园。

本章小结

一、人类与环境

1. 环境是指影响人类生存和发展的各种天然的和经过人工改造的自然因素的总体，或者说是指以人为主体的周围一切物质世界，它是人类赖以生存、生活和发展的物质基础。

2. 人类与环境是相互依存、相互影响、对立统一的关系。在“人类－环境”系统中，人是矛盾的主要方面，必须调整人类的经济活动和社会行为，选择可持续发展的战略，以求得人类与环境的协调发展。

3. 通常所说的环境问题，主要是指由于人类的活动造成环境质量恶化而产生的不利于人类生产、生活和健康的问题。它分为环境污染和生态破坏两类。

4. 环境保护从某种意义上说，是对人类的总资源进行最佳利用的管理工作。联合国把人口、资源、环境与发展并列为当今社会面临的四大问题。

二、大气污染与防治

1. 大气污染是指大气中污染物质的浓度达到了有害程度，以致破坏生态系统及人类正常生存和发展的条件，对人和生物造成危害的现象。

2. 大气污染主要是人为因素造成的。污染源有：工业污染源、交通污染源及其它（如生活）污染源。主要污染物有：颗粒物、硫氧化物、氮氧化物、碳氧化物和碳氢化物。大气污染对人体健康的危害是引起呼吸道疾病。此外，温室效应、臭氧层损耗、酸雨污染都与大气污染直接有关。

3. 防治大气污染的关键在于控制污染源，在此基础上采取化学、物理、生物等方法进行综合治理。为了有效地控制大气污染，制定相应的法规和标准，城镇规划中合理的工业布局，采取消烟除尘措施，植树造林等都是积极有效的。

三、水体污染与防治

1. 水体污染是指污染物进入河流、海洋、湖泊或地下水等水体后，使水体的水质和水体沉积物的物理、化学性质或生物群落组成发生变化，从而降低水体的使用价值和使用功能的现象。

2. 水体污染源有：工业污染源、农业污染源和生活污染源。水体污染物有：酸碱盐、有毒重金属、耗氧有机物、植物营养物、病原微生物等。人类有80%的疾病与细菌感染有关，其中60%以上的疾病是通过饮用水传播的。

3. 控制污染源，减少污水排放量，是防治水污染的关键。水处理的基本方法有物理法、化学法、物理化学法和生物法。

习　题

一、填空题

1. 我国的环境保护方针是____________________，我国于1989年颁布了《________________》。

2. 每年的_____月_____日是世界环境日。_____月_____日为世界水日。_____月_____日“国际保护臭氧层日”。

3. 大气自下而上，可分为__________、__________、__________、__________、__________。主要的天气现象发生在__________，臭氧层在__________，对无线电通信有意义的是__________。

4. ____________是排放量最大的大气污染物，它主要来自__________和__________。

5. 水体富营养化发生在江河湖泊中称为__________，发生在海洋上则称为__________。

二、选择题

1. 地球表面的大气中二氧化碳的含量不断增加的后果主要是（　　）

a）产生酸雨　b）产生光化学作用　c）破坏臭氧层　d）产生温室效应

2. 酸雨被称为“空中死神”，雨、雪、霜、雹等大气降水被称为酸雨时，pH应小于（　）

a）6.9　b）6.0　c）4　d）5.6

3. 近年来，大量建筑装潢材料进入家庭，调查发现，经过装修的居室中由装潢材料缓慢释放出来的化学污染物浓度过高，影响人的健康，这些污染物中最常见的是（　　）

a）CO　b）SO_2　c）臭氧　d）甲醛、甲苯等有机物蒸气

4. 近年来，禁止使用含铅汽油（汽油中加抗震剂四乙基铅），其主要原因是（　　）

a）提高汽油燃烧率　b）降低汽油成本　c）避免污染大气　d）铅资源短缺

5. 洪涝地区欲将河水转化为可饮用水，有以下处理过程：①化学沉降（加明矾）②消毒杀菌（用漂白粉）③自然沉降 ④加热煮沸，其中较合理的顺序是

a）②①④③　b）③②①④　c）③①②④　d）③①④②

三、问答题

1. 为什么说人与环境是对立统一的关系？

2. 你认为在我国实现现代化的过程中，人们应具有怎样的环境意识？怎样才能提高人们的环境意识？

3. 为什么控制 SO_x 对大气的污染具有特别重要的意义？试列举几种控制 SO_x 的化学方法。

4. 有人说水在自然界不停地循环，因此是取之不尽用之不竭的资源。这种观点对吗？

5. 什么叫做水的“富营养化”？其产生的原因和危害是什么？

附　　录

附录 A　酸碱盐的溶解性或溶解度

	OH^-	Cl^-	S^{2-}	SO_4^{2-}	SO_3^{2-}	NO_3^-	PO_4^{3-}	CO_3^{2-}	SiO_3^{2-}
H^+		72.1	0.39	易溶	溶	易溶	易溶	溶	微
NH_4^+	—	37.2	100	75.4	溶	192	20	12	溶
Na^+	109	36	18.8	19.4	26.9	88	11	21.5	溶
K^+	112	34.7	溶	11.1	100	31.6	90	112	185
Mg^{2+}	不	54.2	—	35.5	微	70	不	微	不
Ca^{2+}	微	74.5	微	微	不	129	不	不	不
Ba^{2+}	3.9	36	—	不	不	8.7	不	微	不
Al^{3+}	不	70	—	36.4	—	63	不	—	不
Sn^{2+}	不	270	不	193	—	—	不	—	—
Pb^{2+}	不	不	不	不	不	55	不	不	不
Bi^{3+}	不	—	不	—	不	—	不	不	—
Cr^{3+}	不	微	—	120	—	溶	不	—	不
Mn^{2+}	不	74	不	63	不	142.7	不	不	不
Fe^{2+}	不	64.5	不	26.5	不	83.8	不	不	不
Fe^{3+}	不	91.8	—	15.6	—	83.8	不	不	不
Cu^{2+}	不	77	不	20.7	不	125	不	不	不
Zn^{2+}	不	430	不	54.4	不	118	不	不	不
Ag^+	—	不	不	微	不	222	不	微	不
Hg_2^{2+}	—	不	不	微	不	—	不	不	—
Hg^{2+}	—	6.6	不	—	不	溶	不	不	—

注：1. 表中数字为20℃（气体是在 1.01×10^5Pa）时每100g 水中溶质的质量（g）。

2.“易溶”表示溶解度大于10g；“溶”表示溶解度大于1g；“微”表示溶解度小于1g；当溶解度小于0.01g 时，习惯上称“不溶”；“—”表示该物质不存在或遇水分解。

附录 B　实验规则和基本操作方法

化学是一门以实验为基础的科学，实验是学习化学的重要环节。通过实验，既可以巩固和加深课堂所学的化学知识，又可以培养实际操作能力。为了安全和使实验获得预期效果，必须遵守实验规则和应用正确的操作方法。

一、实验规则

1. 实验前要充分预习，如阅读实验说明和复习教科书的有关章节，明确实验目的、原理、内容、操作方法，并认真写出预习报告。

2. 在实验开始前，要根据实验说明，检查仪器和药品是否齐全。如发现破损和缺少时，应立即报告老师，并向实验室管理人员补领；如自己损坏了仪器，应说明原因，进行登记，并按有关规定赔偿。

3. 实验时，仪器和药品要始终保持在适当的位置，以便操作和取用。要爱护实验室的一切设备，注意节约水和电。

4. 必须根据实验说明并在教师的指导下进行实验，要仔细观察物质的变化过程，并准确地把观察到的现象和结论记录下来。实验完毕，要写好实验报告。

5. 做实验时要安静，保持清洁；动作要轻，不要忙乱和急躁。

6. 必须保持药品的纯净，不要盖错药瓶的盖或插错滴管。要用干净的器具移取药品。

7. 药品的量应按规定取用。如果实验说明中没有明确的规定用量，要自觉的少取：液体在1mL左右，固体刚能盖住试管底部。

用剩的药品应交还实验室管理人员，不要随意抛弃或倒入原容器（教师许可的除外），更不许带出实验室。

8. 要特别注意安全，严格遵守实验中的安全操作事项，不要乱动实验室的电器设备、煤气阀和消防器材。谨慎处理腐蚀性药品和易燃物质，不得乱抛。毒品要按规定使用。在实验室严禁进食。

9. 实验完毕，用水将用过的玻璃器皿洗净，把实验台整理好，经实验管理人员检查后方可离开实验室。

二、化学实验常用的仪器

一般常用仪器见附图1。

三、基本操作方法

1. 取用试剂的方法和注意事项

（1）不能直接用手拿药剂；严禁品尝药剂的味道！不要直接嗅药剂的气味，而要用手扇闻，见附图2。

（2）取用一定体积的液体时，要用量筒。向量筒或试管内倒入液体的方法见附图3。读量筒里液体的数据时，视线应和液体凹面底部成水平，见附图4。

（3）取少量液体时，要用滴瓶上所附的滴管或用单独的干净滴管。不要使药

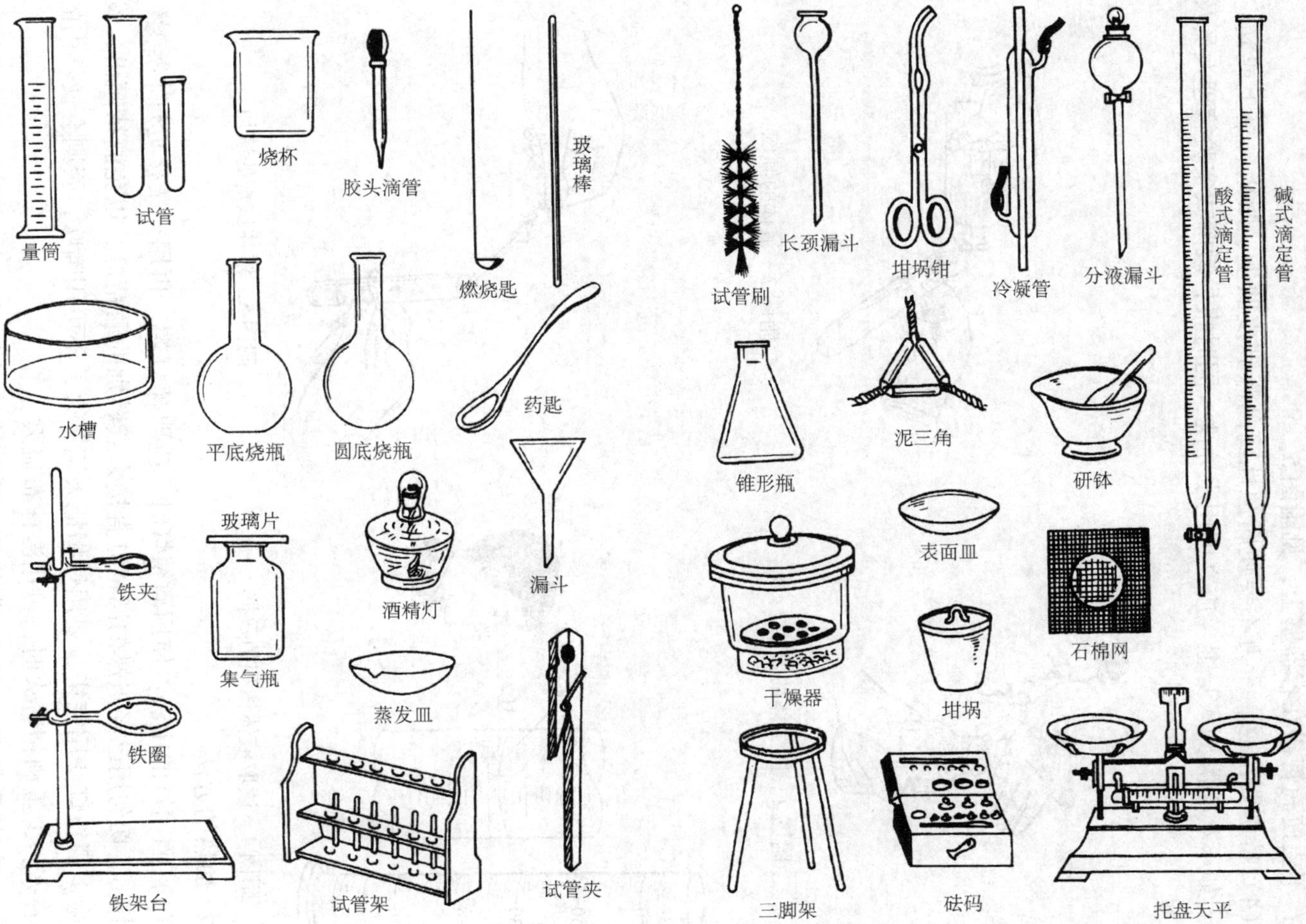

a)　　b)

附图1　化学实验常用仪器

剂进入滴管的胶头内，以免污染药品和损坏胶头。用滴管向容器或试管中滴加药剂时，不要使滴管碰在容器壁上，见附图5。

（4）特别要注意，千万不要使腐蚀性药品溅到皮肤上、眼内、桌上或其它地方。如不小心溅到人身上，应立即用水冲洗，同时报告教师或实验管理人员及时处理。

附图2　闻气体的方法

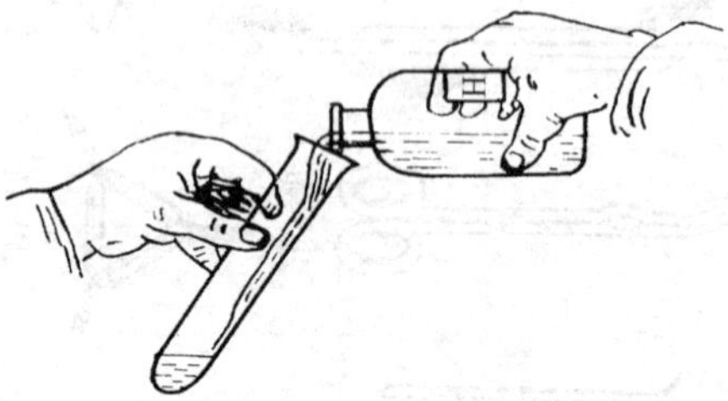

附图3　液体的倾倒

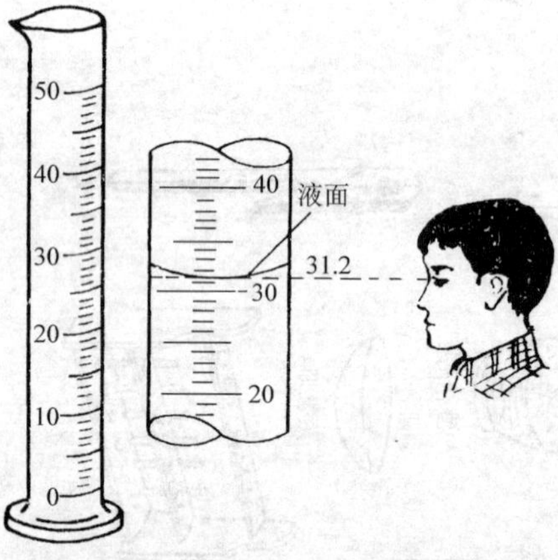

附图4　读取液体体积的数据

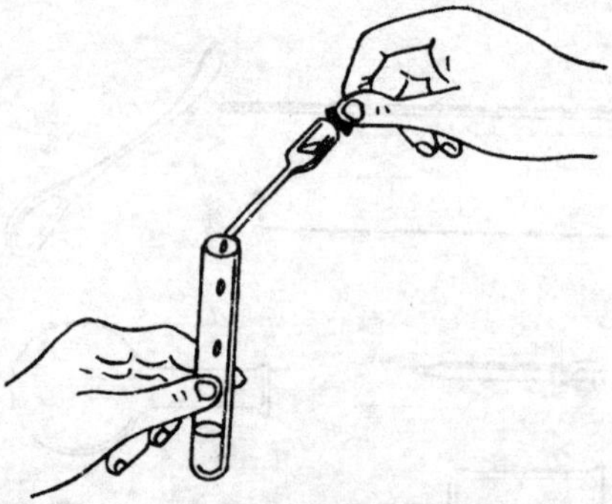

附图5　液体试剂的滴加

2. 加热的方法

（1）酒精灯的用法：使用酒精灯时，应取掉灯帽，再用火柴接近灯芯点燃，见附图6。切勿用已经点燃的酒精灯直接去点燃别的酒精灯，以免酒精倾出，发生危险。酒精灯使用完毕，要用灯帽把火焰罩灭，不可用嘴吹，否则会使灯内的酒精着火。少量酒精着火时，可用湿抹布盖灭。

（2）加热容器时，应将容器固定在铁架台上或用试管夹夹持。在加热烧杯、烧瓶时，要用石棉铁丝网垫，使其受热均匀，以免炸裂。烧热的玻璃器皿不能骤然和冷物体接触。

（3）加热盛液体的试管时，用试管夹夹持在距管口 1/4～1/3 处，使试管倾斜受热，这样既可增大受热面积也不易使液体溅出。试管口不要对着别人和自己。要用灯的外焰加热，试管的底部不要和灯芯接触，以免炸裂，见附图 7。加热少量液体时，火焰不宜高出试管内的液面。因液面上方的玻璃过热时，溅上液体就可能使试管炸裂。

3. 器皿的洗涤　实验时必须用干净的器皿。每次做完实验，要立即把仪器洗干净，否则会影响下次实验的效果。用过的塞子和导管也要冲洗干净。洗仪器时可用肥皂、合成洗涤剂或去污粉。玻璃仪器洗净后，器壁上应看不出有污物，当把仪器倒置时，器壁上没有水珠附着，再用少量蒸馏水冲洗 2～3 次后，才算作干净仪器。

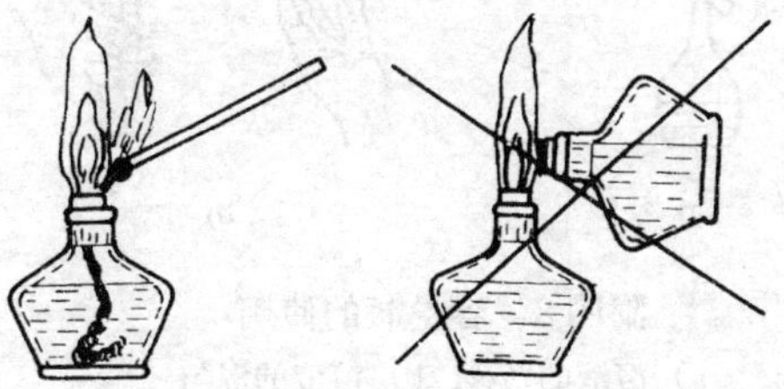

附图 6　酒精灯的点燃

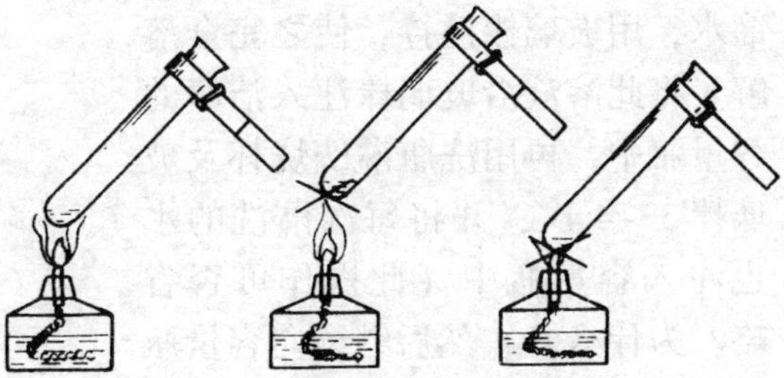

附图 7　用酒精灯加热试管的方法

实验一　溶液的配制和稀释

一、实验目的

1. 学习移液管和容量瓶的使用方法
2. 掌握一定浓度溶液的配制方法

二、实验原理

配制指定浓度的溶液，其操作过程大体可分为计算、称量、溶解、转移、定容等步骤。计算中常用的公式是

$$m = nM = cVM \quad c_1V_1 = c_2V_2 \quad c = \frac{1000\rho w}{M}$$

三、仪器和药品

1. 仪器　托盘天平、烧杯、容量瓶（100mL）、角匙、移液管（20mL 或 25mL）、洗耳球、胶头滴管、玻璃棒、大量筒、比密度计、洗瓶。

2. 药品　浓盐酸（由实验教师给出质量分数和密度）和 NaCl（s）。

四、实验内容

1. 用自来水练习移液管的使用方法，直至能较准确地吸取一定量液体时，再进行如下实验。

2. 氯化钠溶液的配制

（1）计算配制 $0.5mol \cdot L^{-1}$的溶液 100mL 所需 NaCl 的质量为________g。

（2）在天平上按计算结果称取 NaCl。

（3）将称好的氯化钠放入干净的小烧杯中，加入 20mL 左右的蒸馏水，用玻璃棒搅拌，使之完全溶解。将此溶液沿玻璃棒注入洁净的容量瓶中，再用洗瓶淋洗烧杯及玻璃棒 3～4 次，并将每次淋洗的水也注入容量瓶中（此操作可否省略？为什么？）；然后继续向容量瓶中加水，当液面距刻度 2～3cm 时，改用胶头滴管小心地加水，至溶液的凹面下部正好与刻度线相切时为止。塞紧瓶塞，颠倒几次摇匀，如附图 8 所示。

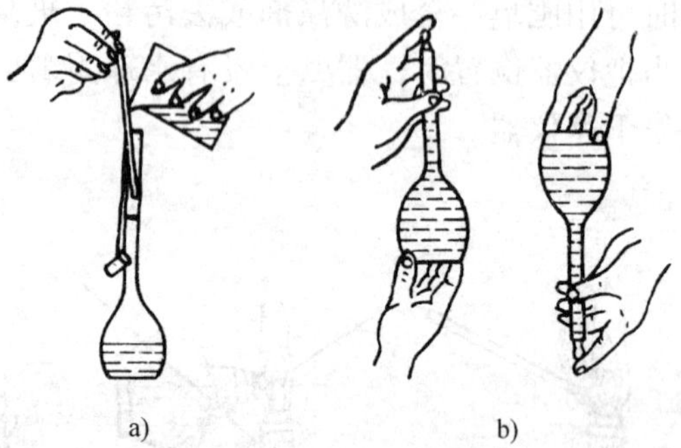

附图 8　容量瓶的使用

a）溶液的转移　b）溶液的混匀

（4）集中各组所配溶液，倒入大量筒中，用比密度计测量溶液的密度，ρ = ________。

3. 盐酸的稀释

（1）计算本实验所用的盐酸的浓度 c = ________。

（2）依次用蒸馏水和盐酸将移液管各清洗 2 次。然后精确吸取 20mL 盐酸，注入已洗净的容量瓶中（如图 9），按照 2（3）的方法加蒸馏水，摇匀。所配制的溶液物质的量浓度是____。

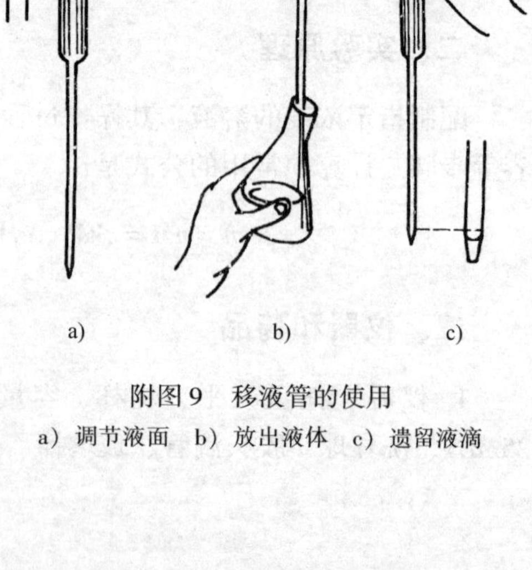

附图 9　移液管的使用

a）调节液面　b）放出液体　c）遗留液滴

（3）将配制的溶液集中于大量

筒中，用比密度计测其密度为$\rho =$______。

五、思考题

1. 移液管在使用前为什么一定要用待吸溶液洗涤2~3次？
2. 容量瓶用蒸馏水洗净后，是否还要烘干？为什么？
3. 浓盐酸的稀释方法是否也适用于浓硫酸的稀释？为什么？

实验二　元素周期表

一、实验目的

1. 了解周期表中元素性质的递变规律
2. 初步了解单质、化合物的性质与组成、结构之间的关系

二、实验原理

1. 一般来说，同周期元素从左至右金属性逐渐减弱，非金属性逐渐增强；同主族元素从上至下金属性逐渐增强，非金属性逐渐减弱。

2. 物质通常是以原子相互结合而形成分子或晶体的形式存在。晶体的基本类型一般可分为离子晶体、原子晶体、金属晶体和分子晶体。分子晶体微粒之间的作用力不是化学键，结合力较弱，故其熔点、沸点较低；其它晶体的熔点、沸点一般较高。

3. 根据分子空间构型和化学键的极性，分子可分为极性分子和非极性分子。分子的极性影响物质的某些性质，如溶解性。一般地讲，极性相似的物质较容易相互溶解。

三、仪器和药品

1. 仪器　试管、试管夹、烧杯、酒精灯、铁架台、石棉网、量筒（10mL）、镊子（公用）、漏斗、滤纸。

2. 药品　金属钠、铝片、镁带、锌粒、pH试纸、36% HAc、14% Na_2SiO_3、2mol·L^{-1} NaOH、2mol·L^{-1} HCl、1mol·L^{-1} H_3PO_4、0.1mol·L^{-1} KBr、0.1mol·L^{-1} KI、0.1mol·L^{-1} NaCl、1mol·L^{-1} H_2SO_4、NaOH（s）、NaCl（s）、氯水、溴水、砂子、萘㊀、硫㊁、四氯化碳㊂、二硫化碳㊃。

㊀ 萘的分子式为$C_{10}H_8$，是分子晶体。

㊁ 硫的分子式为S_8，是非极性分子。

㊂、㊃ 分子式分别为CCl_4和CS_2，都是非极性分子。

四、实验内容

1. 同周期元素的比较

（1）钠、镁、铝分别与水反应

1）用镊子取一小块金属钠（钠的取用量由教师控制），用滤纸吸干煤油后，放入盛有50mL水的烧杯中，立即用漏斗盖在小烧杯上（防止溶液溅出），观察现象：__________，测定溶液的pH值：________，写出反应方程式：________________________。

2）取一小条镁带，用砂布擦去表面的氧化膜，放入盛有2mL水的试管中，观察有无反应______；微热，有无反应______；测定溶液pH值：______；写出反应方程式：____________________。

3）取一小块铝片，放入盛有2mL水的试管中，有无反应______；加热至沸腾，有无反应______；测定溶液的pH值：______；写出反应方程式：____________________。

通过以上实验，这三种金属的活动顺序是：____________________；它们的氢氧化物水溶液的碱性强弱顺序是：________________________。

（2）取5mL质量分数为14%的Na_2SiO_3，滴加质量分数为36%的醋酸至产生白色沉淀（若无沉淀可静置5min）。反应方程式为

$$Na_2SiO_3 + 2CH_3COOH = 2CH_3COONa + H_2SiO_3 \downarrow$$

将沉淀分装于三支试管中：其中一支加入一小块锌粒，另两支分别加入$2mol \cdot L^{-1}$ NaOH和$2mol \cdot L^{-1}$ HCl溶液各2mL，三支试管中的反应情况是：________________________。

（3）取两支试管，分别加入$1mol \cdot L^{-1}$ H_3PO_4和$1mol \cdot L^{-1}$ H_2SO_4各1mL，再各加入一小粒锌，观察反应的情况是：______________________________。

根据（1）~（3）的实验结果，说明同周期元素的金属性和非金属性的递变规律：__________________________。

2. 同主族元素性质的比较

（1）在两支试管中，分别加入$0.1mol \cdot L^{-1}$ KBr和$0.1mol \cdot L^{-1}$ KI溶液，再分别滴加5滴CCl_4和数滴氯水，振荡，观察CCl_4层中的颜色变化：______________________________；反应方程式：___________________________________。

（2）在两支试管中，分别加入$0.1mol \cdot L^{-1}$ NaCl和$0.1mol \cdot L^{-1}$ KI溶液，再分别滴加5滴CCl_4和数滴溴水，振荡，观察CCl_4层中的颜色变化：______________________________；反应方程式：______________________________________。

以上实验说明同一主族元素性质的递变规律是：__________________________。

3. 不同晶体物质熔点的比较

取三支干燥试管，分别装入3~4g萘、少量NaOH（s）和砂子，将试管底部浸在沸水中，观察三种物质状态变化：________________。

再取少量NaOH（s）和砂子，分别置于试管中，在酒精灯上加热，观察两种物质状态有无变化：________________________。

实验说明，分子晶体比其它晶体的熔点__________。

4. 不同物质溶解性的比较

（1）取两支试管，分别装入2~3mLH_2O、CS_2，再分别加入少量NaCl（s），振荡，观察NaCl的溶解情况：________________。

（2）用硫代替NaCl作上面的实验，硫的溶解情况：________________________________。

实验说明，物质的溶解性与分子极性的关系：________________。

五、思考题

1. 在实验内容2中，CCl_4的作用是什么？试通过物质的溶解性加以解释。

2. 通过实验总结同周期、同主族元素性质递变规律，用原子结构理论简单解释其原因。

实验三　化学反应速率和化学平衡

一、实验目的

1. 了解浓度、温度和催化剂对化学反应速率的影响

2. 了解浓度和温度对化学平衡的影响

二、实验原理

1. 化学反应速率的大小首先取决于反应物的本性，其次也受外界条件的影响。例如对下列反应

$$Na_2S_2O_3 + H_2SO_4 = Na_2SO_4 + S\downarrow + H_2O + SO_2\uparrow$$

当增大反应物的浓度和升高温度时，都能增大反应速率。

使用适当的催化剂，也能改变反应速率，例如二氧化锰能加快过氧化氢的分解速率

$$2H_2O_2 = 2H_2O + O_2\uparrow$$

2. 在一定条件下，当可逆反应达到平衡时，若改变能影响平衡的任何一个条件，平衡就向着减弱这种改变的方向移动。例如

$$FeCl_3 + 3NH_4SCN \rightleftharpoons Fe(SCN)_3 + 3NH_4Cl$$

当增大氯化铁或者硫氰化氨的浓度时，溶液颜色变深，表示平衡向右移动。

又如

$$2NO_2\ (g) \rightleftharpoons N_2O_4\ (g)\ +57kJ$$

（棕色）　　　（无色）

当升高温度时，平衡向左移动；降低温度时，平衡向右移动。

三、仪器和药品

1. 仪器　试管、试管架、玻璃棒、烧杯、温度计、秒表、酒精灯、洗瓶、量筒、铁架台、胶头滴管、二氧化氮平衡球。

2. 药品　$2mol \cdot L^{-1}\ H_2SO_4$、$0.1mol \cdot L^{-1}\ Na_2S_2O_3$、$0.5mol \cdot L^{-1}\ FeCl_3$、$0.5mol \cdot L^{-1} NH_4SCN$、3% H_2O_2、MnO_2（s）、冰块（或冷水）。

四、实验内容

1. 浓度对化学反应速率的影响　取三支试管，分别编号为1、2、3，并按下表规定的数量加入 $Na_2S_2O_3$ 溶液和蒸馏水，摇匀后把试管放在一张有字的纸前，这时，隔着试管可以清楚地看到字迹。然后再加入 H_2SO_4 溶液，从加入第一滴硫酸开始记录时间，到溶液出现混浊，看不清试管后面的字迹时停止计时，将记录的时间填入下表。

编号	$0.1mol \cdot L^{-1}Na_2S_2O_3$	水	$2mol \cdot L^{-1}H_2SO_4$	出现混浊所需的时间/s
1	1mL	2mL	10 滴	
2	2mL	1mL	10 滴	
3	3mL	0mL	10 滴	

根据实验结果说明浓度对化学反应速率的影响：＿＿＿＿＿＿＿＿＿＿＿。

2. 温度对化学反应速率的影响　将盛有 $3mLNa_2S_2O_3$ 溶液的试管浸入水浴中，预热5min，测定试液温度，然后滴入 H_2SO_4 溶液5滴，按项目1的方法记录出现混浊的时间，并填入下表。

编号	$0.1mol \cdot L^{-1}Na_2S_2O_3$	水浴条件	$2mol \cdot L^{-1}H_2SO_4$	温度/℃	出现混浊所需的时间/s
1	3mL	开水	5 滴		
2	3mL	凉开各半	5 滴		
3	3mL	室温	5 滴		

根据实验结果说明温度对化学反应速率的影响：＿＿＿＿＿＿＿＿＿＿＿。

3. 催化剂对化学反应速率的影响　取两支试管，分别加入3% H_2O_2 2mL，其

中一支加入少量 MnO_2 粉末，比较两支试管的现象：________________。

根据实验结果说明催化剂与化学反应速率的关系：________________。

4. 浓度对化学平衡的影响　在试管中加入 $FeCl_3$ 和 NH_4SCN 溶液各 2 滴，再加 10mL 水稀释，搅拌均匀，使溶液红色深浅适度，将其分于 4 支试管中，留一支作为对照。

向第一支试管中加入 3 滴 0.5mol · L^{-1} $FeCl_3$，溶液颜色变（与对照试管比较）____；向第二支试管中加入 0.5mol · L^{-1} NH_4SCN，溶液颜色变______；向第三支试管中加入 NH_4Cl（s），溶液颜色变______。

根据溶液颜色的变化，说明浓度对化学平衡的影响：________________________________。

5. 温度对化学平衡的影响　取二氧化氮平衡球，将两端小球分别浸入盛有热水和冷水的两只烧杯中，比较两球内气体的颜色：________________。

根据实验结果说明温度对化学平衡的影响：____________________。

五、思考题

1. 影响化学反应速率的因素有哪些？
2. 浓度和温度对化学平衡有何影响？
3. 在实验内容 2 测定温度时，是测试溶液的温度，还是测试水浴的温度？

实验四　电解质溶液

一、实验目的

1. 了解弱电解质的电离平衡及其移动原理
2. 了解盐类的水解及水解平衡
3. 学会用 pH 试纸及 pH 计测定溶液的 pH 值

二、实验原理

1. 弱电解质在水溶液中，只能发生部分电离，因而存在着电离平衡。当电离达到平衡状态时，加入与弱电解质含有相同离子的强电解质，可以引起弱电解质电离平衡的移动。

2. 强酸弱碱盐、强碱弱酸盐和弱酸弱碱盐都能发生水解。影响水解平衡的因素主要有温度和溶液的酸碱性。

3. 测定溶液 pH 值时，如精确度要求不高，可用 pH 试纸测定；如需比较精确，则应用 pH 计测定。

4*. 缓冲溶液是由弱酸（或弱碱）及其盐组成的混合溶液。其 pH 值能在一定范围内，不因稀释或外加的少量酸或碱而发生显著变化。

三、仪器和药品

1. 仪器　试管、试管架、试管夹、烧杯、量筒（10mL）、滴管、点滴板、酒精灯、角匙、pHS－3C 型酸度计、220V 交流电源。

2. 药品　锌粒、甲基橙、酚酞、pH 试纸、NaAc（s）、NH_4Ac（s）、$Fe(NO_3)_3$（s）、0.1mol·L^{-1} HCl、0.1mol·L^{-1} HAc、0.1mol·L^{-1} NaCl、0.1mol·L^{-1} Na_2CO_3、0.1mol·L^{-1} $FeCl_3$、0.1mol·L^{-1} $Al_2(SO_4)_3$、0.1mol·L^{-1} NH_4Ac、0.1mol·L^{-1} NaOH、0.1mol·L^{-1} $NH_3\cdot H_2O$、0.1mol·L^{-1} NaAc、0.1mol·L^{-1} NH_4Cl、6mol·L^{-1} HNO_3、pH 标准缓冲溶液（其 pH 值尽量与被测溶液 pH 值接近）。

四、实验内容

1. 强弱电解质性质的比较　在两支试管中分别加入 0.1mol·L^{-1}HCl 溶液和 0.1 mol·L^{-1}HAc 溶液各 2mL，再各加一颗锌粒，反应现象（若不明显，可微热）：__________________，原因：__________________。有关的化学方程式：________________；________________。

2. 同离子效应对弱电解质电离平衡的影响　取一支大试管，加入 0.1mol·L^{-1}HAc 溶液 6～8mL，再加入 3～4 滴甲基橙指示剂；振荡，摇匀后，等分于三支小试管中。一支留作对照，另两支分别加入少量固体 NaAc 和 NH_4Ac，振荡试管，使固体溶解。观察并比较溶液的颜色：______________。原因________________。

3. 盐类的水解　取 5 小块 pH 试纸，放入点滴板的空穴内，在试纸上分别加 1 滴浓度均为 0.1mol·L^{-1}的下列被检溶液，观察颜色变化，并与标准色板对比，将结果填入下表。

盐溶液	NaCl	Na_2CO_3	$FeCl_3$	$Al_2(SO_4)_3$	NH_4Ac
pH 值					
酸碱性					
盐的类型					

4. 温度和酸碱度对盐类水解平衡的影响　取少量 $Fe(NO_3)_3$ 固体于试管中，用 10mL 蒸馏水溶解后，等分于三支试管中。第一支留作对照；第二支加入 6mol·L^{-1} HNO_3 1 滴，现象：________________；第三支微热，现象：

________________。

通过以上实验，归纳出温度、酸度对盐类（以强酸弱碱盐为例）水解的影响：____。

5. 用pH计测定HAc溶液的pH值

（1）仪器的准备

① 仪器使用前的准备。仪器在电极插入前输入端必须插入短路插（保护仪器的电子元件）。接通220V交流电源后拔去短路插，将已准备好的复合电极插在仪器电极板插口内。（注意：电极下端玻璃球泡较薄，使用时应特别小心，以免碰坏，电极插头在使用前应保持清洁干燥。）

② 按下电源开关和“pH”按键，让仪器预热30min。

③ 仪器的标定。仪器在使用前先按如下步骤进行标定：

A. 插上电极，按下“pH”按键。斜率调节器调到100%位置。

B. 先用蒸馏水清洗电极，并用滤纸吸干，然后把电极插在已知pH值的缓冲溶液中，调节“温度”调节器，使所指示的温度与溶液的温度相同，并摇动烧杯，使溶液均匀。

C. 调节“定位”调节器，使仪器读数为该缓冲液的pH值。仪器的标定已告完成，经标定的仪器，“定位”调节器不能再改变。

（2）溶液pH值的测定　已标定过的仪器，即可用来测定溶液的pH值。

取一只干净干燥的50mL烧杯，加入0.1mol · L^{-1}HAc溶液20mL，作为被测溶液。

将电极夹向上移出，用蒸馏水清洗电极头部，并用滤纸吸干，把电极插在被测溶液中，摇动烧杯，使溶液均匀后，读出该溶液的pH值为__________。

6*. 缓冲溶液的配制和性质

（1）在小烧杯中加入0.1mol · L^{-1}HAc10mL和0.1mol · L^{-1}NaAc10mL，摇匀后，滴入2滴甲基橙溶液，观察溶液的颜色：____________________；将此溶液等分于三支试管中，一支留作对照，另两支分别加入0.1mol · L^{-1}HCl和0.1mol · L^{-1}NaOH溶液1滴，溶液颜色：________________。通过以上实验，可作出结论：____。

（2）在小烧杯中加入0.1mol · $L^{-1}$$NH_3$ · H_2O和0.1mol · $L^{-1}$$NH_4Cl$各10mL，摇匀后，滴入2滴酚酞，溶液颜色________________；再将此溶液等分于三支试管中，一支留作对照，另两支分别加入0.1 mol · L^{-1}HCl和0.1 mol · L^{-1} NaOH溶液1滴，溶液颜色：____________________________。通过以上实验，可作出结论：____。

五、思考题

1. 弱电解质的电离有什么特点？影响电离的因素有哪些？

2. 为什么在弱酸（或弱碱）及其盐的混合液中，[H^+]（或 [OH^-]）总比同浓度的弱酸（或弱碱）小？

3. 哪些盐类可发生水解？影响盐类水解的因素有哪些？

4. 弱酸弱碱盐水溶液的 pH 值是否一定等于 7？为什么？

实验五　金属和非金属

一、实验目的

1. 了解次氯酸和硝酸的氧化性，金属的焰色反应

2. 理解铵盐的检验方法

3. 掌握金属、合金熔点的比较、Fe^{3+} 与 Fe^{2+} 的转化

二、实验原理

1. 氯气溶于水并部分与水反应生成具有氧化性和漂白性的次氯酸

$$Cl_2 + H_2O = HClO + HCl$$

2. 硝酸具有氧化性，是强氧化剂，能与大部分金属反应，也能与许多非金属及有机物反应。

3. 硫酸铵、硝酸铵、氯化铵等铵盐都能与碱共热放出氨气，利用此特性检验 NH_4^+。

4. 某些金属或金属化合物灼烧时火焰呈特殊的颜色。

5. 合金与其组分的纯金属的熔点不同，一般合金的熔点要低于其组分纯金属的熔点。

6. Fe^{3+} 具有氧化性，Fe^{2+} 具有还原性，两者之间可以互相转化。

三、仪器药品

1. 仪器　试管、试管夹、试管架、酒精灯、烧杯、洗瓶、镊子、量筒、镍铬丝、三角架、铁片、角匙、滴管。

2. 药品　饱和氯化钠、氯化钙溶液、金属铅、锡、铅锡合金、伍德合金、铁粉、pH 试纸、铜片、品红溶液、新制氯水、固体氯化铵、硫酸铵、硝酸铵、浓硝酸、0.1mol·L^{-1} $FeCl_3$、0.1mol·L^{-1} KSCN、2mol·L^{-1} NaOH、2mol·L^{-1} HCl、2mol·L^{-1} HNO_3、2mol·L^{-1} Na_2S。

四、实验内容

1. 次氯酸的氧化性　取一支试管，加入新制的氯水 2mL，逐滴加入 $2mol \cdot L^{-1}$ 的 NaOH 溶液至溶液呈碱性（用 pH 试纸检验）。将溶液等分于两支试管中，其中一支滴入 10 滴 $2mol \cdot L^{-1}$ HCl 溶液。然后在两支试管中同时滴入 3 滴品红溶液。两支试管中品红褪色快的是＿＿＿＿＿＿＿＿＿＿＿＿＿＿＿＿＿＿，原因是：＿＿＿＿＿＿＿＿＿＿＿＿＿＿＿＿＿＿＿＿＿＿＿＿。

2. 硝酸的氧化性

（1）取一支试管，加入一小块铜片，用滴管滴入 2～3 滴浓硝酸，现象：＿＿＿＿＿，化学反应方程式：＿＿＿＿＿＿＿＿＿＿＿＿＿＿。当现象发生后，立即把试管倒插在盛水的烧杯中，现象：＿＿＿＿＿＿＿＿＿＿，原因：＿＿＿＿＿＿＿＿＿＿，化学反应方程式：＿＿＿＿＿＿＿＿＿＿＿＿＿＿。

（2）取一支试管，加入 $2mol \cdot L^{-1}$ Na_2S 溶液 2mL，再滴入 5 滴 $2mol \cdot L^{-1}$ 稀硝酸，现象是：＿＿＿＿＿＿＿＿＿＿，原因是：＿＿＿＿＿＿＿＿＿＿＿＿＿。

3. 铵盐的检验　在三支试管中分别加入少许固体 NH_4Cl、$(NH_4)_2SO_4$、NH_4NO_3，然后再分别加入 1% 的 NaOH 溶液 2mL，用试管夹夹好试管在酒精灯上加热，并用镊子夹一小块润湿的 pH 试纸，置于试管口上方（不要触及试管），观察 pH 试纸颜色的变化，其 pH 值分别是＿＿＿＿、＿＿＿＿、＿＿＿＿，说明产生的气体溶于水后溶液呈＿＿＿性，反应的方程式为：＿＿＿＿＿＿＿＿＿＿＿＿＿＿＿＿＿＿＿＿＿＿＿＿＿＿＿＿＿；＿＿＿＿＿＿＿＿＿＿＿＿＿＿＿＿＿＿＿＿＿。

4. 焰色反应　取末端带有小圆圈的镍铬丝一根，将带有小圆圈的一头浸入浓盐酸中，取出后在酒精灯的外焰（氧化焰）处灼烧，如此反复几次，至火焰不带杂质的颜色为止。然后，将清洗后的镍铬丝蘸取饱和氯化钠溶液灼烧，火焰呈＿＿＿色。同上操作，灼烧饱和氯化钙溶液时，火焰呈＿＿＿色。

5. 金属、合金熔点的比较

（1）锡、铅、锡铅合金熔点的比较：将锡粒、铅粒、锡铅合金粒都放在石棉网上，使其距中心的距离相等，加热观察它们熔化的快慢，＿＿＿＿＿＿的熔点最低。

（2）伍德合金（熔丝）的熔点：取一块伍德合金放入试管中，加入约 3mL 水，在酒精灯上加热，观察其熔化情况，说明伍德合金的熔点比水的沸点＿＿＿＿＿＿（高或低）。

6. Fe^{2+} 与 Fe^{3+} 的转化和 Fe^{3+} 的检验　在两支试管中分别加入 $0.1mol \cdot L^{-1}$ 的 $FeCl_3$ 溶液 2mL，观察溶液呈＿＿＿色，然后向其中一支试管中加入适量的铁粉，振荡试管，溶液颜色变为＿＿＿＿＿色，反应方程式为＿＿＿＿＿＿＿＿。

分别向两支试管中滴入 2～3 滴 $0.1mol \cdot L^{-1}$ KSCN 溶液，观察两试管中溶液的颜色。说明____。

五、思考题

1. 实验中为什么要使用新制的氯水？

2. 使用浓硝酸时应注意哪些问题？它与金属铜反应时为什么只加入 2～3 滴？

3. 此次实验对环境有无影响？应注意哪些操作？

实验六* 金属的腐蚀和防护

一、实验目的

1. 掌握金属腐蚀的原理

2. 理解电解池的原理及其应用

3. 了解钢铁磷化的过程

二、实验原理

1. 金属腐蚀的实质是金属原子失去电子变成离子的过程。电化学腐蚀是金属在电解质溶液中形成原电池，金属作为负极而被氧化。金属腐蚀十分有害，但在某些工业生产中（如制作印刷电路）也可加以利用。

2. 在电解池的阳极上发生氧化反应，阴极上发生还原反应。电镀时，待镀工件作为阴极，而镀层金属作为阳极。

3. 钢铁磷化是钢铁在某些酸式磷酸盐（如锌、锰、铁、钙等）为主的溶液中处理，使其表面形成一层不溶于水的结晶型磷酸盐钝化膜的过程。

三、仪器和药品

1. 仪器　试管、试管架、烧杯、量筒、镊子、铜片、锌片、砂纸、砂布、铜丝、铁丝、碳棒、3～12V 直流电源（或干电池组）、磷化工件、印刷电路基板、导线、电流计。

2. 药品　0.5 $mol \cdot L^{-1}$ H_2SO_4、0.5$mol \cdot L^{-1}$ $CuSO_4$、纯锌粒。

脱脂液：$NaOH$ 60$g \cdot L^{-1}$，Na_2CO_3 40$g \cdot L^{-1}$，水玻璃 30$g \cdot L^{-1}$。

除锈液：HCl 20%，乌洛托品 5%，水 75%。

酸性氯化铜蚀刻液配方（实验室预先配好）：

$$CuCl_2 \cdot 2H_2O \quad 350 \sim 500g \cdot L^{-1},$$

$$2mol \cdot L^{-1}\text{盐酸} \quad 80 \sim 100mL。$$

磷化浓缩液的配制（实验室预先配好）：

(1) 用去离子水将 ZnO (11g) 调成糊状。

(2) 取质量分数为 85% 的 H_3PO_4 32mL，加入少量去离子水。

(3) 已冲稀的 H_3PO_4 加入糊状的 ZnO 中搅拌直至全部溶解。

(4) 加入 $Zn(NO_3)_2 \cdot 6H_2O$ (50g) 和 $Ni(NO_3)_2 \cdot 6H_2O$ (1g)，溶解后用去离子水冲稀至 100mL。

点滴液配方（实验室预先配好）：

$0.25mol \cdot L^{-1}$ $CuSO_4$ 40mL，10% NaCl 20mL，$0.1\ mol \cdot L^{-1}$ HCl 0.8mL。

四、实验内容

1. 金属腐蚀

(1) 取一支试管，放入一小块纯锌，加入 2mL0.5mol · L^{-1} H_2SO_4，现象：________。再向试管中加入 5 滴 0.5mol · L^{-1} $CuSO_4$，可观察到锌与稀硫酸反应的速率变________，原因：________________________。

(2) 在烧杯里加入 0.5mol · L^{-1} H_2SO_4 溶液 15mL，把一块系有铜丝的铜片，垂直插入溶液中，有无现象发生：________，原因：________________。

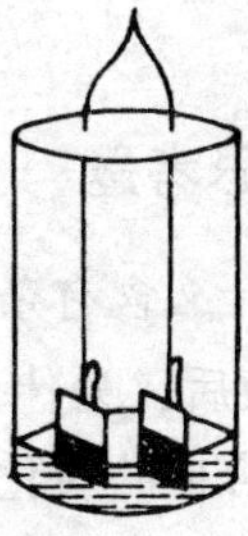

附图 10 用铜丝连接铜片和锌片

在上述烧杯中，再垂直插入系有铜丝的锌片（大小与铜片约相等），不要使锌片与铜片接触。有何现象发生：____________。原因：____________。

把两条铜丝连接起来，插入溶液里（见附图 10）。有何现象发生：______________，原因：______________________________。

再在导线间串联一只电流计，观察指针的指向________________，电极反应：正极________________；负极__________________。

(3) 取一小块印刷电路基板，用金相砂纸轻擦铜膜表面，掸净尘埃。再用汽油除去油污，吹干。然后用去污粉刷洗，清水洗净。甩去水分，稍干后，用漆在铜膜表面画上图案（代表电路），系上铁丝，挂在通风处吹干后，放入蚀刻液中进行腐蚀（为了加快腐蚀速率，可适当加热溶液，但温度不宜高于 50℃）。不时晃动基板，15min 后取出基板，用清水冲洗，甩去水分。以丙酮除去油漆，即获得所需要的印刷电路。现象：__________________；反应方程式：$Cu + CuCl_2 = 2CuCl$。解释反应进行的原因：_________________。

2. 电解 $CuSO_4$ 溶液　在 250mL 的烧杯中，加入 150mL0.5mol · L^{-1} $CuSO_4$ 溶液。将铜片和碳棒分别用导线与电源正、负极相连接（注意：不要接反）。两极平行浸入 $CuSO_4$ 溶液中，极距为 2 ~ 3cm。（两极切勿相碰引起短路！）接通电源。观察阴极（碳棒）有何现象发生：______________________。阳极反应为：____________________。阴极反应为：____________________。

3. 钢铁磷化

（1）脱脂　将经过砂布打磨的工件系上铁丝，放入煮沸的脱脂液中 5 ~ 10min，取出用水冲洗干净，甩去水分。

（2）去锈　将工件浸入除锈液中，5min 后取出，用水冲洗干净。

（3）磷化　取预先配制好的磷化浓缩液 10mL，冲稀至 200mL，即为磷化液。将工件悬挂在 75℃左右的磷化液中约 10min，取出洗净，吹干。

（4）磷化膜的检验（点滴法）　室温下将点滴液滴在磷化膜上，观察红色斑点（工业上称为铜点）。2min 后出现铜点，即为合格。太早出现铜点为不合格。

五、思考题

1. 为什么含有杂质的金属比纯金属更容易被腐蚀？在实验内容 1(1)中，加入 $CuSO_4$ 溶液后，为什么能使反应速率加快？

2. 不合格的磷化与点滴液作用为什么会出现“铜点”？

实验七　有机化合物

一、实验目的

1. 了解乙炔的实验室制取方法和性质

2. 了解醇、酚、醛、羧酸和酯的性质

二、实验原理

1. 乙炔含有碳碳叁键，易发生加成反应，可使溴水褪色，也可被高锰酸钾氧化。

2. 醇分子中羟基上的氢原子可被活泼金属置换而放出氢气，但反应比水慢。乙醇在高温下（Cu、Ag 催化）可被氧化为乙醛。

3. 醋酸钙（$Ca(CH_3COO)_2$）溶于水而不溶于酒精，两种溶液混合后、醋酸钙在酒精中析出成为凝胶，网状骨架中充满了酒精。

4. 苯酚可与溴水发生取代反应生成白色沉淀。不同的酚与 $FeCl_3$ 溶液作用分别呈现红、蓝、紫、绿等颜色，由此可鉴别各种酚。

5. 醛基可与弱氧化剂起氧化还原反应。

6. 在适当条件下，酸与醇反应生成酯；酯又能水解生成相应的酸和醇。

三、仪器和药品

1. 仪器　试管、试管夹、酒精灯、烧杯、镊子、滴管、温度计、带尖嘴玻璃导管的胶塞、带导管的塞子、铁架台。

2. 药品　电石（如无电石，可用瓶装乙炔）、棉花、醋酸钙、95%（体积分数）酒精、溴水、0.01mol·L^{-1} $KMnO_4$ 溶液（酸性）、pH 试纸、金属钠、无水乙醇、2% 苯酚溶液、1% $FeCl_3$ 溶液、冰醋酸、浓硫酸、饱和 Na_2CO_3 溶液、饱和 NaCl 溶液、2mol·L^{-1}NaOH 溶液、5% NaOH 溶液、2% NH_3 溶液、5% $AgNO_3$ 溶液、10% 葡萄糖溶液。

四、实验内容

1. 乙炔的制取和性质

(1) 在大试管中加入 3 ~ 4mL 水，再放 2 小块电石，立即把一团疏松的棉花塞进试管上部（避免生成的泡沫喷出），用带尖嘴玻璃导管的胶塞塞住试管。点燃，观察现象：______________________________，反应方程式为：________________________。

(2) 另取一支大试管加入 3 ~ 4mL 水，再放入 2 小块电石，用带导管的塞子塞好，将生成的乙炔分别通往盛有酸性 $KMnO_4$ 溶液和溴水的试管（见附图 11），观察现象：____________：乙炔和溴水的反应方程式为：________________________。

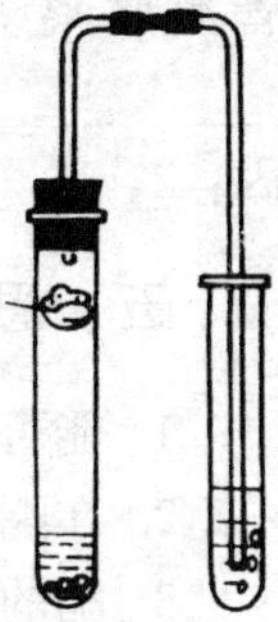

附图 11　乙炔与高锰酸钾溶液的反应

2. 乙醇的性质

(1) 在干燥的小试管中加入 5mL 无水乙醇，用 pH 试纸检验其 pH 值为__________。

(2) 向上述试管中投入一小粒金属钠，观察现象：__________。

(3) 将细铜丝弯曲成螺旋状，先在酒精灯上加热，再迅速插入装有无水乙醇的试管中，重复 2 次，观察铜丝插入乙醇前后颜色变化：______________________________，这说明乙醇被氧化为______________。反应方程式为：____________________。

(4)* 固体酒精的制取：用饱和醋酸钙溶液和 95%（体积分数）的酒精按 1:5 体积比混合（如在室温下可用 10g 醋酸钙溶于 20mL 热水，慢慢加入盛有 100mL95% 酒精的烧杯中），搅拌，待杯中液体变成凝胶后取出，用手挤去过剩液体捏成“雪球”状，放在石棉网上点燃。（也可用沾有浓硫酸的玻璃棒蘸少量高锰酸钾固体，往“雪球”上一碰即可点燃。）

3. 苯酚的检验　在试管中加入 1mL2% 苯酚溶液，滴入几滴 1% $FeCl_3$ 溶液，振荡，溶液显________色。

4. 银镜反应　在洁净的试管中加入 4mL5% $AgNO_3$ 和 2 滴 5% NaOH 溶液，边振荡边逐滴加入 2% 的氨水溶液，直到最初生成的沉淀刚好溶解为止。将溶液分成两份分放在两个试管中，然后分别加入 3～4 滴乙醛溶液和 10% 葡萄糖溶液，振荡后将试管放入盛有热水（约 50℃）的烧杯中静置几分钟，观察试管壁的现象：________________，乙醛与银氨溶液反应的化学方程式为________________________。

由实验现象可知，葡萄糖含有官能团__________。

5. 酯的生成与水解

（1）在干燥的大试管中依次加入无水乙醇 2mL、冰醋酸 2mL、浓硫酸 8 滴，摇匀后，将试管浸入 60～70℃ 的热水浴中，不时振荡。10min 后将试管用冷水冷却，再向试管中加入 2mL 饱和 Na_2CO_3 溶液和 5mL 饱和 NaCl 溶液。观察试管中的现象：________________，闻闻试管中液体的气味（液体留作后面试验用），反应方程式为：____________________。

（2）在盛有 2mL 蒸馏水的试管中加入前一实验制得的乙酸乙酯 8 滴，酚酞 2 滴，$2mol \cdot L^{-1}$ NaOH 溶液 3 滴。振荡后，将试管浸入 60～70℃ 的热水浴中（试管不要离开水浴振荡，以免酯挥发）。数分钟后观察溶液颜色变化：____________________，气味的变化：______________，原因：______________，反应方程式为：____________________。

五、思考题

1. 能否用甲酸代替甲醛作银镜反应？说明原因。
2. 在酯化反应中，浓硫酸的作用是什么？
3. 酯的水解反应为什么加入少量的酸或碱？哪种情况下水解反应进行得比较彻底？为什么？

实验八* 树脂的制取和胶粘剂的使用

一、实验目的

1. 了解酚醛树脂的合成方法
2. 练习环氧树脂胶粘剂的配制和胶粘剂的使用

二、实验原理

1. 苯酚与甲醛可发生缩聚反应生成酚醛树脂

$$nC_6H_5OH + nHCHO \rightarrow \left[C_6H_3OHCH_2 \right]_n + nH_2O$$

在酸性和碱性条件下，分别制得线型和体型树脂。

2. 合成胶粘剂是由粘料（高分子化合物）、稀释剂、固化剂、增塑剂、增韧剂和填料等组成，其中粘料是基本成分。胶粘剂涂布后，溶剂挥发，粘料经固化而将物体粘接在一起。粘接前，对被粘接的物件必须进行表面处理，使其干燥，表面无油、无锈，并具有一定的粗糙度。

三、仪器、药品和材料

1. 仪器　大试管、带玻璃导管（长约30cm）的橡胶塞、带铁圈和石棉网的铁架台、酒精灯、烧杯、量筒、蒸发皿、托盘天平、砂纸、手提切割机。

2. 药品和材料　苯酚、40%（质量分数）的甲醛溶液、浓盐酸、浓氨水、乙醇、E－44环氧树脂、邻苯二甲酸二丁酯、丙酮、聚酰胺（或乙二胺）、塑料板材（有机玻璃或聚氯乙烯）。

四、实验内容

1. 酚醛树脂的制取

（1）在大试管里加入2g苯酚、2mL40%的甲醛溶液和1mL浓盐酸（作催化剂）。如附图12所示装置，把试管浸入沸水浴中加热，直到混合物不再剧烈沸腾时，继续加热3～5min。将试管从水浴中取出，倒入蒸发皿中静置分层，弃掉水层，观察产物的颜色和状态＿＿＿＿＿＿＿＿＿＿。

（2）在另一支试管中加入2g苯酚、2mL40%的甲醛溶液和1mL浓氨水，按上述操作。观察生成物的颜色和状态与上面的有何不同：＿＿＿＿＿＿＿＿＿＿。

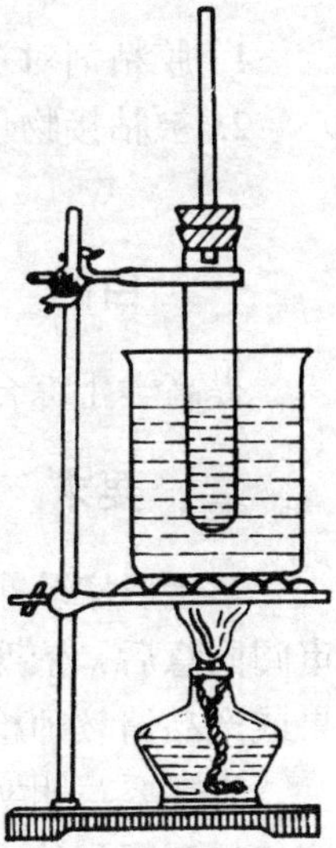

附图12　酚醛树脂的制取

2. 胶粘剂的配制和使用

（1）环氧树脂胶粘剂的配制　A组分：E－44环氧树脂5g；B组分：邻苯二甲酸二丁酯1mL和适量的丙酮混合，再加入聚酰胺1.5g（或乙二胺8～10滴）搅拌均匀。

使用时将A、B两种组分混合，用力搅拌均匀，备用（须在1h内用完）。

（2）粘接练习

① 将从市场上购来的塑料板材，按照要制作器皿（如试管架）的规格用切割机下好料，进行表面处理，达到洁净无油、干燥、有一定粗糙度的要求。

② 将胶粘剂均匀涂抹在处理好的材料表面，待溶剂挥发几分钟后，将材料的涂胶面相接，用重物压紧，使之紧密接触。

③ 将粘好的器具放置24h固化，检查粘接效果。

注：如果不制作器具，仅作一般练习，可依照下表配合准备胶粘剂和木片、钢板、陶瓷或自已要修补的工件，操作步骤与上述相同。将粘接效果填入表内。

被粘接的材料	胶粘剂	粘接效果
钢板与钢板	JW－聚乙烯胶	
钢板与陶瓷	环氧树脂（自制）	
陶瓷与陶瓷	环氧树脂（自制）	
木材	白乳胶	

五、思考题

1. 胶粘剂对被粘接的材料是否有选择性？
2. 被粘接物件的表面处理对粘接效果有何影响？为什么？

实验习题课*

一、目的

提高学生综合运用知识分析问题、解决问题和实际操作的能力

二、要求

学生以实验小组为单位，选定 1～2 项课题，讨论并拟定实验方案，经教师审阅同意后，依照拟定的方案独立操作。实验中要做好记录并写出实验报告，结果或产品请教师检查。

方案要写明实验目的、原理、仪器和药品、实验内容、实验步骤；实验报告应包括观察到的现象、对实验现象的解释、结论等。

三、课题

1. 某厂排出的电镀废水中含有 6 价铬，其 pH＝3。请设计处理方案，使铬还原为 3 价，pH＝5（达到排放标准）。

2. 自查资料选择配方制取胶粘剂，并修复有机玻璃、ABS 塑料、涤纶薄膜（录音带）。

3. 请设计并完成食用碘盐的简易鉴定（碘盐中的碘以 KIO_3 形式存在，在酸性环境中可与 KI 发生氧化还原反应）。

4. 有 4 瓶失去标签的无色液体，已知分别是甲酸、乙酸、乙醇、乙醛。实验室里有 pH 试纸、质量分数为 2% 的 $AgNO_3$ 溶液和 NH_3 溶液。据此条件给试剂瓶重建标签。